优良碳汇树种的评价与选育

杨传平　贾洪柏　吴 迪　王秋玉　主编

科 学 出 版 社

北 京

1 绪　论

碳汇是指从空气中清除二氧化碳的过程、活动和机制，在林业中主要是指植物吸收大气中的二氧化碳并将其固定在植被或土壤中，从而减少该气体在大气中的浓度，具有典型的生物学属性。而森林碳汇是指通过实施造林和再造林及森林管理、减少毁林等活动，林木吸收大气中的二氧化碳并与碳汇交易结合的过程、活动或机制，具有自然和社会经济双重属性。森林碳汇是当前应对气候变化最有效的途径。发展森林碳汇可减缓与适应气候变化，并有助于社会经济的可持续发展。

众所周知，人为排放造成了大气中主要温室气体（CO_2）浓度的持续升高，从 19 世纪的 280μl/L 到 2013 年的 390μl/L，全球平均温度升高了 0.74℃（Schneider，1990；Solomon et al.，2007）。为了抵消一部分持续升高的二氧化碳浓度，造林和再造林作为能在生物量上减少二氧化碳含量的方法在《京都议定书》上被正式采纳，这就意味着可以通过发达国家和发展中国家在造林工程中协同合作来共同抵消二氧化碳的排放。同时，森林碳汇作为森林生态系统向社会提供的一种典型公共产品，为控制全球气候变化发挥着巨大作用。约 80%的地上碳储量和 40%的地下碳储量发生在森林生态系统中。研究表明：全球陆地碳储量主要发生在森林地区，森林生态系统在地球圈、生物圈的生物地球化学过程中起着重要的“缓冲器”和“阀”的功能（Malhi et al.，1999）。

我国政府一直重视森林植被恢复和保护，多年来大规模植树造林提高了全国森林面积和蓄积量，吸收固定了大量的二氧化碳，使中国成为全球人工林面积最多的国家之一。据估算，1980～2005 年，我国通过持续不断地开展天然林保护、植树造林和森林管理活动，累计净吸收二氧化碳 46.8 亿 t，通过控制毁林，减少排放二氧化碳 4.3 亿 t，两项合计 51.1 亿 t。全国森林净吸收的二氧化碳，相当于同期工业排放总量的 8%，对减缓全球气候变化做出了重要贡献（仪律北和赵鹏祥，2012）。目前，发展碳汇林业作为重要措施被纳入《中国应对气候变化国家方案》。

1.1　森林在林业碳汇中的作用

森林通过光合作用将大气中主要温室气体（CO_2）吸收并以生物量的形式储存在植物体内和土壤中，从而降低该气体在大气中的浓度。研究表明，森林每生产 1t 干物质，可以吸收 1.8t 二氧化碳，释放 1.2t 氧气；森林每长出 $1m^3$ 的蓄积量，大约可吸收固定 350kg 的二氧化碳。热带森林净初级生产力为每公顷吸收 4.5～16.0t C，温带森林为每公顷吸收 2.7～11.25t C，寒温带森林为每公顷吸收 1.8～9.0t C，耕地为每公顷吸收 0.45～20.0t C，而草地仅为每公顷吸收 1.3t C。在陆地植被与大气之间的碳交换中，90%是由森林植被完成的。但是在自然状态下，随着森林的生长和成熟，森林吸收二氧化碳的能力会下降，而且森林自养呼吸和异养呼吸增加，使森林生态系统与大气的净碳交换逐渐减少，系统趋于碳平衡状态，或生态系统碳储量趋于饱和（Ciais et al.，2000）（图 1-1）。由此可见，森林是陆地生态系统中最大的碳储库，在全球碳循环过程中起着重要作用。

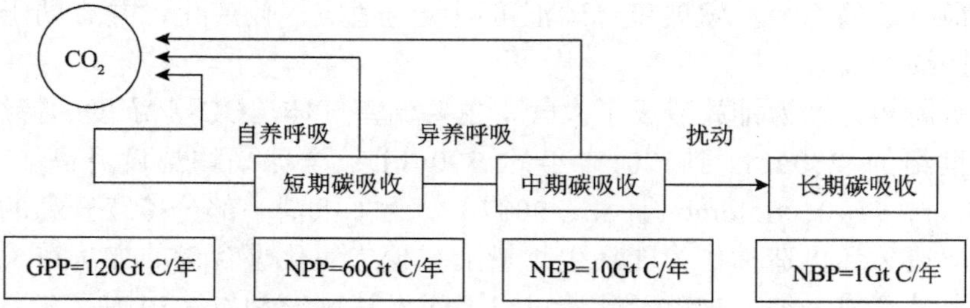

图 1-1 陆地碳循环模式（Ciais et al.，2000）

GPP. 总初级生产力；NPP. 净初级生产力；NEP. 净生态系统生产力；NBP. 净生物群落生产力

2000 年联合国政府间气候变化专门委员会（IPCC）发表的报告显示，全球陆地生态系统碳储量约为 24 770 亿 t，其中植被储存的碳约占 20%，土壤储存的碳约占 80%。就森林对储存碳的贡献而言，森林面积占全球陆地面积的 27.6%，森林植被的碳储量约占全球植被的 77%，森林土壤的碳储量约占全球土壤的 39%（黄丽媛和陈钦，2009）。而且，不同的植被类型，其固碳能力不一样。2000～2050 年，全球最大碳汇潜力为每年 15.3 亿～24.7 亿 t C，其中造林的碳汇潜力约占 28%，再造林约占 14%，农用林约占 7%。研究进一步表明：人工林每公顷每年可以固定的 CO_2 为 1.0～1.4t，每生产 $1m^3$ 木材可吸收 CO_2 1183t，$1m^3$ 木材折合含碳量约 0.25t（李恕云，2007；李华锋等，2008）。

联合国粮食及农业组织（FAO）对全球森林资源的评估数据表明（表 1-1），全球森林面积约为 40 亿 hm^2，占全球陆地面积的 30%，其中热带占 47%，亚热带占 9%，温带占 11%，寒带占 33%。全球森林蓄积量约 4342 亿 m^3，平均每公顷蓄积量 $110m^3$。全球森林生物量碳储量达到 2826 亿 t，平均每公顷森林的生物量碳储量为 70.3t，如再加上储藏在枯死木、枯落物和土壤中的碳容量，每公顷森林的碳储量将达到 159.8t（季元元，2012）。

表 1-1 全球森林面积和碳储量

地区	森林面积（×10^6hm^2）	森林蓄积量（×10^6m^3）	生物量碳储量（Gt C）	单位面积碳储量（t C/hm^2）				
				生物量	枯死木	枯落物	土壤	合计
非洲	635.412	64 957	60.8	95.8	7.6	2.1	55.3	160.8
亚洲	571.577	47 111	32.6	57.0	6.9	2.9	66.1	132.9
大洋洲	206.254	7 361	11.4	55.0	7.4	9.5	101.2	173.1
欧洲	1 001.394	107 264	43.9	43.9	14.0	6.1	112.9	176.9
中北美洲	705.849	78 582	42.4	60.1	9.0	14.8	36.6	120.5
南美洲	831.540	128 944	91.5	110.0	9.2	4.2	71.1	194.5
合计	3 952.026	434 219	282.6	70.3	9.0	6.6	73.9	159.8

数据来源：FAO，2006

中国现有森林面积 1.59 亿 hm^2，蓄积量为 124.9 亿 m^3，研究表明：中国森林碳储量为 45 亿～50 亿 t（1994 年）。中国现有森林平均每年净增加 1.1 亿 t 碳储量，其中森林（含经济林和竹林）每年净增碳储量 7550 万 t，疏林、散生木每年净增加碳储量 3500 万 t。我国现有 5700 万 hm^2 无林地和近 3 亿 hm^2 的荒漠化土地，增加森林面积和碳汇能力具有很大潜力。按照《全国森林经营规划（2016—2050）》，到 2050 年我国森林覆盖率将达到 26%以上，届时全国森林年净吸收二氧化碳的能力将比 1990 年增加 90.4%（李华锋等，2008）。此外，加强森林管理，提高现有林分质量；加大湿地和林地土壤保护力度；大力开发与森林有关的生物质能源；加强对森林火灾、病虫害和非法征占林地行为的防控措施；适当增加木材使用，延长木材使用寿命等都将会进一步增强森林生态系统的整体固碳能力。

1.2 森林生态系统中的碳储量与碳分布

森林生态系统可从 3 个方面吸收二氧化碳来减缓气候变化：①增加森林面积，通过造林和再造林来增加陆地生态系统碳储量（Nabuurs et al.，2007）；②通过完善森林管理方式来提高已经存在的森林碳储量（Cannell，2003；Lal，2005）；③用生物质能源来替代化石燃料，积极开发利用森林生物质能源（王春梅等，2010）。

造林和再造林通过增加森林覆盖，对生态系统碳储量有显著的影响。《京都议定书》的第 3.4 条允许使用森林管理增加的碳汇来抵消国家碳排放的限制（Cannell，2003）。所以，森林的树种构成、发育阶段、土壤类型和经营管理活动等对森林碳储量的影响就越发显得重要（Harmon et al.，1990；Grigal and Ohmann，1992）。

森林生态系统中的碳储量涉及以下组分（图 1-2），主要包括森林生物量碳储量和土壤碳储量。森林生物量碳储量由地上植被生物量、森林凋落物和陆地碳储量组成。土壤碳储量又分为土壤有机碳（soil organic carbon，SOC）储量和土壤无机碳（soil inorganic carbon，SIC）储量，土壤有机碳储量包括不稳定组分、中间组分和被动组分，土壤无机碳储量包括成岩碳酸盐和成土碳酸盐。由此可见，总森林生态系统碳储量是巨大的，并且与环境保持动态平衡。

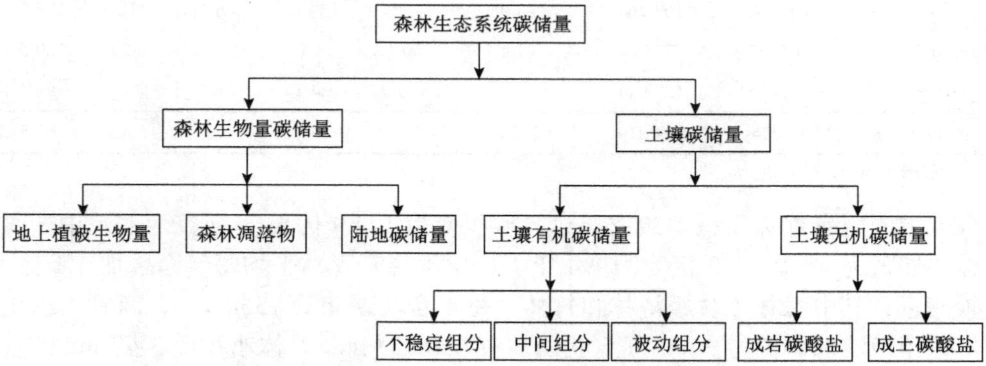

图 1-2　森林生态系统的碳储量（Lal，2005）

目前，地球上存在 3 种主要森林生物群落区系（表 1-2），北方针叶林、温带和热带生物群落区系，北方针叶林生物区系占据在环极带；温带森林覆盖了赤道以南和赤道以北 25°～50°的中纬度地区，由常绿和落叶树种组成；热带森林出现在赤道以南和赤道以北 25°范围内的地带，也由常绿和落叶树种组成，热带森林的主要类型包括低地雨林、山地森林和红树林。其中北方针叶林生物区系的土壤碳储量远远大于植被的碳储量，而热带生物区系的地上植被和地下土壤不论是碳密度还是碳储量基本持平。总体来说，森林土壤的碳储量大于地上植被的碳储量（Lal，2005）。

表 1-2　世界选择性生物区系的碳储量

生物群系	面积（Mhm^2）	碳密度（Mg C/hm^2）		碳储存（Pg）	
		植被	土壤	植被	土壤
苔原	927	9	105	8	97
北方针叶林	1327	64	343	88	471
温带	1038	57	96	59	100
热带	1755	121	123	212	216
湿地	280	20	723	6	202
总和	5327	54（均值）	278（均值）	373	1086

地球上的森林植被和土壤储存了 1240Pg 的碳，森林的碳储量在不同纬度地区间变化很大，在森林生物区系中全部陆地碳储量的 37%存在于低纬度森林，14%存在于中纬度森林，49%存在于高纬度地区。植物地上部分的碳密度从冻原到热带雨林随着纬度的降低而升高（Fisher，1995）。在北方森林中典型森林植物的碳密度在 40～60Mg C/hm^2 变化，温带森林碳密度在 60～130Mg C/hm^2 变化，热带雨林的碳密度在 120～194Mg C/hm^2 变化（表 1-3），未受干扰的热带雨林的碳密度可高达 250Mg C/hm^2。尽管如此，森林生态系统中大约 2/3 的陆地碳存在于土壤中（Dixon et al.，1994）。

表 1-3 世界森林区系陆地碳储量估值（Prentice et al.，2001）

生物群系	面积（Mhm^2）	陆地碳储量（Pg）			碳密度（Mg C/hm^2）	
		植被	土壤	总计	植被	土壤
热带雨林	1.76	340	213	553	157	122
温带森林	1.04	139	153	292	96	122
北方森林	1.37	57	338	395	53	296
总计	4.17	536	704	1240	306	540

1.3 碳汇造林的树种选择与森林碳储量

在过去的几年中，森林碳储存作为一个减缓气候变化的政策受到了人们广泛的关注，种植快速增长的树木物种从而吸收大气中多余的二氧化碳，这样一个碳抵消的种植方案使得对二氧化碳储存能力高的树种的开发鉴定和碳汇造林成为研究热点。现在的研究表明，到 2050 年陆地碳池系统可以增加多达 100 亿 t（指标）的二氧化碳（Gt C）。这相当于同一时期因化石燃料消费造成 10%～20%的计划温室气体（GHG）排放（Rasineni et al.，2011）。减少森林砍伐、扩大森林覆盖面积和增加单位面积森林生物量对帮助国际社会延缓全球变暖有积极的影响。

碳汇林的固碳能力是由选用树种的固碳能力、种植密度、管理方式等多种因素决定的。常规估算，1 亩①林地的年固碳能力应该在 0.02～0.8t，差距主要源于树种的选择。碳汇林通常要求是混交林，以当地适应性强的树种为主。同时，生长在温暖条件下的林木单位面积碳汇能力比生长在寒冷北方的树种高，但根据联合国长达 40～50 年的种植期限的规定，最适合种植碳汇林的地区仍然是北方，因为南方林木碳汇能力强，但是生长期相对短，满足不了长期持续固碳的要求。

① 1 亩≈666.7m^2

碳汇造林树种选择应遵守 3 个原则：一是优先选择吸收固定二氧化碳能力强的树种，同时兼顾生态效益、经济效益和社会效益；二是树种的生物学、生态学特性与造林地立地条件相适应，优先选择优良乡土树种；三是优先选择稳定性好、抗逆性强的树种（叶榕标等，2012）。

树种不同，生物量也各不相同，其碳汇能力各异，发展碳汇林业要因地制宜。同样是胸径 10cm 的树木，阔叶树中的白桦、山杨（生物量分别为 40.42kg 和 55.92kg）要比针叶树中的红松、落叶松、冷杉（分别为 21.34kg、18.82kg 和 24.88kg）的固碳能力强 1～2 倍及以上。另外，胸径长到 10cm，针叶树要比阔叶树碳汇能力慢得多。因此，速生阔叶树种的碳汇能力要比针叶树和其他慢生树种的能力强（朱俊凤，2006）。

1.3.1　树种生长特点与森林植被碳汇

植物通过光合作用获取碳和生物量的增加成正比，很多的生物量被分配到了树干中，由于树干是最初的碳积累者。这也表明快速生长的树种选择树干积累碳的方式是一种战略性选择。木材密度从主干基部到主干顶部，从髓心到树皮都有所不同，特别是从树基到树的总高一半时，木材密度逐渐减小，从树的总高度一半到树梢的密度又逐渐增大。树种、树龄及在林分中的地理位置也会影响木材密度（Yeboah et al.，2014）。Yeboah 等（2014）研究表明：生长速率快的树种（爪哇木棉、西班牙柏木、非洲杜花楝）尽管有低密度的趋势，但是生物量和碳含量均为高值。对以上 3 个树种的碳含量计算表明其 12 年生幼龄林材积估值贡献最大。同时，树种间木材密度和碳浓度之间的差异性也是影响碳含量的重要因素。在这些因素中，树种间木材密度变化很大（0.27～0.76g/cm^3），而且对主干碳含量数值的影响比碳浓度大。除此之外，幼年人工林树种的木材密度要比天然林同一树种的木材密度低。种植在潮湿半落叶林的卡雅楝的木材密度比种植在湿润常绿林的低。这些差异可能是地区的不同造成的，需要做进一步验证。

此外，森林生态系统的净碳增益是由很多复杂因素决定的，包括植物叶面积、CO_2 交换能力、光合活动（叶）和非光合器官（茎、根）、冠层结构、涉及树种的林分生物量，以及气象条件包括光入射、空气温度、空气湿度、风速和大气 CO_2 浓度（Ehleringer and Field，1993；Baldocchi et al.，2002；Baldocchi and Meyers，1998；Baldocchi and Wilso，2001）。

Biswas 等（2014）实测和评估了 7 种阔叶树种（大叶相思、大叶合欢、印度黄檀、桉树、大叶桃花心木、柚木、阿朱榄仁）6 年生幼树的日固碳率。根据叶面积指数（LAI）和叶表面积，对冠层水平的平均碳净同化率进行计算。平均冠层的碳净同化率最大的是桉树（4.851g/h），最小的是大叶桃花心木

（1.085g/h）。这可能是由 LAI 变化、林冠覆盖面、不同树种的碳净同化率不同所致。夏季桉树的碳净同化率最大，其次是柚木、大叶相思、大叶合欢、阿朱榄仁、印度黄檀、大叶桃花心木。夏季的所有树种（除了大叶合欢）的碳净同化率比其他季节都高。另外一项研究表明，幼年的云南石梓一个生长周期在仅比周边升高 100μmol/L 二氧化碳浓度下产生更高的光合速率、更高的碳积累量、更高的生长速率（Rasineni et al.，2011）。

1.3.2 树种组成与森林植被碳汇

在自然生态系统中，植物生长相互作用的物种和生物量生产受物种组成的影响（Pretzsch，2010）。在一般情况下，生态学理论预测，具有互补生态位的共存种相对于一些单一树种有更大的总资源利用效率和更大的生物量（Loreau and Hector，2001；Tilman et al.，2001；Leps，2005）。温带森林树种混交的生态效益被广泛研究，但在注重纯林管理的北方森林还不多见（Pretzsch and Schutze，2009；Morin et al.，2011；Forrester et al.，2013），Paquette 和 Messier（2011）认为有压力和低多样性的北方森林的物种丰富度比温带生物群落对生产力有更显著的影响。一般来说，寒带森林树种的丰富度往往对生物量生产有更积极的影响（Gamfeldt et al.，2013）。Hynynen 等（2011）发现松树与桦木混交林中松径减小，但白桦的高生长在松树占主导时增大。同时，其他的研究也显示松树云杉混交林比纯松树或纯云杉林的材积净生长高 10%～15%（Pukkala et al.，1994）。松树和云杉已知有不同的生态位，深根性的松树适应典型的营养较差的立地，而浅根性云杉易生长在湿润肥沃的立地环境。此外，它们还有光环境的差异，与云杉相比松树有较短冠长和更大的叶面积（Lagergren and Lindroth，2002；Moren et al.，2000）。因此，当生长在同一立地上时，它们的互补生态位可能会提高资源的利用效率（Morin et al.，2011）。

在中等立地水平上的云杉、松树混交林分中，云杉的种间竞争比种内竞争强，这就是积极混交效益出现的前提。在不同立地上桦木混交林的茎干木材产量均有所增加，但最佳的桦木比例在云杉和松树林分中是不同的。在云杉桦木混交林中，小比率的桦木就会得到最大的木材产量。在松桦混交林中，如果不依赖立地肥力，最有利的松桦比例为 1∶1。后续的研究也表明，在幼龄林中，最有效的混交林是松树和桦木有相同的比例，但在成熟林中，材积生长随桦木比例的增加而有轻微的减少（Shanin et al.，2014）。同样，Legare 等（2004）的研究也表明山杨的比例低于 40%，落叶树种的混交会对黑云杉起到积极的作用。

同时，竞争树种比例的改变还依赖于立地的营养水平。松树是一个不太需要营养的树种，在土壤贫瘠的立地竞争中具有优势，而在更肥沃的立地上，松树与云杉或桦木无法竞争，从而使树种从松树很快转向其他树种。在丰富和中等肥沃立地上，云杉和桦木竞争激烈，营养要求高的云杉生长超过白桦，而在土壤贫瘠的立地则表现不显著（Shanin et al.，2014）。

1.3.3 树种组成与森林土壤碳汇

除了森林地上部分的生物量产量，树种组成对森林土壤碳储量和养分供应也产生了深远的影响。土壤是地球陆地的表面，由矿物质、有机质、水、空气和生物组成。土壤矿物质是岩石经过风化作用形成的不同大小的矿物颗粒（砂粒、土粒和胶粒）。它的种类很多，化学组成复杂，直接影响土壤的物理、化学性质，是作物养分的重要来源之一。土壤有机质是指存在于土壤中含有机碳的有机物质。它包括各种动植物的残体、微生物体及其会分解和合成的各种有机质。土壤有机质的分离主要包括物理（颗粒大小、密度和聚合体）和化学（溶解度和矿物学特征）的方法。目前，一种结合了物理和化学手段的新方法被开发出来（图 1-3），这一方法对土壤及陆地碳储量全面性和科学性的研究具有重要意义。

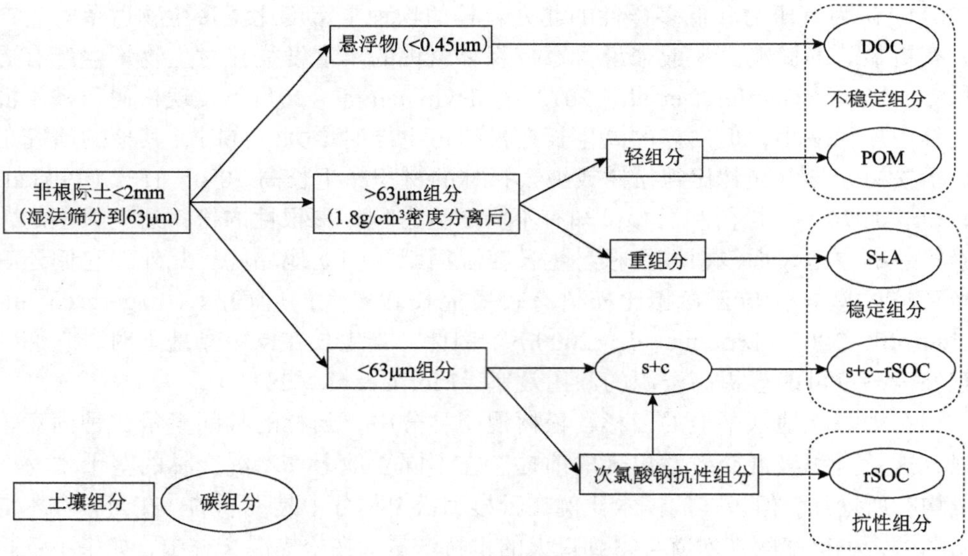

图 1-3 土壤联合密度分离程序

DOC. 可溶性有机质；POM. 颗粒有机质；S+A. 沙土和稳定聚合体；s+c. 粉砂和黏土；rSOC. 土壤有机碳抗性组分

此外，植被类型，包括优势树种，很久以来一直被公认为重要的土壤形成因素之一（Jenny，1994；Hobbie，1992）。在温带和部分寒带地区，现存树种组成的森林往往是过去森林管理决策的结果。树种的选择主要是以优势树种木材生产力和对于某些树种木材的需求为目标来驱动的。然而，日益强调的生态系统服务除了从森林中获取木材及对适应气候变化关注的增加外（Lindner et al., 2010），有必要为相关树种选择的决策提供更广泛的依据，其中也包括选择具有更强固存土壤有机碳（SOC）潜力的树种。气候变化和相关的干扰也将影响温带和寒带森林物种的组成（Allen et al., 2010），可能对那些自然干扰控制再生和碳周期过程的地区尤为重要。然而我们对气候变化引起的动态树种分布及土壤碳储量能力的改变还知之甚少（Jones et al., 2009）。

生态学家关于树种对森林土壤特性影响的研究已经有很长一段时间了，但这些研究的重点直到最近才指向 SOC 储量和缓解温室气体上来。丹麦林学家 Müller（1887）是最早一批记录不同森林植被下腐殖质积累和循环具有差别的人，他的研究引进了丹麦术语细腐殖质（mull）和粗腐殖质（mor），使之成为国际上的土壤学词汇。之后，科学家关于树种对土壤影响的兴趣主要集中在土壤肥力因素，不同树种对土壤参数的影响及可能产生的环境问题上，如氮和重金属的沉积（Zinke，1962；Binkley and Giardina，1998；Finzi et al., 1998）。有研究表明，同一地点种植不同树种，SOC 可能不同（Mareschal et al., 2010），但主要的影响发生在受到较少保护的森林地表碳库（Vesterdal et al., 2008）。然而，哪些过程导致了土壤碳储量不同是高度不确定的。为了有针对性地使用树种来固存 SOC，人们迫切地需要了解碳储量的差异性受哪些过程控制，并且研究大部分碳储量中碳的形成和稳定。

树种从几个方面影响森林生态系统的土壤碳库，表 1-4 显示了几种常见欧洲树种林地碳库间的差异。欧洲赤松（*Pinus sylvestris*）林土壤碳储量很低，而欧洲山毛榉（*Fagus sylvatica*）林土壤碳库和总碳库都是最高的。不同树种的土壤碳库均值反映其立地条件状况，以及在这一立地条件下哪些物种是优势物种。例如，欧洲赤松往往生长在浅层、干燥的森林土壤中，这些土壤碳储量低，而欧洲山毛榉林多生长在更肥沃一些的土壤中（Callesen et al., 2003）。与落叶树种相比，浅生针叶树种趋向于在森林凋落物层积累更多土壤有机质，但在矿质土壤中积累的较少。相同体积的生物量，木材密度大的树种（许多落叶树种）比木材密度低的树种（许多针叶树种）积累更多的碳（Prescott et al., 2000）。

表 1-4 欧洲树种木材密度和欧洲森林碳库中值（de Vries et al.，2003）

树种	木材密度（kg/m^3）	树木碳（t/hm^2）	土壤碳（t/hm^2）	总碳（t/hm^2）
Pinus sylvestris（欧洲赤松）	490	60	62	122
Picea abies（挪威云杉）	430	74	140	214
Abies alba（欧洲冷杉）	410	100	128	228
Fagus sylvatica（欧洲山毛榉）	680	119	147	266
Quercus sp.（栎树）	660	83	102	185

关于树种对森林凋落物碳储量的影响，Vesterdal 和 Raulund-Rasmussen（1998）的研究表明，将7个不同树种重复种植在沿土壤肥力梯度变化的7个不同立地上。其中，欧洲赤松、挪威云杉和冷杉的土壤碳储量比欧洲山毛榉和橡木高。同样，松树林凋落物碳储量比山毛榉凋落物碳储量高，这是因为松树和云杉的凋落物比落叶树种的凋落物腐烂得慢。应该指出的是树种对矿质土壤的作用是不同的。一个奥地利的研究表明挪威云杉纯林土壤碳储量高于针阔叶混交林分。这里体现了树种和土壤类型的互作。云杉混交增加了土壤碳储量，贫瘠土壤碳储量最大值高于肥沃土壤的碳储量。在山毛榉之后云杉林的更新导致碳从部分矿质土壤中释放出来，因为浅根性云杉的根不能穿过矿质土壤层（Kreutzer et al.，1986）。由此可见，树木根的深度与土壤中碳固定有关，因为根系生长是将碳输入土壤中的一种最有效方式（Rothe et al.，2002；Vesterdal et al.，2002）。总之，树种对森林凋落物层碳储存影响很大。对碳固定的持久性来说，选择那些能够使矿质土壤中稳定性碳库增加的树种会更有意义。

各树种之间森林地表和矿质土壤碳储量比例的差异表明，由于树种的改变，森林地表的碳储量可以增加 200%～500%，在矿质土壤中最高可增加 40%～50%。然而，这些在森林地表和矿质土壤中比例的差异不总是递增的：在温带森林树种中，仅仅只是分布于森林地表和矿质土壤的碳储量存在差异，而不是总碳储量趋向于不同。这表明一些树种可能是固存碳在矿质土壤中形成稳定形式碳的更好的“工程师”，但是目前尚不清楚这种关键机制是根系对凋落物的吸收还是大型动物的活动引起的。有针对性地选择造林树种对 SOC 影响的研究是从大规模的森林地表碳储量的数据中得到的，表现了很好的一致性，而矿质土壤中的碳储量似乎更易受到土壤类型或者气候的影响（Vesterdal et al.，2013）。

1.4 碳汇造林中树种选择的必要性和重要性

当前，造林和再造林作为一种新增碳汇的主要途径，已受到学术界的高度重视。人工林在吸收和固定 CO_2 及减缓全球气候变化等方面发挥着重要作用，并引起了人们的广泛关注。为了更好地利用科学经营的方式减缓全球气候变化，需要对不同造林模式的人工林固碳能力与潜力有深入的认识和科学的评估（明安刚等，2016）。初步分析表明，通过扩大造林面积，预计在 2008～2012 年的第一承诺期，我国森林可净吸收碳 0.667×10^9t。

碳汇造林是指在确定基线的土地上，以增加碳汇为主要目的，并对造林及林分（木）生长过程实施碳汇计量与监测而展开的有特殊要求的营造林活动。与普通造林相比，碳汇造林更加突出了森林的碳汇功能，因此在树种选择及配置上有特殊要求，同时在造林地选择、基线调查、造林施工、抚育管护上也有别于一般造林。

碳汇造林树种选择应遵守“适地适树”原则，并针对碳汇林的功能要求，结合当地乡土树种，筛选适应性好、碳汇能力强的树种（闫鉴等，2012）。

此外，碳汇造林在最大限度地获得碳汇的同时，要注重当地生物多样性保护、生态保护和促进经济社会发展。因此，在树种的科学配置上，立足于当地丰富的阔叶树种资源，坚持因地制宜、适地适树，多树种、多林种结合的立体混交林结构，将碳汇林的功能特点和生物多样性有机融合（叶榕标等，2012）。

2005 年 2 月 16 日，《京都议定书》正式生效后，通过在发展中国家实施清洁发展机制（CDM）下的造林和再造林碳汇项目获取碳信用以履行《京都议定书》承诺的减排义务，正在受到发达国家的日益关注。实施这样的项目，是完全符合中国经济、环境和社会可持续发展需要的，且是十分必要的。

经济效益：生长快、碳汇水平高的树种营造的碳汇林的经济效益是不容忽视的。研究显示在我国南方一些地区，桉树工业人工林仅木材投资回报率就高达 50%～200%。一般而言，热带地区的桉树工业人工林的生长量通常为 25～30m^3/（hm^2·年）。若轮伐期为 7 年，桉树人工林的乔木层碳汇生产力则为 93.8～109.2t C/hm^2。假设土壤层（包括凋落物）碳密度与造林前土壤层的碳密度相同，保持不变，若造林地原为灌木林地，设其植被碳蓄积为 50t C/hm^2，那么每公顷桉树人工林的实际碳吸收量为 43.8～59.2t C/hm^2，假设每吨 CO_2 按照 3.50 美元进行出售，那么，桉树人工林的碳收益可达 562～760 美元/hm^2（林德荣和李志勇，2006）。由此可见，选择速生优质树种营造人工林，碳吸收水平高，资本回收期短，具有较好的经济效益。

环境效益：森林是天然“氧吧”，它在改善空气质量、涵养水源和积累营养物质等方面具有不可替代的作用。首先，森林生态系统通过森林植被和土壤释放氧气，形成天然的氧吧，例如，1hm^2 阔叶林每天可释放 730kg 氧气。其次，森林对降雨的截留、吸收和储存可以通过林冠层、枯枝落叶层和土壤层等 3 个水文作用层实现，其功能主要有调节水量、净化水质和调节径流等 3 个方面（曹军等，2002）。最后，在全球生物地理化学循环中，森林所吸收的 N、P、K 等营养元素既通过枯枝落叶形式归还土壤，也通过树干淋洗和地表径流等形式流入江河湖泊，还可通过林产品形式输出生态系统，释放到自然环境中（Fang et al., 2001）。但也有研究表明选择速生树种营造碳汇人工林的环境影响具有一定的不确定性，如人工林的树种单一化会降低生物多样性，导致病虫危害及蔓延的风险增大。人工林与灌木和草地相比，更容易造成土壤表层养分消耗和土壤片状侵蚀（House，1992），在土壤相对贫瘠的无林地上种植速生人工林可能会导致地表水的减少（林德荣和李志勇，2006）。但这些问题都可以通过选择合适的树种营造混交林及科学合理地进行树种配置来解决。

社会影响：碳汇人工林建设的积极影响主要有提供就业机会、促进基础设施建设和使当地社区发展并从中受益。同时，碳汇人工林建设要求保持稳定的碳水平，可能需要采取轮伐措施，因而可能产生对劳动力的持续需求（李智勇，2001）。总之，大规模碳汇人工林营造在带来巨大经济效益的同时，也带来了可观的社会效益。

参考文献

曹军，张镱锂，刘燕华. 2002. 近20年海南岛森林生态系统碳储量变化. 地理研究, 21(5): 5.

黄丽媛，陈钦. 2009. 中国森林碳汇研究综述. 南昌：第四届中国林业技术经济理论与实践论坛.

季元元. 2012. 中国碳汇林业发展前景研究. 南京：南京林业大学硕士学位论文: 10-11.

李华锋，张宝芝，麻仕栋，等. 2008. 营造碳汇林，改善生态环境. 甘肃科技, 24(22): 187-189.

李怒云. 2007. 中国林业碳汇. 北京：中国林业出版社.

李智勇. 2001. 商品人工林可持续经营的环境成本研究. 北京：中国农业大学博士学位论文.

林德荣，李智勇. 2006. 中国CDM造林再造林碳汇项目的政策选择. 世界林业研究, 19(4): 52-56.

明安刚，刘世荣，莫慧华，等. 2016. 南亚热带红锥、杉木纯林与混交林碳贮量比较. 生态学报, 36(1): 244-251.

王春梅，王汝南，蔺照兰. 2010. 提高碳汇潜力：量化树种和造林模式对碳储量的影响. 生态环境学报, 19(10): 2501-2505.

闫鉴，唐夫凯，崔明，等. 2012. 碳汇造林技术研究与探讨——以长治市老顶山植被恢复工程为例. 林业资源管理, (5): 27-30.

叶榕标，陈耀辉，张宋英，等. 2012. 东江流域碳汇林树种选择及主要造林技术措施. 绿色科技, 11: 59-60.

仪律北，赵鹏祥. 2012. 关于发展林业碳汇的重要意义探析. 北京农业, 30: 86-87.

朱俊凤. 2006. 生态林建设应关注树种的碳汇能力. 国土绿化, (7): 43.

Allen C D, Macalady A K, Chenchouni H, et al. 2010. A global overview of drought and heat-induced tree mortality reveals emerging climate change risks for forests. For. Ecol. Manage, 259: 660-684.

Baldocchi D D, Meyers T. 1998. On using eco-physiological, micrometeorological and biogeochemical theory to evaluate carbon dioxide, water vapor and trace gas fluxes over vegetation: a perspective. Agriculture and Forest Meteorology, 90: 1-25.

Baldocchi D D, Wilson K B. 2001. Modeling CO_2 and water vapor exchange of a temperate broadleaved forest across hourly to decadal time scales. Ecological Modeling, 142: 155-184.

Baldocchi D D, Wilson K B, Gu L. 2002. How the environment, canopy structure and canopy physiological functioning influence carbon, water and energy fluxes of a temperate broad-leaved deciduous forest and assessment with the biophysical model CANOAK. Tree Physiology, 22: 1065-1077.

Binkley D, Giardina C. 1998. Why do tree species affect soils? The warp and woof of tree-soil interactions. Biogeochemistry, 42: 89-106.

Biswas S, Bala S, Mazumdar A. 2014. Diurnal and seasonal carbon sequestration potential of seven broadleaved species in a mixed deciduous forest in India. Atmospheric Environment, 89: 827-834.

Callesen I, Liski J, Raulund-Rasmussen K, et al. 2003. Soil carbon stores in Nordic well drained forest soils relationships with climate and texture class. Global Change Biology, 9: 358-370.

Cannell M G. 2003. Carbon sequestration and biomass energy offset: theoretical, potential and achievable capacities globally, in Europe and the UK. Biomass and Bioenergy, 24: 97-116.

Ciais P, Peylin P, Bousquet P. 2000. Regional biospheric carbon fluxes as inferred from atmospheric CO_2 measurements. Ecological Applications, 10(6): 1574-1589.

de Vries W, Reinds G J, Posch M, et al. 2003.Intensive monitoring of forest ecosystems in Europe. UN/ECE, Brussels: Technical Report, EC.

Dixon R K, Brown S, Houghton R A, et al. 1994. Carbon pools and fluxes of global forest ecosystems. Science, 263: 185-190.

Ehleringer J R, Field C B. 1993. Scaling Physiological Processes Leaf to Globe. London: Academic Press.

Fang J, Chen A, Peng C, et al. 2001. Changes in forest biomass carbon storage in China between 1949 and 1998. Science, 292: 2320-2322.

Finzi A C, van Breemen N, Canham C D. 1998. Canopy tree-soil interactions within temperate forests: species effects on soil carbon and nitrogen. Ecol. Appl., 8: 440-446.

Fisher R F. 1995. Soil organic matter: clue or conundrum? // McFee W W, Kelly J M. Carbon Forms and Functions in Forest Soils. Madison, Wisc: Soil Science Society American: 1-12.

Forrester D I, Kohnle U, Albrecht A T, et al. 2013. Complementarity in mixed-species stands of *Abies alba* and *Picea abies* varies with climate, site quality and stand density. For. Ecol. Manage, 304: 233-242.

Gamfeldt L, Snall T, Bagchi R, et al. 2013. Higher levels of multiple ecosystem services are found in forests with more tree species. Nat. Commun., 4(1): 1338-1340.

Grigal D F, Ohmann L F. 1992. Carbon storage in upland forests of the Lake States. Soil Science Society of America Journal, 56: 935-943.

Harmon M E, Ferrell W K, Franklin J F. 1990. Effects on carbon storage of conversion of old-growth forests to young forests. Science, 247: 699-702.

Hobbie S E. 1992. Effects of plant species on nutrient cycling. Trends. Ecol. Evol., 7: 336-339.

House A P N.1992. Eucalyptus: Curse or Cure? The Impacts of Australia's "World Tree" in Other Countries. ACIAR Bulletin.

Hynynen J, Repola J, Mielikainen K. 2011. The effect of species mixture on the growth and yield of mid-rotation mixed stands of Scots pine and silver birch. For. Ecol. Manage, 262: 1174-1183.

Jenny H. 1994. Factors of Soil Formation. A System of Quantitative Pedology. New York: Dover Publications Inc.

Jones A, Stolbovoy V, Rusco E, et al. 2009. Climate change in Europe. 2. Impact on soil. A review. Agron. Sustain. Dev., 29: 423-432.

Kreutzer K, Deschu E, Hosl G. 1986. Vergleichende Untersuchungen über den Ein-fluβ von Fichte [*Picea abies* (L.) Karst.] und Buche (*Fagus sylvatica* L.) auf die Sickerwasserqualität. Forstw. Cbl., 105: 364-371.

Lagergren F, Lindroth A. 2002. Transpiration response to soil moisture in pine and spruce trees in Sweden. Agr. For. Meteorol., 112: 67-85.

Lal R. 2005. Forest soils and carbon sequestration. Forest Ecology and Manage, 220: 242-258.

Legare S, Pare D, Bergeron Y. 2004. The responses of black spruce growth to an increased proportion of aspen in mixed stands. Can. J. For. Res., 34: 405-416.

Leps J. 2005. Diversity and ecosystem function // van der Maarel E. Vegetation Ecology. Oxford: Blackwell Publishing: 199-237.

Lindner M, Maroschek M, Netherer S, et al. 2010. Climate change impacts, adaptive capacity, and vulnerability of European forest ecosystems. For. Ecol. Manage, 259: 698-709.

Loreau M, Hector A. 2001. Partitioning selection and complementarity in biodiversity experiments. Nature, 412: 72-76.

Malhi Y, Baldocchi D D, Jarvis P G. 1999. The carbon balance of tropical, temperate and boreal forests. Plant Cell and Environment, 22: 715-740.

Mareschal L, Bonnaud P, Turpault M P, et al. 2010. Impact of common European tree species on the chemical and physicochemical properties of fine earth: an unusual pattern. Eur. J. Soil Sci., 61: 14-23.

Moren A S, Lindroth A, Flower-Ellis J, et al. 2000. Branch transpiration of pine and spruce scaled to tree and canopy using needle biomass distributions. Trees, 14: 384-397.

Morin X, Fahse L, Scherer-Lorenzen M, et al. 2011. Tree species richness promotes productivity in temperate forests through strong complementarity between species. Ecol. Lett., 14: 1211-1219.

Müller P E. 1887. Studien über die natürlichen Humusformen und deren Einwirkung auf Vegetation und Boden. Berlin: Julius Springer: 324.

Nabuurs G J, Masera O, Andrasko K, et al. 2007. Contribution of Working Group III to the Fourth Assessment Report of the Intergovernmental Panel on Climate Change // Metz B, Davidson O R, Bosch P R, et al. Forestry In Climate Change Mitigation. New York: Cambridge University Press: 555-576.

Paquette A, Messier C. 2011. The effect of biodiversity on tree productivity: from temperate to boreal forests. Glob. Ecol. Biogeogr., 20: 170-180.

Prentice I C, Farquhar G D, Fasham M J R, et al. 2001. The Carbon Cycle and Atmospheric CO_2. The Third Assessment Report of International Panel on Climate Change (IPCC). New York: Cambrige University Press.

Prescott C, Vesterdal L, Pratt J, et al. 2000. Nutrient concentrations and nitrogen mineralization in forest floors of single species conifer plantations in coastal British Columbia. Canadian Journal of Forest Research, 30: 1341-1352.

Pretzsch H. 2010. Forest dynamics, growth and yield: from measurement to model. Berlin: Springer: 664.

Pretzsch H, Schutze G. 2009. Transgressive over yielding in mixed compared with pure stands of Norway spruce and European beech in Central Europe: evidence on stand level and explanation on individual tree level. Eur. J. For. Res., 128: 183-204.

Pukkala T, Vettenranta J, Kolstrom T, et al. 1994. Productivity of mixed stands of *Pinus sylvestris* and *Picea abies*. Scand. J. For. Res., 9: 143-153.

Rasineni G K, Guha A, Reddy A R. 2011. Responses of *Gmelina arborea*, a tropical deciduous tree species, to elevated atmospheric CO_2: Growth, biomass productivity and carbon sequestration efficacy. Plant Science, 181: 428-438.

Rothe A, Kreutzer K, Kuchenhoff H. 2002. Influence of tree species composition on soil and soil solution properties in two mixed spruce-beech stands with contrasting history in southern Germany. Plant and Soil, 240: 47-56.

Schneider S H. 1990. The global warming debate heats up: an analysis and perspective. Bull. Am. Meteor. Soc., 71: 1292-1304.

Shanin V, Komarov A, Mäkipää R. 2014. Tree species composition affects productivity and carbon dynamics of different site types in boreal forests. Eur J Forest Res, 133:273-286.

Solomon S, Qin D, Manning M. 2007. Technical Summary // Solomon S, Qin D, Manning M, et al. Climate Change: the Physical Science Basis. Contribution of working group I to the fourth assessment report of the intergovernmental panel on climate change. Cambridge: Cambridge University Press.

Tilman D, Reich P B, Knops J, et al. 2001. Diversity and productivity in a long-term grassland experiment. Science, 294: 843-845.

Vesterdal L, Clarke N, Sigurdsson B D, et al. 2013. Do tree species influence soil carbon stocks in temperate and boreal forests? Forest Ecology and Management, 309: 4-18.

Vesterdal L, Raulund-Rasmussen K. 1998. Forest floor chemistry under seven tree species along a soil fertility gradient. Canadian Journal of Forest Research, 28: 1636-1647.

Vesterdal L, Ritter E, Gundersen P. 2002. Change in soil organic carbon following afforestation of former arable land. Forest Ecology and Management, 169: 137-147.

Vesterdal L, Schmidt I K, Callesen I, et al. 2008. Carbon and nitrogen in forest floor and mineral soil under six common European tree species. For. Ecol. Manage, 255: 35-48.

Yeboah D, Burton A J, Storer A J, et al. 2014. Variation in wood density and carbon content of tropical plantation tree species from Ghana. New Forests, 45: 35-52.

Zinke P J. 1962. The pattern of influence of individual forest trees on soil properties. Ecology, 43: 130-133.

2　碳汇林的评价指标与测定

森林生态系统是陆地生态系统的重要组成部分，每年固定的碳约占整个陆地生态系统固碳量的 2/3（Kramer，1981）。而森林光合作用和呼吸作用与大气之间的年碳交换量约占陆地生态系统年碳交换量的 90%，因此，森林作为陆地生态系统的主体，在调节全球碳循环和碳平衡、减缓温室效应及维护全球生态系统中都发挥着无法比拟的作用（杨帆等，2012）。然而，目前森林生态系统中植被和土壤固碳量减少已被认为是造成大气 CO_2 浓度升高的原因之一（王叶和延晓冬，2006）。本章介绍了林木碳汇和土壤碳汇的相关评价指标和测定方法，对了解森林生态系统碳蓄积规律和森林碳库的调控、评价和预测森林生态系统的碳源/碳汇功能具有非常重要的意义。

2.1　林木枝干碳汇的评价指标

林木通过光合作用将大气中的温室气体 CO_2 吸收并以生物量的形式储存在体内，以减少 CO_2 在大气中的浓度（武来成等，2007）。林木主要由树干、树枝、树叶及树根等部分组成。其中，树冠是高大乔木进行光合作用、呼吸作用等一系列生理活动的主要部位，直接决定树木个体的各组分产量、生长活力和生产力，能够反映林木在林分中的长势情况（刘兆刚等，2005）。此外，树木的枝干及树根在林木中占有较大比重，参与水分、有机物的传递及养分的运输，也是林木固碳的主要储存形式，其生长情况直接影响树木对碳的累积。然而，伴随着树木的生长、死亡及腐烂，林木的净碳源/碳汇的功能也呈现动态变化（Nowak and Crane，2002）。因此，本节通过对林木的生长性状、材质性状、凋落物的分解及光合固碳能力等方面进行评价，为碳汇树种的选育提供评价依据，对提升森林的碳汇功能具有重要现实意义。

2.1.1　生长性状的测定

2.1.1.1　树冠性状

树冠是林木重要的组成部分，是树木生长及其与环境相互作用、反馈调节的具体表现（廖彩霞和李凤日，2007），树冠结构不仅决定了林木外部形态和对光能的截获能力，而且直接影响林木个体的初级生产力（章志都等，2009）。研究树冠结构是了解林木生理生态过程的基础，也是揭示从叶片到林分不同尺度生理生态学过程转换的关键（欧光龙等，2014）。

（1）树冠体积的计算

计算方法如下。

1）先将树冠按轮枝分成若干层，利用每层的标准枝与树冠的夹角计算每冠层的树冠半径和树冠半径的垂直位置。

2）计算每冠层的横断面面积，按照平均断面面积求积法计算每相邻两冠层的树冠体积。

3）最上一段树冠体积与最下一段树冠体积的计算，则可按两个相反方向的圆锥体进行计算。

4）根据实测的每冠层标准枝的枝长生长数据及树高生长数据，可在假设标准枝与树干的着枝角度不变的情况下，计算近3年的树冠体积。

（2）枝叶生物量的测量

枝叶生物量测定采用全枝称重法，计算方法如下。

1）根据树木生长轮生枝的特点，从上部第一轮生枝开始计算，每一轮作为一层。称取每层砍下的所有带叶枝条的鲜重。

2）选择每层中与该层平均基径接近的枝条作为样枝，一般在每层中选取2～3个标准枝，称其带叶鲜重，然后摘掉叶子，测定样枝的去叶枝鲜重和叶鲜重，计算各层的总叶鲜重和枝鲜重。

3）在每层取约50g叶样品和100g枝样品，计算含水率。

4）在105℃烘箱里烘干，测定样品烘干质量，计算出各层的叶、枝干重比，将各层合计求出整株树枝和叶量的干重，即为其枝、叶生物量。

（3）叶面积

i. 单片叶面积测定

仪器法：取植物叶片展平后置于扫描仪上，设定扫描参数，将叶片图像数字化，输入计算机内。使用图像处理软件ArcView GIS 3x自动识别叶片图像的边缘，对叶片图像所包含的像素数进行积分，换算出叶片的实际叶面积。或者使用AM-300手持式激光叶面积仪直接测量各叶片大小，记录各个叶片的面积值。

对于针叶林，其叶面积很难用仪器直接测定出来，其叶面积的计算方法如下。

1）将每株树的树冠分为上、中、下3层，每层各称取1g针叶排列扫描，计算扫描面积。

2）建立叶面积与针叶质量间的关系式，便可以计算每株树的叶面积。

ii. 系数法

计算方法如下。

1）先用直尺量出各叶片的长度（不包括叶柄）和叶宽（叶片上与主脉垂直方向上的最宽处），求出长与宽的乘积。

2）用激光叶面积仪测得叶片的面积除以该叶片的长与宽的乘积，求得面积与长宽积之比，即“系数”。

3）计算选定叶片的系数，以这些叶片系数的平均值作为系数（C），用各叶片的长宽积乘以 C，即可求得各叶片估测的叶面积。

iii. 回归分析法

计算方法如下。

1）用直尺测量每张叶片的叶长与叶宽，以叶长、叶宽及叶长×叶宽作为自变量。

2）通过仪器法测得的叶面积作为因变量，求得面积对长宽积的直线回归方程。

3）在实际测量中把所需测量叶片的相应自变量带入，即可求得单片叶面积。

（4）林木单株总叶面积计算

所测树木冠幅面积的计算公式：

$$C=a\times b \qquad (2\text{-}1)$$

式中，C 为冠幅面积（m^2）；a 为树冠的南北直径（m）；b 为树冠的东西直径（m）。

分别从东、西、南、北 4 个不同方位对所测树木采集冠层图像。通过 WinsCanopy 软件对图像进行处理，得到单株 LAI。LAI 为单株叶面积指数，取 4 个方位的 LAI 平均值作为该株树木的 LAI。

根据公式 LAI=总叶面积（S）/冠幅面积（C），可得到单株树木的总叶面积计算公式：

$$S=\mathrm{LAI}\times C \qquad (2\text{-}2)$$

式中，S 为单株树木的总叶面积（m^2）。

2.1.1.2 生长性状的测定

（1）树高和胸径

测定方法如下。

1）选择一块样地，在树高 1.3m 处，用钢卷尺测胸径，单位为厘米（cm）。

2）用红外线测高仪测定树高和枝下高，单位为米（m）。

3）用钢尺测量树皮厚度，单位为毫米（mm）。

（2）材积量

测定方法如下。

1）选择一块样方，计算样方内树的棵数，同时测量样方的面积。

2）在树高 1.3m 处对树干周长进行测量，获得胸径长度。

3）依据不同地区的一元立木材积表查找计算，获得每个样方的材积量。

测量每株树木的树高（H）和胸径（DBH），计算单株材积（VOL）的公式如下：

$$\mathrm{VOL}=H\times \mathrm{DBH}^2/30\ 000 \tag{2-3}$$

（3）树干生物量测定

树干鲜重采用全部称重法，干重采用比例法计算，测定计算方法如下。

1）分别称取各部位分段的树干鲜重，分段的总和即为全树干的鲜重。

2）将各部位分段截取成圆盘并称其鲜重，作为待测样品。

3）将圆盘带皮鲜样品置于烘箱中 105℃恒温下烘干至恒重。

4）称取样品烘干后的质量，计算树干的含水量。通过比例法可以计算得出整个树干的干重。

（4）根的测定

测定方法如下。

1）用低温去离子水洗掉根表面附着的土壤颗粒或其他残留物等。

2）选出一个完整的细根，放入装有低温（2～4℃）去离子水的玻璃皿中。

3）根据 Fitter 根系序列位置命名方法对细根进行分级，位于根轴最远端没有分枝的根称为 1 级根，1 级根着生在 2 级根上，逐一分级，共分到 5 级根。

4）将每个根段分离出 1～5 级根，不同等级细根分别放入已标记的玻璃皿中，尽快对其扫描，然后放到 65℃烘箱里烘干至恒量，用于生物量测定。

2.1.2　林木的材质性状

林木材质性状是从微观角度研究林木固碳量，是定量测定林木固碳量的基础，对探讨林木材质固碳量的规律有重要的意义。主要包括木材密度、导管、木纤维、薄壁组织等。

2.1.2.1　木材密度

单位体积内木材的质量称为木材密度，单位为 g/cm^3 或 kg/m^3。木材密度是反映木材性能的关键指标，不仅可以用来评估木材的质量，根据它的变异性和变化规律，还能够判断木材其他性能的变化，反映树木的生长规律（易咏梅和姜高明，2003）。

（1）直接测量法

将测试木材加工为 20mm×20mm×20mm 的正六面体，在每一试样各相对面的中心位置，用测微尺分别测出弦向、径向和纵向的尺寸，准确到 0.01mm，称重要精确到 0.001g。测量尺寸及称重后，将试样放入烘箱烘干，开始时保持 60℃ 4h，再升温至（103±2）℃，烘至恒重。取出试样置于干燥器内冷却，重新称重和测量体积。计算试样的气干材密度（ρ_q）：

$$\rho_q=\frac{\text{气干材质量}}{\text{气干材体积}}=\frac{G_q}{V_q} \tag{2-4}$$

我国规定气干材含水率为 12%，即把测定的气干材密度均换算成含水率为 12%时的数值。公式为

$$\rho_{12}=\rho_q[1-0.01(1-K)(W-12)] \tag{2-5}$$

其中，$K=\frac{\text{气干材体积}}{\text{生材体积}}\times 100\%$

式中，ρ_{12} 为含水率 12%时的气干材密度（g/cm^3）；ρ_q 为试验时的木材密度（g/cm^3）；W 为试验时木材的含水率（%）；K 为体积干缩系数。

（2）排水法

排水法对于木材形状不规则时较为适合，特别适用于测定生材密度；若要测定气干密度，浸水前需在试样外表涂一层薄蜡，测定动作要迅速，以防水分浸入木材。

计算公式为

$$\rho=m_1/v=m_1/v_w=m_1\rho_0/(m_1-m_2)=m_1/(m_1-m_2) \tag{2-6}$$

式中，ρ 为气干材密度（g/cm^3）；m_1 为木块在空气中的质量（g）；m_2 为木块在水中的质量（g）；v 为木块的体积（cm^3）；v_w 为木块排出水的体积（cm^3）；ρ_0 为水的密度（g/cm^3）。

（3）CT 扫描法

木材 CT 成像的原理是不断地旋转探测设备，对样品连续释放 X 射线，收集穿过样品后的射线，由于物质属性和结构不同，射线的衰减程度也有所不同。即以测定 X 射线在木材内的衰减为基础，利用计算机把不同密度的木材对穿透 X 射线的衰减系数换算成木材的 CT 值，用图像的形式显示出来，图像上每个像素的灰度值对应于扫描断层中相应的单元体的密度。

2.1.2.2　纤维和导管长度的测量

木材纤维是木材的主要机械组织，其长度及其次生壁加厚的程度直接影响

木材的性质（北京林学院，1980）。导管分子是被子植物的输水组织，通常导管分子愈长，管壁增厚部分愈多，输导效率也愈高，同时还可增进木材的坚实度（黄宝灵等，2002）。

测定方法如下。

1）自离地面 1m 处截取圆盘一个，将其切成 2mm×2mm×30mm 的小段，待用。

2）取 0.5g 左右的小块，放入 50ml 离心管，加入 20ml 冰醋酸与过氧化氢的混合溶液（冰醋酸：30% H_2O_2=1：1），65℃反应 48h。

3）待木材完全软化后，用蒸馏水反复冲洗木材 5 次。样品管中加水，放入 4～5 颗玻璃珠，充分振荡离心管，使木质纤维分离。

4）匀浆后，用移液器吸取少量滴在载玻片，用甲苯胺蓝进行染色。

5）使用光学显微镜观察纤维导管特性，镜下观察，拍照，测量纤维的长度和宽度，导管的长度和宽度。

2.1.2.3　其他横切面解剖特征的测量

主要包括纤维和导管的直径、壁厚、长宽比和壁腔比的测量等。

试样的处理如下。

1）截取 25mm 厚的圆盘，取向南方向，从髓心到树皮，通过髓心取宽为 10mm，在长度方向上依次截取 20mm 的木块。

2）把木块放入乙醇和甘油比例为 1：1 配制的混合液中，浸泡数天，待木块充分软化后切片。

3）在试样横切面上切取 15～20μm 厚的切片，每一个圆盘同一部位切 3～5 片，放到处理盘中，加水以免切面卷曲。

4）经 1%番红染色后，依次经过 30%乙醇、50%乙醇、80%乙醇、95%乙醇、无水乙醇、无水乙醇与二甲苯混合液、二甲苯处理，然后放在载玻片上，用光学树脂胶固定，盖上盖玻片，置于干燥处固定。

5）待切片固定后，利用显微镜进行观察并拍照，将拍摄好的照片导入木材显微图像分析处理系统中进行分析。

（1）胞壁率

胞壁率：是指木材结构中除去细胞腔的部分，即组成木材实质部分所占的百分率，胞壁率越大，木材孔隙率越小，木材的实质密度越大。

测定过程：利用计算机视觉和数字图像处理软件技术，通过对图像进行“二值化处理”，使木材的细胞壁和空腔通过二值颜色及颗粒的大小等区分各种细胞组织，并计算面积，得到的“面积百分比”即为胞壁率。

（2）纤维和导管的直径、壁厚与壁腔比

通过拉线测量和二值来筛选每个生长轮的纤维和导管的弦径向中央直径、

壁厚，取弦径向的平均值为终值，计算出纤维和导管的壁腔比（双壁厚/直径）。

纤维（导管）宽度=纤维（导管）直径+纤维（导管）双壁厚

纤维（导管）长宽比=纤维（导管）长度/纤维（导管）宽度

2.1.2.4　木材生长轮密度的测量

（1）X 射线法

原理：使用直接扫描式 X 射线微密计来测量。

测定方法如下。

1）试样含水率应为 12%左右的气干状态。

2）从试样尺寸为宽 2.5cm、厚 5cm、长为从髓心到树皮的半径长的样木上，切取 2.5cm 宽、3mm 厚的薄片，且薄片厚度必须均匀、表面光滑。

3）扫描路径应沿木材薄片径向，扫描速率为 1.6cm/min，取样间隔为 0.1mm，并记录强度。

4）利用计算机求出各点的密度值。

X 射线穿过木材后强度的衰减与木材密度间计算公式为

$$I = I_0 e^{-\mu \rho t} \tag{2-7}$$

$$\rho = \frac{1}{\mu t} \ln \frac{I_0}{I} \tag{2-8}$$

式中，I 为穿过木材后的射线强度；I_0 为穿过木材前的射线强度；ρ 为木材密度（g/cm^3）；t 为薄片厚度（cm）；μ 为质量衰减系数（cm^2/g），其值是与 X 射线波长及物质种类有关的常数。

（2）排水法

原理：木材生长轮密度用排水法测量。

测定方法如下。

1）按生长轮龄顺序取样，若生长轮非常窄，可每 2～3 个生长轮取一个样，尽量使试样的每一面保持平整，试验时可用粗（60 目）、细（120 目）砂纸打磨。

2）打磨后的试样先后称质量 m，刮蜡、排水法测体积 V，最后计算木材密度 ρ。计算公式为

$$\rho = \frac{m}{V} \tag{2-9}$$

式中，ρ 为木材密度（g/cm^3）；m 为试样的质量（g）；V 为排出水的体积（cm^3）。

2.1.2.5 木材生长轮宽度测量

用显微生长轮测定仪测量 50mm 厚圆盘的剩余部分，向南方向，由髓心至树皮的每个生长轮宽度，取相同生长轮数的平均值，精确至 0.01mm。分析密度变异规律，判定年轮界限和年轮内早材、晚材分界线，计算晚材率和生长速率（郭明辉等，2012；王莹，2010）。

2.1.2.6 木材晚材率计算

$$\text{晚材率}=\text{晚材宽度}/\text{生长轮宽度}\times100\% \tag{2-10}$$

2.1.2.7 木材生长速率计算

$$\text{生长速率}=\frac{r_2-r_1}{r_1}\times100\% \tag{2-11}$$

式中，r_1 为髓心与生长轮内部界限的距离；r_2 为髓心与生长轮外部界限的距离。

2.1.2.8 纤维素和木质素含量测定

（1）纤维素

原理：硝酸-乙醇混合液处理试样，使供试样品中的木质素转化为硝化木质素，硝化木质素和氧化木质素能够溶于乙醇中，半纤维素由于被水解、氧化而溶出。所得残渣即为硝酸乙醇纤维素，经过滤、水洗及烘干后，测定其含量。

测定方法如下。

1）取试样木屑 1g，放入锥形瓶中，加入 25ml 硝酸-乙醇混合液（20%硝酸和 80%乙醇混合液），装上冷凝回流管，沸水浴加热至粉末变白，在加热过程中，应随时摇荡瓶内物，以防止试样跳动。

2）用 10ml 硝酸-乙醇混合液洗涤残渣，再用热水洗涤至中性，最后用无水乙醇洗涤 2 次，抽滤、烘干，即得木屑纤维素。

3）称量提取的木屑纤维素 0.05～0.1g，加入 5ml 硝酸和冰醋酸混合液，沸水中煮 25min，其间应多次搅拌。

4）离心，弃去上清液，用蒸馏水洗涤并离心 3 次。

5）加入 25ml 0.05mol/L 的重铬酸钾溶液和 10ml 浓硫酸，摇匀，沸水中恒温 10min，其间应多次搅拌。

6）冷却后，倒入锥形瓶中，滴入 3 滴试亚铁灵试剂，用 0.1mol/L 的硫酸亚铁铵溶液滴定。

纤维素含量的计算公式为

$$x=\frac{6.75k(a-b)}{n}\times 100\% \tag{2-12}$$

式中，k 为硫酸亚铁铵的浓度（mol/L）；a 为空白滴定所消耗硫酸亚铁铵的体积（ml）；b 为溶液所消耗硫酸亚铁铵的体积（ml）；n 为所取木屑纤维素的质量（g）。

（2）半纤维素

原理：使用盐酸水解法测定试样中半纤维素含量，水解产生的物质与碱性铜试剂发生反应，在草酸-硫酸混合液及淀粉的作用下呈现蓝色，利用硫代硫酸钠溶液进行滴定，至蓝色消失即可计算出半纤维素的含量。

测定方法如下。

1）称取 0.1～0.2g 试样于烧杯中，加入 15ml 80%硝酸钙溶液，加热煮沸5min。

2）离心，沉淀用热水洗 3 次。

3）沉淀放入试管中，加入 10ml 2mol/L 的 HCl 后沸水浴 45min，其间应不断搅拌。

4）冷却后离心，将上清液移入 100ml 容量瓶中，将沉淀冲洗 3 次，洗涤液并入容量瓶中。

5）向容量瓶中加 1 滴酚酞，用 NaOH 中和至显橙红色，定容，过滤至烧杯中。

6）取 10ml 滤液于刻度试管中，加入 10ml 碱性铜试剂，沸水浴 15min。

7）冷却后加入 5ml 草酸-硫酸混合液，0.5ml 0.5%淀粉，混匀后，用 0.01mol/L 硫代硫酸钠溶液滴定，即可根据公式计算出半纤维素含量。

$$x=\frac{0.9\times 100\left[248-(a-b)\right](a-b)}{10^5\times n}\times 100\% \tag{2-13}$$

式中，x 为半纤维素含量（%）；a 为空白滴定所消耗硫代硫酸钠的体积（ml）；b 为溶液所消耗硫代硫酸钠的体积（ml）；n 为称取的试样质量（g）。

（3）木质素

原理：木质素与氧化剂反应后，通过滴定的方式计算得出。

测定方法如下。

1）取 0.10g 木屑于烧杯中，加 10ml 1%乙酸浸泡 30min。

2）过滤，用 1%乙酸洗涤。

3）沉淀烘干后，置于试管中，加 4ml 乙醇-乙醚混合液（1∶1）浸泡 5min。

4）弃上清液，沉淀洗涤 3 次后水浴蒸干。

5）加入 3ml 72%硫酸，混匀，室温静置 16h。

6）加入蒸馏水 10ml，混匀，沸水浴 5min。

7）加入蒸馏水 5ml 和 0.5ml 10% $BaCl_2$ 溶液，混匀，离心弃上清液。

8）用蒸馏水洗涤 2 次，水浴蒸干。

9）沉淀加入混合液（10%硫酸，0.1mol/L 重铬酸钾）10ml，摇匀沸水浴 15min，全部倒入三角瓶；加入 5ml 20% KI 溶液，用 0.2mol/L $Na_2S_2O_3$ 滴定至溶液刚显蓝色且半分钟内不变色，同时设置未加木屑的空白对照。

木质素含量计算公式为

$$X=k(a-b)/(n\times48)\times100\% \tag{2-14}$$

式中，48 为 1mol $C_{11}H_{12}O_4$ 相当于 $Na_2S_2O_3$ 的当量数；k 为硫代硫酸钠浓度（mol/L）；a 为空白滴定所耗的硫代硫酸钠体积（ml）；b 为滴定溶液所耗的 $Na_2S_2O_3$ 体积（ml）；n 为试样质量（g）。

2.1.3 凋落物

2.1.3.1 凋落物概述

凋落物是指在生态系统内，由地上植物组分产生并归还到地表面，作为分解者的物质和能量来源，借以维持生态系统功能的所有有机质的总称（王凤友，1989）。凋落物在森林生态系统的养分循环中起到重要的作用，对营养循环和森林生产力至关重要（Didham，1998）。此外，凋落物还能够影响土壤有机物的组成和养分含量，是土壤有机质的主要来源（Prescott，2005）。因此，凋落物分解被视为连接植物碳库和土壤碳库的“纽带”（Zhang et al.，2012），而分解过程中所释放的 CO_2 是全球碳收支的重要组分，对全球陆地碳循环起着至关重要的作用（Couteaux et al.，1995；王相娥等，2009）。凋落物的分解过程分成两个阶段，第一个阶段分解速率较快，主要受到凋落物中养分含量、水溶性碳化合物和结构碳化合物含量的影响；第二个阶段分解速率较慢，主要受到木质素及纤维素与木质素比值的影响（Gallardo and Merino，1993；Xu and Hirata，2005；许晓静等，2007），最终这些含碳有机物经过微生物的呼吸代谢矿化生成 CO_2 和 H_2O（严海元等，2010）。

2.1.3.2 凋落物的测定

（1）凋落物的生物量测定

在每个标准地随机设置凋落物收集器，去除凋落物表面的土块、碎石、碎屑等杂物，收集置于样方内所有凋落物带回实验室，称出鲜重。于 70℃以下烘干至恒重，称重，计算凋落物的含水率及单位面积枯落物的干重。

（2）凋落物的分解速率

将凋落物在70℃以下烘干至恒重，进行称量。采用Olson指数分解模型公式，计算分解常数k值：

$$X/X_0=e^{-kt} \quad (2\text{-}15)$$

式中，X_0为凋落叶初始质量；X为经时间t后的残留量；k为凋落物分解常数；t为分解时间。

半衰期（$t_{0.5}$）、分解周期（$t_{0.95}$）计算式如下：

$$t_{0.5}=\ln 0.5/(-k) \quad (2\text{-}16)$$

$$t_{0.95}=\ln 0.95/(-k) \quad (2\text{-}17)$$

（3）凋落物的碳含量测定

测定凋落物中碳含量，可将凋落物干重转化为枯落物碳储量。

凋落物在70℃以下烘干至恒重，混合均匀，粉碎，过60目筛，将样品放入自封袋内测定其全碳含量。测定方法采用SSM-TOC法。

2.1.4 林木光合固碳能力的评价

在立地条件、林分结构相同的情况下，树种个体的固碳能力决定了整个森林的固碳能力。因此，要提高森林的碳储量，了解树种的生理特性及固碳性能尤为重要。由于树木的固碳功能通过光合作用实现，因此，对造林树种光合作用的研究是筛选碳汇树种的前提。

2.1.4.1 林木的光合特性及固碳能力测定

（1）叶片光合参数的测定

采用便携式光合作用测定系统（CIRAS-1，英国PP System公司）测定植株完全展开功能叶片的光合指标，记录净光合速率（P_n）、气孔导度（G_s）、蒸腾速率（T_r）和胞间CO_2浓度（C_i）等指标。气孔限制值（L_s）计算公式：$L_s=1-(C_i/C_a)$（C_a为大气CO_2浓度）；水分利用效率（WUE）计算公式：$WUE=P_n/T_r$。

同时，还需要记录大气温度（T_a）、光合有效辐射（PAR）、大气CO_2浓度和大气湿度等环境因子的变化。

（2）叶绿素荧光

采用便携式脉冲调制荧光仪FMS-2（Hansatch公司，英国）测定林木的叶绿素荧光参数，测定之前需要将叶片暗适应30min，记录基础荧光 F_o、最大荧光 F_m、可变荧光 F_v、PSⅡ光化学效率 F_v/F_m、PSⅡ潜在光化学活性 F_v/F_o。然后，将光下的叶片夹上暗适应夹，无需暗适应，记录光适应下最大荧光 F_m'、稳态荧光产量 F_s、最小荧光 F_o'，并以此为依据计算实际光化学效率 $\Phi_{PSII}=(F_m'-F_s)/F_m'$ 和非光化学猝灭 $NPQ=(F_m-F_m')/F_m'$。相关的荧光参数计算公式参照表2-1。

表2-1　相关荧光参数计算公式（张子山，2013）

荧光参数	计算公式
暗适应下PSⅡ的最大量子产额	$F_v/F_m=(F_m-F_o)/F_m$
光适应下PSⅡ的最大量子产额	$F_v'/F_m'=(F_m'-F_o')/F_m'$
光化学猝灭系数	$q_P=(F_m'-F_s)/(F_m'-F_o')$
光下的实际光化学效率	$\Phi_{PSII}=(F_m'-F_s)/F_m'$
非光化学猝灭	$NPQ=(F_m-F_m')/F_m'=F_m/F_m'-1$
光合线性电子传递速率	$ETR=\Phi_{PSII}\times PFD\times 0.84\times 0.5$
反应中心关闭程度	$1-q_P$
PSⅡ激发压	$(1-q_P)/NPQ$

（3）叶绿素荧光诱导动力学曲线的测定

用PEA-Senior快速测定叶片叶绿素荧光诱导动力学（OJIP）曲线和820nm处的光吸收曲线。以820nm光吸收的最大值与最小值的差值（$\Delta I/I_0$）作为衡量PSⅠ最大氧化还原能力的指标（P700）。OJIP曲线用JIP-test方法进行分析。各参数的计算公式及意义见表2-2。

表2-2　叶绿素荧光诱导动力学曲线分析中使用的公式及意义（李鹏民等，2005）

公式	意义
$V_k=(F_{300}-F_o)/(F_m-F_o)$	相对荧光，表示在300μs时单电子传递体（QA）的还原程度
$V_j=(F_j-F_o)/(F_m-F_o)$	相对荧光，表示2ms时，关闭的PSⅡ作用中心的含量或QA的还原程度
$\varphi P_o=TR/ABS=1-(F_o/F_m)$	表示PSⅡ最大光化学效率，即 F_v/F_m
$\Psi_o=ET/TR=(1-V_j)$	表示在2ms时，反应中心捕获的光子将电子通过QA传递到其他电子受体的概率
$RC/CS_m=\varphi P_o\times(V_j/M_o)\times(ABS/CS_m)$	表示单位面积有活性的PSⅡ反应中心的数量
$ABS/CS_m=F_m$	表示单位面积吸收的光能
$TR/CS_m=\varphi P_o\times(ABS/CS_m)$	表示单位面积捕获的光能
$ET/CS_m=\varphi E_o(ABS/CS_m)$	表示单位面积用于电子传递的能量

（4）日光合同化量

光合作用是植物生长发育的基础，光合日变化是反映植物光合日生产能力的重要指标。植物光合日变化是植物一天积累光合产物的基础，直接影响到植物干物质产量。

在树木光合作用日变化曲线中，其同化量是净光合速率曲线与时间横轴围合的面积。以此为基础，设净同化量为 P，各树种在测定当日的净同化量计算公式为

$$P=\sum_{i=1}^{j}\left[\left(P_{i+1}+P_{i}\right)\div 2\times\left(t_{i+1}-t_{i}\right)\times 3600\div 1000\right] \tag{2-18}$$

式中，P 为测定日的净同化总量[mmol/（$m^2\cdot d$）]；P_i 为初测点的瞬时光合速率；P_{i+1} 为下一测点的瞬时光合速率[μmol/（$m^2\cdot s$）]；t_i 为初测点的瞬时时间（h）；t_{i+1} 为下一测点的时间(h)；j 为测试次数，3600 代表 3600s，1000 代表 1000μmol。

（5）植物的固碳量

植物的固碳量计算可在光合速率测定的基础上进行。根据净光合速率日变化的测定值，可计算各树种在测定当日的净同化量（P）。一般植物晚上的暗呼吸消耗量按照白天同化量的 20%计算，测定日的同化总量换算为测定日固定的 CO_2 量。计算公式为

$$\omega_{CO_2}=P\times(1-0.2)\times 44/1000 \tag{2-19}$$

式中，ω_{CO_2} 为单位面积的叶片固定 CO_2 的质量[g/（$m^2\cdot d$）]；44 为 CO_2 的摩尔质量（g/mol）。

植物所覆盖的土地面积为植物树冠投影面积，即冠幅面积 C，故单株树木单位冠幅投影面积日固碳量计算公式为

$$w_{CO_2}=\mathrm{LAI}\times\omega_{CO_2} \tag{2-20}$$

式中，w_{CO_2} 为单位冠幅投影面积日固碳量[g/（$m^2\cdot d$）]；LAI 为单株叶面积指数。

单株树木日固碳量计算公式为

$$W_{CO_2}=\omega_{CO_2}\times S \tag{2-21}$$

式中，W_{CO_2} 为单株树木日固碳量[μmol/（$m^2\cdot s$）]；S 为单株总叶面积（m^2）。

单株叶面积指数（LAI）和单株总叶面积（S）的计算参见 2.1.1.1 中的标题（3）和标题（4）。

计算公式为

$$\delta^{13}C\,(‰)=\frac{(^{13}C/^{12}C)_{sample}-(^{13}C/^{12}C)_{PDB}}{(^{13}C/^{12}C)_{PDB}} \tag{2-29}$$

式中，$\delta^{13}C$ 为样品 $^{13}C/^{12}C$ 与标准样品偏离的千分率；（$^{13}C/^{12}C$）$_{sample}$ 为测试样品的 $\delta^{13}C$ 值；（$^{13}C/^{12}C$）$_{PDB}$ 为标样 PDB 的 $\delta^{13}C$ 值。

2.1.4.3　光合相关酶

植物进行光合作用离不开光合酶的参与，因此本节便对光合作用几种关键酶活性的测定方法加以介绍。

（1）核酮糖-1,5-二磷酸羧化酶/加氧酶（Rubisco）

核酮糖-1,5-二磷酸羧化酶/加氧酶（ribulose-1,5-bisphosphate carboxylase/oxygenase，Rubisco）是光合碳同化的双功能酶，它催化核酮糖-1,5-二磷酸（RuBP）的羧化和加氧反应，并调节二者之间的关系，Rubisco 是光合作用的关键酶，通过催化核酮糖-1,5-二磷酸（RuBP）的羧化反应实现 CO_2 的同化，其活性高低直接影响光合速率（姜振升等，2010）。

测定方法如下。

1）叶片或植物组织加液氮在研钵中研磨成细粉，然后与 150mg 聚乙烯聚吡咯烷酮（polyvinylpolypyrrolidone，PVPP）混合后，加萃取缓冲液和少量的石英砂。

2）4℃ 12 000r/min 离心 15min，匀浆保存在−70℃冰箱中用于测定酶活性。

3）Rubisco 活性由 NADH[ε=6.22mmol/（L·cm）]在 340nm 处的下降率来决定。1ml 反应体系包含反应液和 100μl 液态酶，经 RuBP 开始反应，每隔 5s 记录一次，测定 3min 内其在 340nm 处的吸光度。

萃取缓冲液成分：40mmol/L Tris-HCl 缓冲液（pH 7.6），10mmol/L $MgCl_2$，0.25mmol/L 乙二胺四乙酸（EDTA），5mmol/L 谷胱甘肽（GSSG）。

反应液成分：40mmol/L Tris-HCl 缓冲液（pH 7.8），12mmol/L $MgCl_2$，0.4mmol/L EDTA-Na_2，1mmol/L NADH，10mmol/L ATP，10mmol/L 磷酸肌酸，40mmol/L $NaHCO_3$，20U 肌酸磷酸激酶，20U 磷酸甘油酸激酶，20U 磷酸甘油酸脱氢酶，5mmol/L RuBP。

（2）磷酸烯醇丙酮酸羧化酶（PEPC）

磷酸烯醇丙酮酸羧化酶（phosphoenolpyruvate carboxylase，PEPC）是生物体碳代谢四碳回补途径的重要酶，是三羧酸循环重要的回补途径之一。PEPC 在植物细胞中参与植物的光合碳同化等重要代谢途径，并且在不同组织中具有多种生理功能（魏绍巍和黎茵，2011）。

测定方法如下。

1）叶片或植物组织加液氮在研钵中研磨成细粉，之后加萃取缓冲液。

2）匀浆液经 4℃ 12 000r/min 冷冻离心 15min，上清液即为酶粗提液，用来测定酶活性，1ml 反应体系包含反应液和 100μl 酶粗提液。

3）采用紫外-可见分光光度计测定其在 340nm 处的吸光值，每隔 5s 测定一次，共测 3min，计算酶活性。

萃取缓冲液成分：100mmol/L 羟乙基哌嗪乙磺酸（HEPES）（pH 7.5）、5mmol/L $MgCl_2$、5mmol/L 乙二胺四乙酸（EDTA）、6%聚乙烯吡咯烷酮（PVP）、7%（*w/w*）低聚乙二醇 2000（PEG 2000）、2mmol/L 二硫苏糖醇（DTT）、10%（*V/V*）甘油、20μmol/L 苯甲基磺酰氟（PMSF）、1μmol/L 胃酶抑素、1μmol/L 亮抑酶肽。

反应液成分：112mmol/L Tris（pH 8.5）、5mmol/L $NaHCO_3$、0.2mmol/L NADH、2mmol/L 葡萄糖-6-磷酸、5mmol/L $MgCl_2$、3U/ml 苹果酸脱氢酶和 5mmol/L 磷酸烯醇丙酮酸（PEP）。

（3）NADP-苹果酸酶（NADP-ME）

NADP-苹果酸酶（NADP-ME）可以催化苹果酸的氧化脱羧反应，在二价金属离子（Mg^{2+}或 Mn^{2+}）存在的情况下，使苹果酸氧化脱羧生成丙酮酸和 CO_2 并伴随产生还原性物质 NAD（P）H（Chang and Tong，2003）。植物 NADP-ME 能够参与植物体内多种代谢，因而在植物生长过程中发挥着重要的作用。目前，研究发现 NADP-ME 基因与植物的防御机制有关，在受到环境胁迫时，NADP-ME 表达量显著提高，酶活性增强（李秀峰，2012）。

测定方法如下。

1）叶片或植物组织加液氮在研钵中研磨成细粉，之后加萃取缓冲液。

2）匀浆液经 4℃ 12 000r/min 冷冻离心 15min，上清液即为酶粗提液，用来测定酶活性。1ml 反应体系包含反应液和 100μl 酶粗提液。

3）采用紫外-可见分光光度计测定其在 340nm 处的吸光值，每隔 5s 测定一次，共测 3min，计算酶活性。

萃取缓冲液成分：100mmol/L 羟乙基哌嗪乙硫磺酸（HEPES）（pH 7.5）、5mmol/L $MgCl_2$、5mmol/L 乙二胺四乙酸（EDTA）、6%聚乙烯吡咯烷酮（PVP）、7%（*w/w*）低聚乙二醇 2000（PEG 2000）、2mmol/L 二硫苏糖醇（DTT）、10%（*V/V*）甘油、20μmol/L 苯甲基磺酰氟（PMSF）、1μmol/L 胃酶抑素、1μmol/L 亮抑酶肽。

反应液成分：50mmol/L Tris（pH 7.5）、0.5mmol/L NADP、30mmol/L 苹果酸、10mmol/L EDTA 和 5mmol/L $MnCl_2$。

（4）碳酸酐酶（CA）活性

碳酸酐酶（carbonic anhydrase，CA）是存在于植物组织中数量较少的酶类，其活性中心有一个催化所必需的锌原子，能够催化 CO_2 加水生成碳酸盐的可逆反应。CA 定位在细胞壁、原生质和叶绿体周边部位，能够参与多种生物过程，包括 pH 调节、离子交换、CO_2 转运、呼吸作用、生物合成及光合 CO_2 固定等（邓秋红等，2009）。

其催化反应为

$$CO_2+H_2O \rightleftharpoons H_2CO_3 \rightleftharpoons HCO_3^-+H^+$$

测定方法如下。

1）取新鲜叶片 0.5g，置于液氮中研磨，加 5ml 提取缓冲液Ⅰ。

2）4℃ 12 000r/min 离心 15min，取上清液并储存在 4℃中待测。

3）在 4℃的冷冻反应室中，加入 5ml 缓冲液Ⅱ和 0.5ml 经过煮沸或未煮沸的样品液，搅拌混合均匀。

4）加入 4.5ml 冰冷的 CO_2 饱和水（蒸馏水在 0℃冰水混合物中充 CO_2 气体 1h 获得）时反应开始，测定反应过程中会导致 pH 下降，监测 pH 从 8.3 下降到 7.3 所需的时间。碳酸酐酶的活性（U）以每克新鲜叶片（或根、茎）含有的酶活单位数表示为 U/g（FW），所有数据均为 3 次测量的平均值。

计算公式为

$$U=10\times(T_0/T-1) \tag{2-30}$$

式中，T_0 和 T 分别为煮沸样品液和未煮沸样品液测得的 pH 变化所需的时间。

提取缓冲液Ⅰ成分：50mmol/L Hepes-KOH 含 10mmol/L DTT，pH 8.2

缓冲液Ⅱ成分：20mmol/L 巴比妥-KOH，pH 8.3

（5）蔗糖磷酸合成酶（SPS）

蔗糖磷酸合成酶（sucrose phosphate synthase，SPS）主要在绿色光合器官中进行蔗糖合成，是控制蔗糖生物代谢的关键位点之一，该酶活力的大小对 CO_2 同化产物在蔗糖和淀粉分配中起着关键作用（刘凌霄等，2006）。

测定方法如下。

1）取 1g 左右预冷的植物组织，加入 3ml 提取介质于研钵中快速研磨成均匀糊状。

2）用 2%提取介质清洗研钵两次，倒入离心管中，在低温冷冻超速离心机上 4℃ 12 000 r/min 离心 15min，取上清液进行酶活性测定。

3）酶活的测定，向试管中加入 0.1ml 酶（对照加入 0.1ml 2mol/L NaOH），加 0.4ml 合成反应介质 30℃水浴 30min。

4）再沸水浴 5min 后，加 0.1ml 2mol/L NaOH 混匀后，继续沸水浴 10min。

5）冷却后，加入 1ml 0.1%间苯二酚和 3.5ml 30% HCl，摇匀。

6）进行 80℃水浴 10min，冷却后，在 480nm 处用分光光度计进行比色。酶活性的单位符号用 μmol 蔗糖/（mg Pr·min）表示。

提取介质成分：100mmol/L pH 7.2 的 Tris-HCl、10mmol/L $MgCl_2$、1mmol/L EDTA-Na_2、10mmol/L β-巯基乙醇、2%乙二醇、1%吡咯烷酮。

合成反应介质成分：100mmol/L pH 7.2 的 Tris-HCl、10mmol/L $MgCl_2$、5mmol/L UDPG、5mmol/L 6-磷酸果糖（Fru-6-P）。

（6）蔗糖合成酶（SS）

蔗糖合成酶（sucrose synthase，SS）是促使蔗糖进入各种代谢途径的关键酶之一，也是一种可逆酶。通过蔗糖合成酶的作用，利用可逆反应进行自身调节，当蔗糖合成酶分解活性大于其合成活性时，蔗糖即被分解；而当蔗糖合成酶合成活性大于其分解活性时，则有利于蔗糖的形成（卢合全等，2005；赵越等，2003）。

蔗糖合成酶催化反应为

$$\text{UDPG+Fructose} \rightleftharpoons \text{Sucrose+UDP+H}^+$$

测定方法如下。

i. 蔗糖合成酶合成活性的测定

1）取 1g 左右预冷的植物组织，加入 3ml 提取介质于研钵中快速研磨成均匀糊状。

2）用 2%提取介质清洗研钵两次，倒入离心管中，在低温冷冻超速离心机上 4℃ 12 000 r/min 离心 15min，取上清液进行酶活性测定。

3）酶活的测定，向试管中加入 0.1ml 酶（对照加入 0.1ml 2mol/L NaOH），加 0.4ml 合成反应介质Ⅰ 30℃水浴 30min。

4）再沸水浴 5min 后，加 0.1ml 2mol/L NaOH 混匀后，继续沸水浴 10min。

5）冷却后，加入 1ml 0.1%间苯二酚和 3.5ml 30% HCl，摇匀。

6）进行 80℃水浴 10min，冷却后，在 480nm 处用分光光度计进行比色。酶活性的单位符号用 μmol 果糖/（mg Pr·min）表示。

ii. 蔗糖合成酶分解活性的测定

1）取 1g 左右预冷的植物组织，加入 3ml 提取介质于研钵中快速研磨成均匀糊状。

2）用 2%提取介质清洗研钵两次，倒入离心管中，在低温冷冻超速离心机上 12 000 r/min 离心 10min，取上清液进行酶活性测定。以上过程均需要在 4℃环境下进行。

3）酶活的测定，向试管中加入 0.1ml 酶（对照加入 0.1ml 2mol/L NaOH），加 0.4ml 合成反应介质Ⅱ 30℃水浴 30min。

4）再沸水浴 5min 后，加 0.1ml 2mol/L NaOH 混匀后，加 0.5ml DNS，继续沸水浴 5min。

5）冷却后，加入 4ml 蒸馏水，摇匀，在 540nm 处用分光光度计进行比色。酶活性的单位符号用 μmol 蔗糖/（mg Pr·min）表示。

提取介质成分：100mmol/L pH 7.2 的 Tris-HCl、10mmol/L $MgCl_2$、1mmol/L EDTA-Na_2、10mmol/L β-巯基乙醇、2%乙二醇、1%吡咯烷酮。

合成反应介质Ⅰ成分：100mmol/L pH 7.2 的 Tris-HCl、10mmol/L $MgCl_2$、5mmol/L UDPG、5mmol/L D-果糖。

合成反应介质Ⅱ成分：100mmol/L pH 7.2 的 Tris-HCl、10mmol/L $MgCl_2$、5mmol/L UDPG、50mmol/L 蔗糖。

2.2 林木土壤碳汇的评价指标与测定

森林生态系统作为全球碳循环的重要组成部分，其中碳储存有多种形式，包括森林生物量碳和土壤中的碳。在森林生态系统中储存碳的主要部分不是地上植被，而是森林土壤，其占陆地生态系统碳储量的 1/2～2/3（林宝珠，2013）。因此，土壤碳库的改变将使陆地碳储量发生变化，最终影响整个陆地生态系统的碳循环过程。本节着重从与土壤碳密切相关的几个方面入手，对土壤结构、土壤团聚机制、土壤碳、土壤呼吸、土壤酶、土壤微生物等基本性质，以及相关指标的测定方法进行介绍，为研究森林土壤碳汇提供必要的基础，对评价和预测森林生态系统中土壤的碳源/碳汇功能具有非常重要的意义。

2.2.1 土壤结构

2.2.1.1 土壤结构的概念

在土壤学的发展过程中，人们对土壤结构的定义不断完善。土壤结构实际包含两方面的意义，即土壤结构体和土壤结构性。土壤结构体是指土粒相互团聚所形成的形状、大小、数量和稳定程度都不同的土团、土块或土片。土壤结构性的概念最早是指“原生土粒的团聚化”（李志洪等，2005），现指由土壤结构体的种类、数量（尤其是团粒结构的数量）及结构体内外的孔隙状况等产生的综合性质（邵明安等，2006）。

土壤结构包括固体和孔隙的大小、形状及排列、孔隙和孔隙的连续性，它们具备储存、运输液体或有机、无机物质的能力，能够提供根系生长发育所需要的物质（Lal，1991）。良好的土壤结构和大团聚体的稳定性对提高土壤肥力、提高农业生产力的重要农艺性状、增加孔隙率及降低抗蚀性具有重要的意义。对土壤结构的评价可以从团聚体的团聚度、稳定性及孔隙度特征等方面来进行。

2.2.1.2 土壤物理性质

（1）土粒密度

土粒密度（ρ_s）也称为土壤固相密度或土粒平均密度，是指土壤中单位体积（V_s）固体土粒的烘干重（m_s），公式为

$$\rho_s = \frac{m_s}{V_s} \tag{2-31}$$

式中，ρ_s 为土粒密度（g/cm^3）；m_s 为土壤固体部分质量（g）；V_s 为土壤固体部分体积（cm^3）。

原理：土粒密度的测定采用比重瓶法。将已知质量的土样放入水中（或其他液体），尽可能去除空气，根据比重瓶中土壤排除的水量（或其他液体），可得出土粒的体积。

以烘干土质量[（105±2）℃]除以求得的土壤固相体积，即得土粒密度。

测定方法如下。

1）取蒸馏水放入烧杯中，煮沸 1h，冷却至室温，密封，备用。

2）称取过 1mm 筛孔的不含可溶性盐的土壤风干样品 10g，倒入清洗干净的比重瓶中，向装有土壤的比重瓶中加入蒸馏水至比重瓶容积的 1/2 处，摇动比重瓶，使土样与蒸馏水充分混合。取另外一份土样测定吸湿水含量，求得烘干土壤质量（m_s）。

3）将该比重瓶放于砂盘中，在电热板上加热，持续沸腾 1h。煮沸过程中经常要摇动比重瓶，排除土壤中的空气。

4）从砂盘上取下比重瓶，冷却后，再把无二氧化碳水加入比重瓶，待比重瓶内悬液澄清且温度稳定后，将比重瓶加满，塞好瓶塞，多余的水可从瓶塞毛细管中溢出，用滤纸擦干后称重，求得比重瓶、水与土样的合重（m_{bws}），同时测定瓶内水温 t_1。

5）将备用的无二氧化碳的蒸馏水，注入比重瓶中，加满至瓶口，盖上瓶塞，称取装有蒸馏水的比重瓶的质量（m_{bw}），同时测定瓶内水温 t_2。

6）含可溶性盐或活性胶体较多的土壤，需要用惰性液体（如非极性液体煤油、汽油、甲苯等）替代蒸馏水，通过真空排气去除土壤中的空气，抽气时间不少于 0.5h，需要经常晃动比重瓶，直至无气泡逸出为止。停止抽气后仍需在干燥器中静止 15min 以上。其他操作同上面的步骤 1）～5）。

当 $t_1=t_2$ 时，土粒密度计算公式：

$$\rho_s = \frac{m_s}{m_s + m_{bw} - m_{bws}} \rho_w \quad (2\text{-}32)$$

式中，ρ_s 为土粒密度（g/cm^3）；m_s 为烘干土样质量（g）；m_{bws} 为 t_1（℃）时比重瓶+水+土壤的质量（g）；m_{bw} 为 t_2（$t_1=t_2$）时比重瓶+水的质量（g）。

当 $t_1 \neq t_2$ 时，必须将 t_2 时比重瓶+水的质量（m_{bw}）校正到 t_1 时的比重瓶+水的质量（m_{bw_2}）。

查找出 t_1 和 t_2 时水的密度（表 2-3），处于这两个温度时水的密度差乘以比重瓶容积（V），由 t_2 换算至 t_1 时比重瓶中水的质量校正数。比重瓶的容积计算公式为

$$V = \frac{m_{bw_2} - m_b}{\rho_{w_2}} \quad (2\text{-}33)$$

式中，m_b 为比重瓶的质量（g）；ρ_{w_2} 为 t_2 时水的密度（g/cm^3）。

表 2-3　不同温度时水的密度（依艳丽，2009）

温度 t（℃）	密度 ρ（g/cm^3）	温度 t（℃）	密度 ρ（g/cm^3）	温度 t（℃）	密度 ρ（g/cm^3）	温度 t（℃）	密度 ρ（g/cm^3）
4	1.000 00	14	0.999 27	24	0.997 32	34	0.994 40
5	0.999 99	15	0.999 13	25	0.997 07	35	0.994 06
6	0.999 97	16	0.998 97	26	0.996 81	36	0.993 71
7	0.999 93	17	0.998 80	27	0.996 54	37	0.993 36
8	0.999 88	18	0.998 62	28	0.996 26	38	0.992 99
9	0.999 81	19	0.998 42	29	0.995 97	39	0.992 62
10	0.999 73	20	0.998 23	30	0.995 67	40	0.992 24
11	0.999 63	21	0.998 02	31	0.995 37		
12	0.999 52	22	0.997 80	32	0.995 05		
13	0.999 40	23	0.997 56	33	0.994 73		

（2）土壤容重

土壤容重，又称为土壤密度，是指土壤在自然状态下，单位容积土壤的干重（g/cm^3）。土壤容重也是土壤极为重要的物理性质，会对土壤水分、热量、空气、养分转化及耕作阻力大小等产生直接的影响（依艳丽，2009）。

原理：用一定容积的钢制环刀，切割自然状态下的土壤，使土壤恰好充满

环刀容积，然后称量计算每单位体积的烘干土重即土壤容重。

测定方法如下。

1）到取样地点，用削土刀将土壤表面铲平，每个样地、每个土层至少3个重复。

2）将环刀托放在已知质量的环刀（m_1）上，环刀内壁涂上少许凡士林，将环刀垂直压入土中，直至环刀筒中充满土样为止。

3）挖开环刀周围的土壤，取出已装满土样的环刀，用削土刀削平环刀上、下两端多余的土壤，擦净环刀外面的土，并在采样附近再次取样约10g，装入铝盒，用于测定土壤含水量。

4）处理完毕后，在装有土样环刀两端立即加盖，带回实验室称重，以免水分蒸发。

5）将装有土样的环刀去盖，置于（105±2）℃的烘箱中烘干6～8h，在干燥器中冷却至恒重，称重（m_2）。

土壤容重计算公式：

$$\rho_b = \frac{m_2 - m_1}{V} \tag{2-34}$$

式中，ρ_b为土壤容重（g/cm^3）；m_1为环刀的质量（g）；m_2为环刀+烘干土壤质量（g）；V为环刀容积（cm^3）。

（3）孔隙度

土壤孔隙是指土壤中土粒与土粒、土团之间形成很多大小不等、形状各异的各种孔洞。土壤孔隙总量及大小孔隙的分布，简称孔性。单位土壤容积内孔隙所占的百分数，称为土壤孔隙度（孙芳芳，2013）。

土壤孔隙度的研究通常包括总孔隙度、毛管孔隙度和孔隙比等指标的测定。

i. 土壤总孔隙度

原理：土壤总孔隙度是根据土壤密度和容重计算得出的。

土壤总孔隙度的计算公式为

$$P_t = \left(1 - \frac{\rho_b}{\rho_s}\right) \times 100\% \tag{2-35}$$

式中，P_t为土壤总孔隙度（%）；ρ_b为土壤容重（g/cm^3）；ρ_s为土壤密度（g/cm^3）。

ii. 土壤毛管孔隙度

原理：测定毛管孔隙度是以环刀容积为基础，环刀中的原状土样吸水膨胀后，部分膨胀到环刀外面，削去膨胀部分。

测定方法如下。

1）用环刀在取样地点采集原状土。

2）在环刀一端罩上一层滤纸并套上有孔盖，然后将其放入装有薄层水的托盘内，水深保持在 2～3mm，浸水时间因土质而异，沙土 4～6h，黏土 8～12h 或更长时间。

3）环刀中土样吸水后，用刀刮去膨胀到环刀容积以外的土样，并立刻称重。

4）称重后，从环刀中取 4～5g 土样，放到铝盒中用于测定土样吸水后的含水率，可以得到环刀中烘干土重。

毛管孔隙度计算公式为

$$P_c = \frac{W}{V} \times 100\% \tag{2-36}$$

式中，P_c 为土壤毛管孔隙度（%）；W 为环刀内土壤所保持的水量，相当于水的容积（cm^3）；V 为环刀容积（cm^3）。

iii. 土壤孔隙比

土壤孔隙比是指原状结构的土壤中，孔隙与固体部分间的体积比。

土壤孔隙比的计算公式为

$$e = \frac{P_t}{1 - P_t} \tag{2-37}$$

式中，e 为土壤孔隙比；P_t 为土壤总孔隙度（%）。

2.2.2　土壤团聚体

土壤团聚体是土壤无机颗粒和有机物在土壤成分的参与下形成的具有不同尺度的多孔结构单元，是土壤结构的主要表征，其数量和粒径分布状况在一定程度上影响了土壤孔隙性、持水性和通透性（Barthes and Roose，2002；王小红等，2014）。团聚体作为土壤结构的基本单元（赵京考等，2003），其大小、分布及稳定性都可能与土壤中能量平衡、物质交换、微生物活动、植物根系的延伸及养分供应等过程密切相关（邵明安等，2006）。因此，土壤团聚体是土壤中重要的组成部分。

2.2.2.1　土壤团聚体的形成

良好的土壤结构主要是团粒结构，即近似球形、直径为 0.25～10mm、疏松多孔的团聚体，是由土粒多次凝聚、胶结形成的。团聚体属于二级颗粒，由矿质颗粒与有机物、无机物混合而成。团聚的复杂动力学是很多因素相互作用的结果，包括环境、土壤管理因素、来自植物的影响及土壤性质（如矿物组成、质地、土壤有机碳、成土过程、微生物活动、可交换离子、营养物质和水分有效性）（Kay，1998）。团聚体具有多种形式及大小。通常按着大小可分为大团聚体（>250μm）和微团聚体（<250μm）（Tisdall and Oades，1982）。不同大小的团聚体性质也不同，包括接合性、碳氮的分布等。

团聚的机制有几种。团聚体形成的各个阶段，每个阶段占主导的结合机制都不同（Tisdall and Oades，1982）。黏团间进一步相互团聚，或借助某种胶体物质（最普遍的是腐殖质）而团聚，就可形成粒径不一、稳定程度不同的各式各样的团粒。具体团聚过程复杂，以下为几种团聚的可能机制。

团聚的分层理论提出微团聚体通过聚集形成大团聚体，其中微团聚体内的黏合度强于微团聚体间的黏合度（Edwards and Bremner，1967）。微团聚体（<250μm）是有机分子吸附黏土（Cl）和多价阳离子（P）形成复合粒子（Cl-P-OM），并能够与其他粒子形成大团聚体[（Cl-P-OM）$_x$]$_y$（Edwards and Bremner，1967；Tisdall，1996）。大团聚体排列在颗粒有机物（POM）周围。当POM分解或微生物分泌物释放后，大团聚体变得更加稳定，C/N减小，微团聚体在其内部形成。内部形成的微团聚体包含更多的稳定的有机碳库（Beare et al.，1994；Plante and McGill，2002）。团聚的同心圆理论认为团聚体外层中的碳较内部的碳更年轻（Santos et al.，1997）。随着更多的土壤活性有机碳库被利用及微生物活性降低，分泌物供应减少，大团聚体稳定性降低，最终破坏或释放更多的稳定微团聚体（Jastrow et al.，1998；Six et al.，1999）。此外，土壤中的无机物质，如硫酸钙、碳酸钙、无定形硅酸、氧化铁和氧化铝及黏粒本身在湿润时，对土粒能够产生黏结作用。而（氢）氧化物、磷酸盐和碳酸盐的沉淀能够促进团聚。Si^{4+}、Fe^{3+}、Al^{3+}及Ca^{2+}等阳离子能够促进化合物的沉淀，作为初级粒子的黏合剂。阳离子构成黏土与有机质颗粒之间的桥，导致团聚产生。在研究胶结物质对团粒构成影响时，发现构成大团聚体（粒径大小为0.2～2.0mm）最重要的因素是微生物黏胶，而构成微团聚体（粒径<0.2mm）最重要的胶结物质是铁铝的三氧化二物（卢金伟和李占斌，2002）。

目前，研究认为大团聚体和小团聚体稳定的机制不同（史奕等，2002）。大团聚体比微团聚体含有更多的碳和氮、微粒有机质、微生物和不稳定土壤有机质（Angers and Giroux，1996；Chantigny et al.，1997；Puget et al.，1995）。因此，大团聚体是高富集有机碳的源。此外，大团聚体的稳定性还受植物根和菌丝的影响，当植物根系和菌丝被分解或破坏而不能得到补给时，稳定性大团聚体的数量将随有机质含量降低而减少（Jastrow et al.，1998）。而植物和微生物的土壤多糖及土壤腐殖质类化合物则在土壤微团聚体的稳定中起关键作用（Changey and Swift，1986；王俊儒等，1995）。影响土壤团聚的因素如图2-1所示。

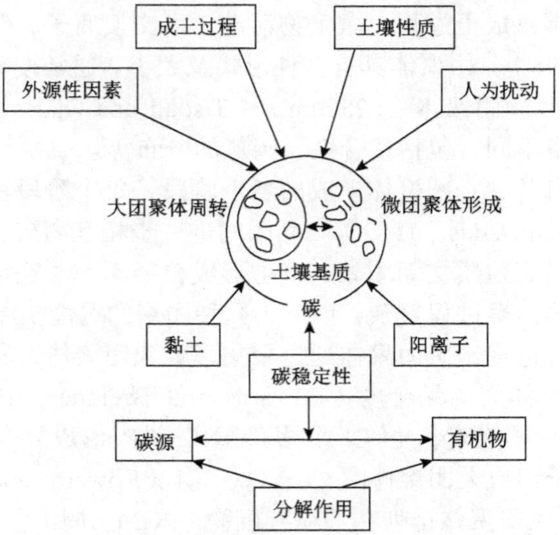

图 2-1 影响土壤团聚的因素（Bronick and Lal，2005）

2.2.2.2 土壤团聚体的测定

测定土壤团聚体的方法主要有湿筛法、干筛法及激光法等。

（1）湿筛法

测定方法如下。

1）根据萨维诺夫湿筛法测定，由于湿筛之前土壤湿度的改变可能会引起土壤团聚体和团聚体吸附的土壤有机质在不同组分之间分布的改变，因此，过筛之前应先将土壤烘干，然后将土壤通过浸润使土壤含水量提升至田间持水量的 5%。

2）称取 50g 土样放到装有直径为 11cm 的滤纸的表面皿中，将土样放置于滤纸中央，将计算好的所需水量缓慢地加入滤纸边缘，全部加入完毕后，盖上表面皿的盖子，在冰箱中放置一晚，直到水分完全浸润。

3）过筛之前，在室温条件下将土样在最大筛孔的筛子上悬浮静止 5min。然后 2min 内小幅度上下移动筛子约 50 次，对团聚体进行分组。

4）将各级筛网上的土粒用去离子水洗入蒸发皿中，静置后倒掉上清液，再将土样转移到铝盒中，放入烘箱中，直至恒重。

5）最小的组分用 2500r/min 离心 10min，颗粒状的反洗至铝盒中，按着上述方法烘干。共获得 6 组粒径组分，即>5mm、2～5mm、1～2mm、0.5～1mm、0.25～0.5mm 及<0.25mm。称出各级筛上烘干的团聚体质量，计算出各级团聚体的百分含量。

（2）干筛法

测定方法如下。

1）土壤样品取回后，去杂质，准备至少 0.5kg 土样，风干。

2）将振荡式机械筛分仪的筛组按筛孔上大、下小的顺序排好。

3）将风干土样加在筛组的最上层，振筛机振荡 10min。

4）筛网上分别得到>5mm、2～5mm、1～2mm、0.5～1mm、0.25～0.5mm 粒级的团聚体，筛底上则为小于 0.25mm 的团聚体，筛完后分别将各级的土壤样品分别称重，需设置平行试验 3～5 次。

结果计算：

$$\text{某级团聚体百分数}=\frac{\text{该级团聚体的烘干重}}{\text{烘干土样重}}\times 100\% \tag{2-38}$$

（3）激光法

团聚体的测定采用激光粒度分析仪 Mastersizer 2000 型（Malvern，英国）测定。操作过程如下。

1）激光粒度仪泵速设为 2600r/min。

2）将除去杂质的土壤湿样 0.3～0.5g 缓慢倒入装有蒸馏水的烧杯中，当遮光度达到 10%左右时，停止添加样品，并开始计算数据。样品 3 次重复，取均值。

2.2.3 土壤碳

土壤中的碳包括无机碳和有机碳两大部分。其中，土壤有机碳（SOC）是由土壤中各种正价态的含碳有机分子单体和化合物组成的（Crow et al., 2009），是土壤重要的组成部分，在维持土壤养分含量，促进土壤结构和孔隙系统的形成及其稳定性，调节土壤化学及生物学性质等方面具有重要作用（何淑勤和郑子成，2010）。土壤无机碳（SIC）是近地表环境中的主要碳库之一，主要是指土壤中各种负价态的含碳无机化合物，包括土壤中固态的碳酸盐沉积物，液态的碳酸根离子（CO_3^{2-}、HCO_3^-）及气态、液态的二氧化碳（黄巧云等，2015），其多以结核状、菌丝状存在于土壤剖面（Pan，1999）。而土壤中有机、无机复合体、微团聚体和大团聚体的形成，是土壤保持碳的主要途径（李学垣，2003）。

2.2.3.1 土壤有机碳概述

土壤有机碳含量反映的是进入土壤的生物残体等有机物质的输入与以土壤微生物分解作用为主的有机物质的损失之间的平衡指标（朱连奇等，2006），主要分布于土壤上层 1m 深度以内（Sombroek et al., 1993）。土壤有机碳根据其在土壤结构的分布和功能可以分为不同的碳库，包括游离态颗粒有机物、闭蓄态颗粒有机物、矿物结合态有机物和可溶性有机物（Six et al., 1998；刘中良和宇万太，2011）。

土壤有机碳蓄积量并不是静止的，通过植物残体分解后输入，再通过土壤呼吸、土壤淋溶等过程输出，而且不同土壤有机质组分具有不同的稳定性和周转特征（赵成义，2004）。土壤有机碳不仅为植被生长提供碳源、维持土壤良好的物理结构，也能够以CO_2等温室气体的形式向大气释放碳（周莉等，2005）。当土壤生态系统的各因素相对稳定时，土壤有机质的矿化和腐殖化过程将使土壤的有机碳蓄积趋于平衡（赵成义，2004）。因此，在多种过程的综合下，促使土壤有机质含量不断处于增加和降低的循环周期中。土壤有机碳的分解过程见图 2-2。

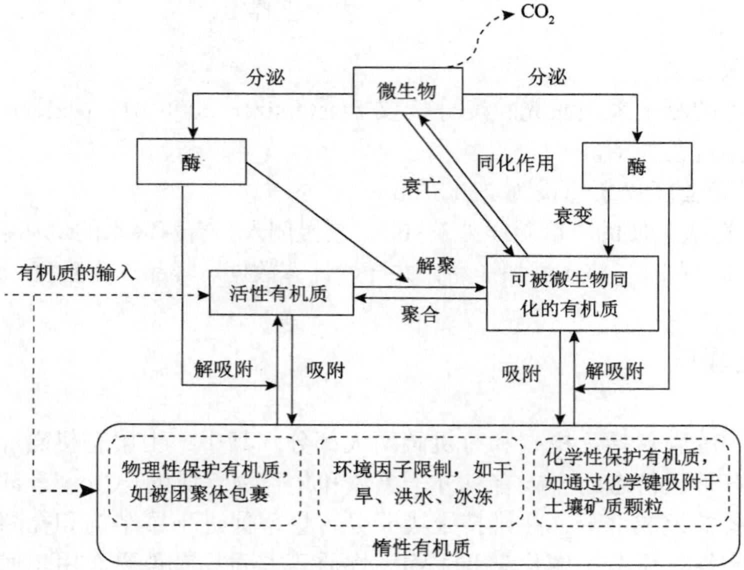

图 2-2　土壤有机碳的分解过程（Allison et al.，2010；Conant et al.，2011；陈龙飞等，2015）

2.2.3.2　土壤无机碳概述

土壤中的无机碳一般情况下专指土壤碳酸盐矿物中的碳。土壤碳酸钙在土壤剖面中的淋溶和沉积特征作为判断土壤的形成、发生与分类的重要指标之一，与土壤发生分类研究的关系非常密切（苏冬雪，2012）。土壤中碳酸盐的转化本质上是化学的沉淀与溶解过程，土壤生物的作用在于影响这种化学过程的平衡，具体影响的途径如图 2-3 所示（黄巧云等，2015）。相对于土壤有机碳来说，土壤无机碳在土壤碳库中所占的比例较小，在干旱和半干旱地区无机碳含量较高，约占总碳储量的 35.1%（杨黎芳和李贵桐，2011），但是无机碳在土壤生态系统中的作用的重要性不可忽视。

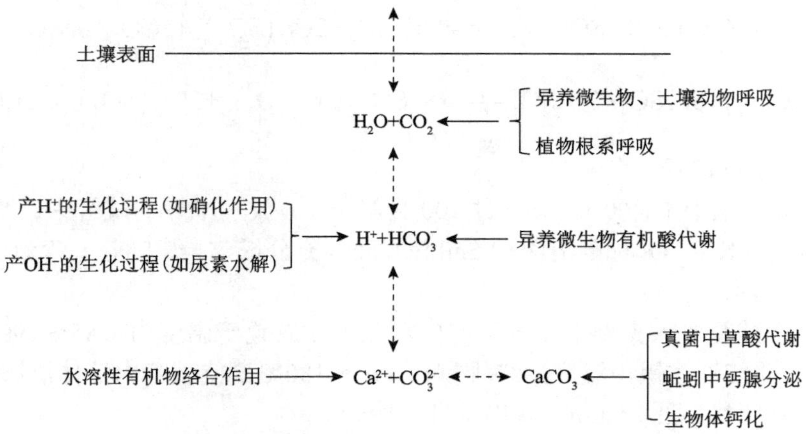

图 2-3 土壤碳酸盐转化的影响途径（黄巧云等，2015）
虚线箭头表示碳酸盐转化的化学过程，实线箭头表示生化过程的影响途径

土壤无机碳与土壤有机碳密切相关，土壤无机碳的形成与周转能够将大气 CO_2、土壤有机碳分解释放的 CO_2 以土壤碳酸盐的形式封存于地下，减少向大气释放，降低大气中 CO_2 浓度（余健等，2014）。虽然土壤有机碳可以通过成土的物理化学和微生物的作用及母质的风化转化为无机碳，但形成发生性碳酸盐时，实际截存大气 CO_2 的数量很难评估（苏冬雪，2012）。发生性碳酸盐形成时，当钙源主要是溶解的岩生性碳酸盐时，碳储量可以保持相对稳定；当钙源是非碳酸盐矿物及外来钙源时，可以截存大气 CO_2（杨黎芳和李贵桐，2011）。

2.2.3.3 土壤碳含量测定

土壤有机碳库作为生态系统中最重要的碳库之一，是温室气体的主要碳源，起着平衡全球碳素循环的重要作用（陈煦，2014）。其中，活性有机碳是指土壤有机质的活性部分，是土壤中有效性较高、易被土壤微生物分解矿化、对植物养分供应有最直接作用的那部分有机碳，可以在不同程度上反映土壤有机碳的有效性、指示土壤有机碳或土壤质量（马和平等，2012）。土壤活性有机碳包括可溶性有机碳、微生物量碳、易氧化态碳和矿化态碳等（姜培坤，2005）。

（1）土壤有机碳测定

土壤有机碳（soil organic carbon，SOC）含量的多少可间接反映土壤中的养分含量。因此，土壤有机碳可作为判断土壤肥力的指标之一。

原理：在外加热的条件下，用重铬酸钾-硫酸溶液氧化土壤有机质（碳），剩余的重铬酸钾用硫酸亚铁来滴定，根据消耗的重铬酸钾量，计算有机碳含量。

化学反应如下：

$$2K_2Cr_2O_7+8H_2SO_4+3C \longrightarrow 2K_2SO_4+2Cr_2(SO_4)_3+3CO_2+8H_2O$$

$$K_2Cr_2O_7+6FeSO_4+7H_2SO_4 \longrightarrow K_2SO_4+Cr_2(SO_4)_3+3Fe_2(SO_4)_3+7H_2O$$

测定方法如下。

1）称取风干土样 0.1～1g（过 100 目筛子），放入干燥的试管中，加入 5ml 0.8mol/L 1/6 $K_2Cr_2O_7$ 标准溶液和 5ml 浓硫酸，充分摇匀，管口盖上弯颈小漏斗，以冷凝蒸出水汽。

2）将试管放入支架中（设置空白对照），放置于温度为 185～190℃的油浴锅中，并使油浴锅内温度始终维持在 170～180℃，待试管内液体沸腾产生气泡时开始计时，煮沸 5min，取出试管，冷却。

3）冷却后，将试管内液体移到三角瓶中，并冲洗试管及小漏斗，洗液倒入三角瓶中，三角瓶内溶液的总体积控制在 60～70ml。

4）加 12～15 滴 2-羧基代二苯胺作为指示剂，溶液的颜色呈现棕红色。用 0.2mol/L 硫酸亚铁滴定剩余的 $K_2Cr_2O_7$，其间要不断摇晃，直到溶液的颜色经紫色变为暗绿色，即为滴定终点。记录消耗 $FeSO_4$ 滴定体积（V）。

5）样品测定同时，要设置空白对照试验，可用 0.5g 粉状二氧化硅代替土样，操作过程与上述相同，记录 $FeSO_4$ 滴定的体积（V_0），取其平均值。

$$土壤有机碳（g/kg）=\frac{\frac{0.8\times 5}{V_0}\times(V_0-V)\times 10^{-3}\times 3.0\times 1.1}{m\times k}\times 1000 \quad (2\text{-}39)$$

$$土壤有机质（g/kg）=土壤有机碳（g/kg）\times 1.724 \quad (2\text{-}40)$$

式中，V_0 为空白滴定用去 $FeSO_4$ 的体积（ml）；V 为样品滴定用去 $FeSO_4$ 的体积（ml）；m 为风干土样质量（g）；k 为将风干土换算成烘干土的系数。

（2）土壤无机碳

土壤无机碳是指土壤风化成土过程中形成的发生性碳酸盐矿物态碳，这是半干旱半湿润地区土壤中的一个重要组成部分（Pan，1999）。

i. 改良气量法

原理：加一定量酸于土壤中，用气体装置收集反应产生的 CO_2，并测量其体积，根据产生的 CO_2 量计算土壤碳酸盐含量。

测定方法如下。

1）称取 0.5g（过 0.15mm 筛孔）的土壤倒入三角瓶中。

2）以 V（盐酸）：V（水）为 1：2 的配比制备 4ml 盐酸溶液并装入塑料小杯，小心地放入盛有土样的三角瓶中，塞上装有连通管的橡皮塞，避免漏气。

3）将三角瓶倾斜，使得塑料杯中的盐酸倒入三角瓶底，小心摇晃 3～4 次，使盐酸与土壤充分混合，产生的气体通过橡皮塞上的连通管到达装有液体的滴定管中。

4）倒入盐酸前后，滴定管液面的体积差即为产生的 CO_2 体积。

5）基于标准曲线，根据产生的气体体积及计算无机碳的含量。

$$TIC=m（CaCO_3）\times 0.12 \quad （2-41）$$

式中，TIC 为总无机碳含量；m（$CaCO_3$）为 $CaCO_3$ 质量；0.12 为换算系数。

标准曲线的绘制，通过称取不同质量的烘干的 $CaCO_3$，按上述方法测定产生的 CO_2 体积。根据气体产生量和 $CaCO_3$ 质量绘制标准曲线。

ii. CO_2 吸收法

原理：向土壤中加入一定量标准酸，使之与碳酸盐反应，再用标准碱溶液吸收生成的 CO_2，再用酸滴定过量的碱，通过消耗的酸量来计算碳酸盐含量。

测定方法如下。

1）称取 1.00g 土壤（过 0.15mm 筛孔），倒入三角瓶中。

2）将 5ml 2mol/L 盐酸装入小玻璃杯中，小心放入三角瓶中。

3）将另外一个小塑料杯绑在密封塞上的玻璃管上（管口密封），杯中装 5.00ml 2mol/L 的 NaOH 溶液，用塞子密封好。

4）倾斜三角瓶使装有盐酸的小杯倒下，让盐酸与三角瓶中的土壤进行反应。

5）在 25℃条件下，30r/min 振荡 24h。

6）取出盛有 NaOH 溶液的小杯，将里面的碱溶液转移至另外一个三角瓶中，加入酚酞试剂作为指示剂，用 1mol/L 盐酸滴定至粉色开始退去，再用 0.1mol/L 盐酸滴定至酚酞终点。

7）再加溴甲酚绿指示剂，用 0.1mol/L 的盐酸滴定至终点。

8）记录盐酸消耗量，通过吸收 CO_2 的量计算土壤无机碳的含量。

$$TIC=（V_1-V_0）\times c\times 12/m \quad （2-42）$$

式中，TIC 为总无机碳含量（g/kg）；V_1 为滴定样品所消耗的盐酸体积（ml）；V_0 为滴定空白所消耗的盐酸体积（ml）；c 为滴定所用盐酸的浓度（mol/L）；m 为样品质量（g）。

（3）易氧化态碳

土壤易氧化态碳（easily oxidized carbon，EOC）含量及其与土壤总有机碳的比值是反映土壤稳定性的指标，土壤全碳中易氧化态碳所占比例越高，说明土壤碳的活性越大，稳定性越差（马和平等，2012）。

测定方法如下。

1）称取 2.0g 风干土壤样品（其中含碳 15～30mg），置于 100ml 塑料瓶内，每个样品 3 个重复。

2）向样品中加入 333mmol/L 的高锰酸钾溶液 25ml，25r/min 振荡 1h。

3）振荡后，将样品以 4000r/min 离心 5min，取上清液，与去离子水按 1∶250 进行稀释。

4）上述稀释液用分光光度计在 565nm 波长下比色，绘制标准曲线，根据高锰酸钾的消耗量，求出土壤样品中易氧化态碳含量，单位符号用 mg/g C 表示。其中，每消耗 1mmol 高锰酸钾溶液相当于氧化 9mg C。

（4）水溶性有机碳

水溶性有机碳（water-soluble organic carbon，WSOC）通常是指能通过 0.45μm 微孔滤膜的水溶性有机物质。虽然它只占土壤有机碳的很少部分，一般含量不超过 200mg/kg，但它却是土壤微生物可直接利用的有机碳源，并且能够影响土壤中有机和无机物质的转化、迁移和降解等（倪进治等，2003）。

测定方法如下。

1）取一定量的过 2mm 筛的土壤新鲜样品，每份土样 3 次重复。

2）分别采用 25℃和 100℃两种温度的去离子水浸提新鲜土壤样品，水土质量比为 2∶1，分别在 25℃或 100℃恒温振荡机上振荡 30min。

3）振荡完成后，高速离心 10min，取上清液，用 0.45μm 滤膜过滤。

4）滤液中有机碳含量的测定可通过 $TOC\text{-}V_{CPH}$ 有机碳分析仪完成。

（5）矿化态碳

土壤有机碳矿化是土壤中重要的生物化学过程，直接关系到土壤养分元素的释放和供应、气体的排放及土壤质量的维持。土壤有机碳矿化量是指在一定的温度下、一段时间内土壤有机碳矿化释放的 CO_2 数量，能够表征土壤碳矿化速率（王清奎等，2007）。

原理：矿化的有机碳的测定采用 NaOH 吸收法在标准条件下测定微生物矿化碳源过程中产生的 CO_2 量。

测定方法如下。

1）50g 土壤样品（干重）用蒸馏水调至其最大田间持水量的 60%并稳定 24h。

2）在 28℃黑暗条件下用 1L 玻璃瓶中密封培养 28d。

3）用 NaOH 吸收瓶中产生的 CO_2。

4）用适量 1mol/L $BaCl_2$ 沉淀碱吸收瓶的 CO_3^{2-}，用标准酸滴定剩余的 NaOH。

5）分别计算 1～7d 和 8～28d 的 CO_2 产生量，以分别确定两个培养阶段矿化的有机碳量（$CO_2\text{-}C_{1\sim7d}$ 和 $CO_2\text{-}C_{8\sim28d}$）和有机碳矿化率[单位有机碳每天产生的 CO_2 量（mg/kg），$CO_2\text{-}C_{1\sim7d}$/（TOC·d）和 $CO_2\text{-}C_{8\sim28d}$/（TOC·d）]。

（6）土壤微生物量碳

土壤微生物量碳（soil microbial biomass carbon，SMB_C）是指土壤中活体微生物细胞内各种有机化合物的含碳总量。其是土壤环境变化的敏感指示因子，土壤系统的微环境恶化，将会直接影响微生物的生长繁殖，从而影响土壤养分的转化能力，导致植被和土壤的双重退化（黄巧云等，2015）。

采用三氯甲烷（$CHCl_3$）熏蒸浸提法测定土壤微生物量碳，具体方法如下。

1）称取新鲜土壤样品（相当于 20g 干土）置于聚丙烯瓶中，将装有 5ml 三氯甲烷的小烧杯和装有 NaOH（1mol/L）的小烧杯与聚丙烯瓶一同放入真空干燥的玻璃器皿中，真空干燥器密封后抽真空直至三氯甲烷沸腾 2～3min 后，在 25℃恒温避光条件下用三氯甲烷熏蒸培养 24h。

2）培养结束后，立即取出剩余三氯甲烷，再密闭反复抽真空，直至去除土壤样品中所有的三氯甲烷。

3）同时，另取一份鲜土作为未熏蒸对照。

4）按照土：溶液比为 1：4 的比例加入 80ml 的 0.5mol/L K_2SO_4 振荡培养 1h 后，将浸提液过滤。

5）利用 TOC-V_{CPH} 有机碳分析仪对浸提液中的碳含量进行测定。

$$土壤\ \mathrm{MBC}=E_C/K_{EC} \tag{2-43}$$

式中，E_C=熏蒸提取的有机 C-未熏蒸提取的有机 C，K_{EC} 为三氯甲烷熏蒸杀死的微生物体中的碳被浸提出来的比例，一般取 0.38。

（7）颗粒有机碳

颗粒有机碳（particle organic carbon，POC）是与砂粒（53～2000μm）结合的有机碳，周转期为 5～20 年，属于有机质中的慢库，被视为土壤有机碳库中活动性较大的碳库（高雪松等，2009；方华军等，2006）。而土壤颗粒有机碳比例越高，土壤碳库越不稳定，它比土壤有机碳更易受土壤环境的影响，因此，研究土壤颗粒有机碳对于研究土壤碳固定过程具有重要意义（杨益等，2012）。

测定方法如下。

1）取过 2mm 筛的土壤干土 20g，把土样放在 100ml 5g/L $(NaPO_3)_6$ 的溶液中，充分溶解。

2）先手摇 15min 混匀，再用振荡器 90r/min 振荡 18h。

3）将土壤悬液过 53μm 筛后，用蒸馏水反复冲洗。

4）把所有留在筛子上的土壤颗粒，在 60℃条件下过夜烘干称量，计算这些土壤占整个土壤样品质量的比例。

5）通过分析烘干样品中有机碳含量，计算颗粒有机碳含量，以单位质量土壤样品中含有的颗粒有机碳含量为单位（g/kg）。

2.2.3.4　土壤有机碳密度

土壤有机碳密度指的是单位面积土体中所含的土壤有机碳质量，其作为一项重要的指标，能够评价和衡量土壤中有机碳的储量，表征土壤质量及陆地生态系统对全球变化贡献大小的指标（薛志婧，2012）。

土壤有机碳密度的计算公式：

$$D_{\mathrm{SOC}}=\sum_{i=1}^{n}(1-C_i)\times B_i\times 0.58\times \mathrm{SOM}_i\times\frac{H_i}{10} \tag{2-44}$$

式中，D_{SOC} 为土壤有机碳密度（$\mathrm{kg/m^2}$）；C_i 为第 i 层（粒径>2mm）砾石含量（体积%）；B_i 为第 i 层土壤容重（$\mathrm{g/cm^3}$）；SOM_i 为第 i 层土壤有机质含量（%）；H_i 为第 i 层土层厚度（cm）；n 为参与计算土壤层次总数。

土壤碳储量（S_{SOC}）估算公式：

$$S_{\mathrm{SOC}}=\sum_{i=1}^{n}S_i\times D_{\mathrm{SOC}_i} \tag{2-45}$$

式中，S_i 为各土地利用类型分布的面积；D_{SOC_i} 为土壤碳密度。

2.2.4　土壤呼吸

土壤呼吸是陆地生态系统和大气系统之间碳交换的主要方式之一，在全球碳循环和碳平衡中扮演重要角色，准确估算不同生态系统的土壤 CO_2 释放量对了解陆地生态系统碳循环和碳平衡研究都具有非常重要的意义（魏书精等，2013）。土壤呼吸作用的增强和温度的增加存在着潜在的正反馈关系，而其呼吸在数量上的微小改变可能导致大气中 CO_2 浓度剧烈变动（史宝库等，2012）。其中，森林生态系统土壤呼吸作为森林生态系统碳循环的重要组成部分，也是森林生态系统土壤碳库向大气中释放 CO_2 的一个重要过程，占生态系统总呼吸的 60%～90%（陆彬等，2010）。因此，研究森林生态系统土壤呼吸速率，阐明森林生态系统下土壤表面 CO_2 通量，可为全球碳素平衡预算和全球气候变化潜在效应估计提供科学依据和基础数据。

2.2.4.1　土壤呼吸概念及原理

土壤呼吸亦称土壤总呼吸，是指土壤中有机体和植被的地下部分产生 CO_2 的过程，也就是土壤向大气释放 CO_2 的过程，是土壤碳素同化和异化平衡的结果，包括未扰动土壤中产生 CO_2 的所有代谢作用（Luo and Zhou，2007；王兵等，2011）。

土壤呼吸主要包括 3 个生物学过程，即土壤微生物呼吸、根系呼吸、土壤动物呼吸，以及一个化学氧化过程（即含碳矿质的化学氧化作用），由于化学氧化过程对土壤呼吸的作用较小，常常忽略不计（魏书精等，2014）。而前三者从土壤呼吸产生的生理学机制来看，植物根系呼吸为自养呼吸，土壤微生物呼吸和土壤动物呼吸为异养呼吸（王兵等，2011）。其中，土壤异养呼吸是有机质、枯枝落叶、死根等进入土壤后，在微生物及土壤动物的作用下发生氧化反应，彻底分解释放 CO_2、H_2O 和能量，剩余部分被微生物用于自身合成；而土壤自养呼吸则是根系通过呼吸把光合作用合成的碳水化合物氧化分解，释放能量和 CO_2（Luo and Zhou，2007；侯琳等，2006）（图 2-4）。

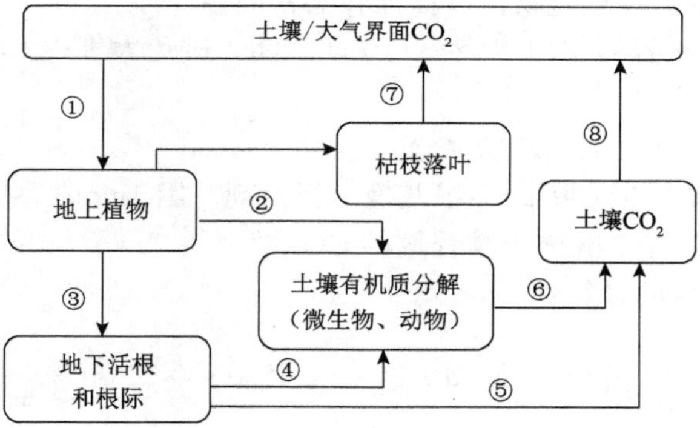

图 2-4　土壤呼吸碳转化过程（王兵等，2011）

①光合作用生产有机物质；②地上植物残体返回土壤；③分配到植物根系的碳；④根系凋落物及分泌物；⑤活根及根际微生物呼吸；⑥土壤微生物及动物呼吸；⑦凋落物呼吸；⑧土壤表面 CO_2 释放，即土壤总呼吸

2.2.4.2　森林生态系统土壤呼吸的测定

（1）土壤呼吸的测定原理

土壤呼吸量的测定主要基于两种基本原理：一是土壤呼吸过程中所消耗 O_2 量；二是土壤呼吸过程中所产生 CO_2 量。土壤排放 CO_2 的测定方法较多，测定方法的不同将造成测定结果差异较大（侯琳等，2006）。

（2）土壤呼吸的测定

土壤呼吸强度通常是对土壤表面释放出的 CO_2 量进行测定。由于森林生态系统的复杂性和异质性，土壤呼吸测定方法较多。目前主要分为直接测定法和间接测定法。直接法通常是通过测定土壤表面释放出来的 CO_2 量来确定土壤呼吸量；间接法是根据测定其他指标，如土壤腐殖质层质量变化、土壤三磷酸腺苷含量等，进一步推算土壤呼吸值（魏书精等，2014）。

i. 静态气室法

静态气室法是指土壤排放的 CO_2 经过一定时间的积累进入收集容器，再对容器内的 CO_2 进行定量计算，由此得到单位时间内土壤释放的 CO_2 量。静态气室法又可分为静态碱吸收法（static alkali absorption）和静态密闭气室法（包括气相色谱法和静态箱红外分析法）。

静态碱吸收法：碱液吸收法是用碱液（NaOH 或者 KOH 溶液）或固体碱粒吸收 CO_2，形成碳酸根，再用滴定法计算出剩余的碱量，再使用差减法计算出一定时间内土壤排放的 CO_2 量。

测定方法如下。

1）采用顶端密闭的圆柱形容器，测定时，安置密闭气室，气室内放置一盛有 20～25ml 浓度为 1mol/L 左右的 NaOH 溶液的烧杯。

2）可在容器上放置重物，以保证容器密闭性。

3）24h 后，从容器中取出烧杯，立即密闭，避免大气中 CO_2 进入影响试验的准确性。

4）用过量的 $BaCl_2$ 沉淀 Na_2CO_3。

5）加入酚酞（或溴甲酚绿-甲基橙）指示剂，用 1mol/L 左右的盐酸中和过量的 NaOH，计算在 24h 内土壤释放的 CO_2 量。

土壤呼吸速率的计算：

$$CO_2[\text{mg}/(\text{m}^2\cdot\text{d})]=(V_1-V_2)\times N\times 22.005\div S \tag{2-46}$$

式中，N 为滴定用盐酸当量数；22.005 为相当于 1ml 的 CO_2 毫克当量数；S 为收集气室的底面积（m^2）；V_1 为对照处理消耗 HCl 的体积；V_2 为试验处理消耗 HCl 的体积。

静态密闭气室法：包括气相色谱法和静态箱红外分析法，是将一无底无盖的管状容器一端插入土壤中，经过一段时间的稳定后加盖，然后用针状连接器在一定的时间间隔抽取气体样品放入真空容器内，再通过使用气相色谱仪或红外分析仪测定其中 CO_2 的体积分数，计算得出 CO_2 的排放速率。

ii. 涡度相关法

涡度相关法是根据微气象学原理测定地表气体排放通量。通常在允许的植物冠层高度范围内，使用该方法测定 CO_2 排放不受生态系统类型的限制，特别适合测定较大范围内土壤 CO_2 排放，对土壤系统几乎不会造成干扰。其中，土壤植物系统与大气之间的水、气、CO_2 及能量的测量尺度可达到 1km 以上。涡度相关法受土壤表面的异质性和地形等条件的影响相对较小，但是大气、土壤表面和仪器设备等因素对其准确度的影响较高（杨晶和李凌浩，2003）。

iii. 土壤呼吸仪器测定法

该方法采用 LI-6400 便携式光合作用测量系统和 LI-6400-09 土壤呼吸室（LI-COR Inc.，Lincoln，NE，USA）对土壤呼吸进行测定，并储存数据。每个土壤环高 6cm，内径 10.4cm，将其一端削尖，压入土壤中。在土壤呼吸速率测定的前一周将土壤环埋入土壤约 2cm，在整个测量过程中，不要改变土壤环的位置。并且在测定前 1 天，将测定点土壤环内的地表植被自土壤表层彻底剪除，以保证环内没有活的植物体，但尽量不要破坏土壤，以免影响测量结果。土壤环全部布置完后，在 24h 后进行第 1 次土壤呼吸测量，测定时不要在雨天进行。在每次测定土壤呼吸的同时，还要用 LI-6400 便携式 CO_2/H_2O 分析系统附带的温度探针测定 5cm 的土壤温度（李红生等，2008；史宝库等，2012）。

iv. 间接测定法

间接测定法是通过测定其他参数来估算土壤 CO_2 释放量，以推算土壤呼吸速率。当开展大尺度的研究时，间接测定法是较好的选择。有研究者用土壤中的腺苷三磷酸（ATP）质量分数估算土壤呼吸，认为 1g 土壤呼吸速率与 1g ATP 质量分数有较明显的线性关系。此外，土壤总的新陈代谢，也可以从净初级生产力中扣除地上食草动物所消耗的能量进行估算（魏书精等，2014）。也有研究者通过研究温度和水分对土壤呼吸的影响，通过建立回归方程计算土壤呼吸的大小（Qi et al.，2002）。间接法有一定的局限性，所测定的结果也不适合与其他方法直接进行比较。

2.2.5 土壤酶活性的测定

土壤酶是土壤组分中最活跃的有机成分之一，是土壤生物过程的重要调节者（Marx et al.，2001），泛指土壤中的聚积酶，包括胞内酶和胞外酶，其主要来源于植物根系的分泌物、土壤微生物的活动和动植物残体腐解过程中释放的酶（关松荫，1986）。土壤酶的分解作用参与并控制着包括土壤中的生物化学过程在内的自然界物质循环和能量流动过程，酶活性的高低直接影响物质转化循环的速率，任何微小的变化都会引起土壤酶活性的变化（刘顺，2014）。由于土壤酶直接参与土壤中养分释放和固定、物质转化的过程，可表征土壤肥力状况（朱铭莪，2011）。因此，土壤酶活性对生态系统功能有很大的影响，可以作为衡量生态系统土壤质量变化的敏感指标。

（1）土壤脲酶

脲酶能将酰胺态的有机氮化合物转化为植物和土壤能直接吸收的无机氮化合物，具有专一性，在脲酶作用下，尿素可被特异性地水解，释放出 NH_3 及 CO_2。同时，脲酶作为土壤催化剂的一种，可以加速分解土壤中有机物质，释放潜在养分，可以衡量土壤肥力，反映土壤部分生产力（李源，2015）。此外，脲酶与土壤中的微生物数量、有机质含量也有关系（杜琳倩，2013）。

原理：脲酶活性测定方法采用靛酚蓝比色法。该方法以尿素为基质，根据酶促的产物——氨在碱性基质中，与苯酚及次氯酸钠作用生成蓝色的靛酚，再以靛酚蓝的生成数量与氨浓度成正比来进行定量分析。

测定方法如下。

1）称取 5g 新鲜土样，置于 100ml 的容量瓶中，加入 1ml 甲苯，并放置 15min；同时，设置无土对照及无基质对照（以等体积的蒸馏水代替基质）。

2）加入 10ml 10%的尿素溶液和 20ml pH 6.7 的柠檬酸缓冲液，混合均匀。

3）将容量瓶放到 37℃恒温培养箱中培养 24h。

4）培养结束后，用 38℃的去离子水进行定容，并充分摇匀，并用慢速滤纸进行过滤。

5）吸取 3ml 滤液置于 50ml 容量瓶中，依次加入 10ml 蒸馏水、4ml 苯酸钠及 3ml 次氯酸钠，每次加入后均要混匀。

6）放置 20min 后，定容，溶液呈现靛酚的蓝色。

7）利用分光光度计于 578nm 波长处进行比色测定（反应液在 1h 内保持稳定）。

土壤脲酶活性（U）的计算[以 24h 后 1g 土壤中 NH_3-N 的毫克数表示（mg/g）]：

$$U=（A_{样品}-A_{无土}-A_{无基质}）\times V\times n/m \quad (2\text{-}47)$$

式中，$A_{样品}$为样品的氨溶液的浓度（mg/ml）；$A_{无土}$为无土对照的氨溶液的浓度（mg/ml）；$A_{无基质}$为无基质对照的氨溶液的浓度（mg/ml）；V 为显色液体积（50ml）；n 为分取倍数，浸出液体积/吸取滤液体积；m 为烘干土质量（g）。

（2）土壤过氧化氢酶

土壤过氧化氢酶能够促进氧化氢的分解，防止其对生物体的毒害作用，因此它是生物防御体系的关键酶之一。此外，土壤过氧化氢酶活性还与土壤有机质的含量及微生物数量有关（关松荫，1986）。

原理：过氧化氢酶能酶促过氧化氢分解生成 O_2 和 H_2O。在硫酸存在的情况下，通过高锰酸钾滴定剩余的过氧化氢来测定过氧化氢酶的活性。反应方程式为

$$2KMnO_4+5H_2O_2+3H_2SO_4 \longrightarrow 2MnSO_4+K_2SO_4+8H_2O+5O_2$$

测定方法如下。

1）称取 2g 鲜土于 100ml 的三角瓶中，然后吸取 40ml 蒸馏水注入三角瓶中，再加入 5ml 0.3%过氧化氢溶液，试验设置无土空白对照。

2）盖上瓶塞，将三角瓶置于25℃恒温振荡机上，振荡20min。

3）振荡结束后，立即加入5ml 1.5mol/L的H_2SO_4于三角瓶中，终止反应，用慢速滤纸进行过滤。

4）过滤结束后用移液管吸取25ml滤液于100ml三角瓶中，用0.1mol/L的$KMnO_4$滴定，滴至溶液微红，即达终点，记录消耗高锰酸钾的毫升数V_s。

土壤的过氧化氢酶活性（U）的计算[以每 20min 内单位土重所消耗的0.1mol/L高锰酸钾毫升数表示（ml/g）]：

$$U=(V-V_s)T/m \tag{2-48}$$

式中，V为对照溶液所消耗的高锰酸钾体积（ml）；V_s为样品溶液所消耗的高锰酸钾体积（ml）；T为高锰酸钾滴定度的矫正值；m为烘干土质量（g）。

（3）土壤蛋白酶

蛋白酶能够将土壤中有机氮水解为氨基酸，参与调节生物的氮素代谢，是促进土壤氮循环的重要组分。由于蛋白酶是土壤中氮矿化过程的限速酶，因此也可被用来作为氮矿化的一种指示剂（张威等，2008）。

原理：将蛋白质加入含有蛋白酶的溶液里分解一段时间，生成α-氨基酸。氨基酸能与茚三酮等生成带颜色的络合物，根据颜色深浅程度与氨基酸含量的关系，求出氨基酸量，以反映蛋白酶活性。

测定方法如下。

1）称取4.0g风干土壤置于三角瓶中，加入20ml 1%酪素和1ml甲苯，混匀，盖上瓶塞。

2）在30℃恒温箱中放置24h。同时，设置无土对照和无基质对照。

3）培养结束后，向混合物中加入2ml 0.05mol/L的硫酸和12ml 20%的硫酸钠溶液，用来沉淀蛋白质，混匀后，离心15min。

4）取上清液2ml置于50ml容量瓶中，加入1ml 2%的茚三酮，冲洗瓶颈后，在沸水浴上加热10min，用蒸馏水定容。

5）将反应液在波长500nm处比色。

土壤蛋白酶活性以24h后1g土壤释放的甘氨酸毫克数表示（mg/g）。

（4）土壤多酚氧化酶

多酚氧化酶参与土壤有机组分中芳香族化合物的转化。酚促氧化产物——醌与土壤中的氨基酸缩合形成胡敏酸分子，因此，多酚氧化酶是土壤腐殖质化的一种媒介，能够反映土壤腐殖质化状况（张焱华等，2007）。

原理：多酚氧化酶能够与邻苯三酚发生酶促发应，可用乙醚提取生成的红紫棓精，用比色法进行测定，用红紫棓精的量表示该酶活性。

测定方法如下。

1）取 1g 过 0.25mm 筛的土壤样品置于 50ml 三角瓶中，加入 10ml 1%邻苯三酚溶液，混匀。

2）在 30℃恒温箱中培养 2h，分别设置无土壤对照和以水代替的无基质对照。

3）培养结束后，加 4ml pH 4.5 的柠檬酸-磷酸缓冲液及 35ml 乙醚，用力振荡，萃取 30min。

4）将含溶解红紫棓精的着色乙醚相在 430nm 处进行比色。

土壤多酚氧化酶活性用土壤生成的红紫棓精微克数表示酶活性[μg/（g·h）]。

（5）土壤蔗糖酶

土壤蔗糖酶，又称为转化酶，是影响土壤碳素的主要酶类之一，能够直接参与土壤有机物质的代谢过程，土壤中难以被生物体利用的蔗糖在蔗糖酶的作用下能够转化成可以直接被生物利用的果糖或者葡萄糖，因此，可以作为评价土壤熟化程度、土壤肥力水平及生物学活性强度的指标（关松荫，1986；吴秀臣等，2007）。

原理：蔗糖酶能促进蔗糖水解生成葡萄糖和果糖。蔗糖酶活性的测定方法根据蔗糖水解的生成物与 3,5-二硝基水杨酸生成的 3-氨基-5-硝基水杨酸而呈现橙黄色，在分光光度计上进行比色测定。

测定方法如下。

1）称取 5.0g 风干后土样，置于 50ml 三角瓶中，依次加入 15ml 8%的蔗糖溶液、5ml pH 5.5 磷酸缓冲液和 5 滴甲苯，摇匀；每个土样均需要设置无基质对照及无土对照。

2）放入 37℃恒温培养箱中培养 24h。

3）培养结束后，过滤，吸取 1ml 滤液至 50ml 容量瓶中，加入 3ml 3,5-二硝基水杨酸溶液。

4）沸腾水浴 5min。

5）冷却 3min 后，定容。

6）用分光光度计在 508nm 波长下进行比色。

土壤蔗糖酶活性以 24h 后 1g 土壤葡萄糖的毫克数表示[mg/（g·h）]。

（6）土壤纤维素酶

土壤中的纤维素在纤维素酶作用下，最初水解为纤维二糖；在纤维二糖酶作用下，纤维二糖分解成葡萄糖，可以说纤维素酶是土壤碳素循环中的一个重要酶（关松荫，1986），土壤纤维素分解作用在生态系统碳循环过程中也具有重要的作用（曹文亮，2008）。

原理：在纤维素酶参与下，纤维素最终水解生成葡萄糖。根据葡萄糖与二硝基水杨酸生成着色化合物进行比色测定。

测定方法如下。

1）称取 10.0g 土壤置于 50ml 三角瓶中，每个土壤样品均应设置无土对照和以水代替的无基质对照。

2）依次加入 20ml 1%羧甲基纤维素溶液、5ml pH 5.5 磷酸缓冲液及 1.5ml 甲苯，混匀。

4）将三角瓶置于 37℃恒温箱中培养 72h。

5）培养结束后，过滤。

6）取 1ml 滤液移到 25ml 容量瓶中，加 3ml 二硝基水杨酸溶液。

7）沸腾水浴 5min。

8）冷却 3min，定容。

9）反应 15min 后，利用分光光度计在 540nm 波长下进行测定。

土壤纤维素酶活性以单位干土质量每小时酶促反应所生成的葡萄糖表示[μg/（g·h）]。

（7）土壤过氧化物酶

过氧化物酶可利用过氧化氢和有机过氧化物中的氧，氧化土壤中的有机物质，催化多种芳香族化合物发生氧化反应。此外，过氧化物酶在腐殖质的形成过程中起到重要作用（周礼恺，1987）。

原理：过氧化物酶能够酶促有机物质氧化成醌。可以通过对有色化合物（紫色没食子素）进行比色来测定该酶的活性。

测定方法如下。

1）取 1.0g 土壤置于 50ml 三角瓶中，每个土壤样品均应设置无土对照和以水代替的无基质对照。

2）加入 10ml 1%邻苯三酚溶液和 2ml 0.5% H_2O_2 溶液，混匀。

3）培养 2h。

4）培养结束后，向三角瓶中加入 4ml pH 4.5 的柠檬酸-磷酸缓冲液，再加 35ml 乙醚，用力振荡，萃取 30min。

5）将含溶解紫色没食子素的着色乙醚相在 430nm 处进行比色。

土壤过氧化物酶活性以 2h 后 1g 土壤生成的紫色没食子素毫克数表示酶活性[mg/（g·h）]。

2.2.6　土壤微生物的分离鉴定技术

土壤微生物多样性在保持土壤质量和生态系统稳定性等方面具有十分重要的意义。由于传统土壤微生物培养方法只能分离土壤中极少数微生物，很难全面反映土壤微生物的结构及多样性，这对于揭示土壤中微生物的存在与分布情况造成了严重障碍（张洪霞等，2009）。近年来分子生物学技术的发展为这一领域的研究提供了重要工具。本节着重从土壤微生物的作用机制，以及与土壤微生物分离、鉴定和群落结构等密切相关的研究技术和测定方法进行介绍，为全面揭示土壤微生物提供了重要手段。

2.2.6.1 土壤微生物的作用机制

微生物是土壤物质循环和能量流动的驱动者，调控着土壤中一切生物化学过程的进行（张斌等，2014）。土壤微生物能够通过直接改造或物理缠绕、分泌有机物或者改变土壤疏水性等机制促进土壤团聚结构的形成和稳定，同时微生物也能够分解土壤有机质，从而破坏土壤结构（张斌等，2014）。因此，可以认为土壤微生物的活动对土壤团聚结构的形成、稳定和破坏均产生一定的驱动作用。团聚体中微生物量分布存在很大的差异，其群落结构也存在明显差异。大团聚体中真菌生物量较高，而微团聚体中真菌生物量最低（曹良元，2009），这可能是因为真菌能借助它们的菌丝将土壤颗粒彼此机械地缠绕在一起而形成团聚体，或者通过分泌代谢产物，如多糖和某些有机多聚物对土粒的胶结作用形成团聚体，从而使得真菌在大团聚体中生物量较高（Bossuyt et al.，2001；Denef et al.，2001）。

近年来，对于土壤黏粒表面与微生物间相互作用的机制，微生物对团聚体的胶结作用，以及作为吸附剂的表面活性等方面都有较为详细的研究。而微生物不易从土壤内冲洗或淋洗出来的现象，也进一步支持微生物或者是吸附于黏粒表面或者是吸附于腐殖质上，与其他胶体物质共存于分散-絮凝体系之中（胡宇，2007）。土壤微生物在适应环境的同时也在改变着土壤物理环境，进而影响着与微生物和土壤表面的关系（Lüttge et al.，2005）。反之，土壤中的矿物和有机物也对土壤微生物群落多样性及其结构产生重要影响（Chenu and Stotzky，2002）。例如，土壤胶体、团聚体和容积土壤、土壤剖面及景观等尺度的土壤结构作为土壤生物的物理生境，可以通过各种机制影响土壤生物生活、运动和活动及其多样性，使得土壤生态系统具有独有的特征及功能（Or et al.，2007）。

2.2.6.2 土壤微生物的研究技术

（1）微生物的分离、纯化

原理：从混杂的微生物群体中获得某一种或某一株微生物的过程。其基本原理是选择适合于待分离微生物的生长条件，或通过加入某种抑制剂只利于该微生物生长，而抑制其他微生物生长，以实现淘汰一些不需要的微生物的目的。常用的方法包括稀释涂布平板或平板划线等技术（车振明，2011；袁丽红，2010；张尔亮等，2012）。

i. 土壤样品稀释液的制备

1）称取土壤样品 10g，放入装有 90ml 0.85%无菌 NaCl 溶液和有玻璃珠的三角瓶中，振荡摇晃约 20min，将土样充分打散。

2）静置 20～30s，即为 10^{-1} 稀释液。

3）用无菌移液管吸取 1ml 10^{-1} 稀释液移入装有 9ml 0.85%无菌 NaCl 溶液的试管中，混合均匀，即为 10^{-2} 稀释液。

以此类推，每次都要更换新的无菌移液管，逐一稀释，分别获得 10^{-3}、10^{-4}、10^{-5}、10^{-6} 等一系列稀释度的菌液，用于平板接种，如果菌液浓度较高时稀释倍数可增加到 10^{-7}、10^{-8}。流程图见图 2-5。

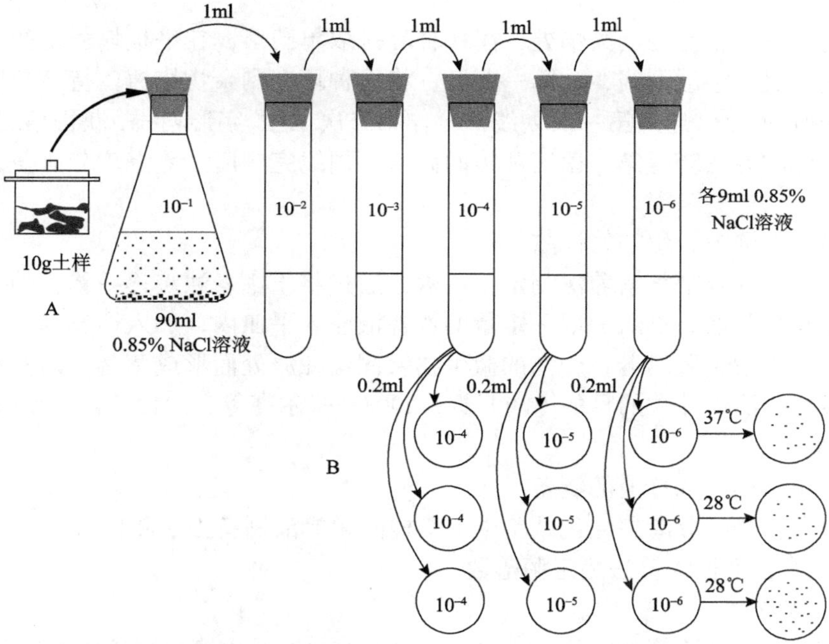

图 2-5 土壤分离微生物稀释过程（胡开辉，2004）

ii. 平板培养基的制备

本实验以牛肉膏蛋白胨琼脂培养基和马丁氏琼脂培养基为例，加热上述两种培养基溶化待冷至 55～60℃时，向马丁氏琼脂培养基中加入链霉素溶液（培养液中链霉素含量为 30μg/ml），混匀后分别倒入已灭菌的培养皿中，每个培养皿中倒入培养基约 15ml，每种培养基倒 3 个培养皿。迅速倒入培养基后，加盖轻轻摇动培养皿，使培养基均匀分布在培养皿底部，然后平置于桌面上，凝结后即为平板。

iii. 微生物的培养

用无菌的移液管分别从 10^{-4}、10^{-5}、10^{-6} 三个土壤稀释液中吸取 0.1ml 或 0.2ml，小心地滴在平板培养基的中央位置。采用平板涂布法用无菌玻璃涂棒将菌悬液先沿同心圆方向轻轻地向外扩展，使之分布均匀。室温下静置 5～10min，使菌液渗入培养基后，倒置培养。培养前在平板上分别做好编号。

将马丁氏琼脂培养基平板置于 28℃培养箱中培养 3～5d，牛肉膏蛋白胨平板置于 37℃培养箱中培养 2～3d。待长出菌落后，进一步分离、纯化培养。

iv. 微生物的分离、纯化

将培养后长出的单个菌落挑起通过划线法接种到相应的新的平板培养基上，分别置 28℃和 37℃温室培养。菌株的分离需要进行多次分离、纯化，直到获得纯培养。

划线法也就是在近火焰处，用接种环挑取单菌落，在平板培养基的一边作第一次“之”字形划线，为第一菌区，将接种环上剩余物烧掉，待冷却后再转动培养皿约 70°，通过第一次划线部分作第二次“之”字形划线，获得第二菌区，再用同样的方法获得第三菌区和第四菌区。划线完毕后，盖上培养皿盖，倒置培养。

（2）土壤中微生物的计数

原理：混合平板培养法测定菌落数是通过将土壤悬浊液逐一稀释的手段，使样品充分分散，然后吸取一定量的稀释液注入平皿内，加入培养基与稀释液混匀，凝固后倒置培养，分离的微生物被固定在原处而形成菌落，以实现对土壤中微生物活体计数的目的（胡开辉，2004；张尔亮等，2012；赵斌和何绍江，2002）。

i. 土壤样品稀释液的制备

与微生物的分离、纯化试验中土壤样品稀释液制备方法相同。

ii. 混合平板培养法测定菌落数

A. 细菌

用无菌的移液管分别从 10^{-5}、10^{-6}、10^{-7}、10^{-8} 四个土壤稀释液中各吸取 1ml，分别放入相应编号的平皿中，每一个稀释度设置 3 个重复，稀释液的吸取采用由低浓度向高浓度的顺序，可不必更换移液管，将已溶化并冷却至 45～50℃的牛肉膏琼脂培养基分别倒入 12 个平皿中，培养基的量以铺满皿底的 2/3 为宜，并轻轻转动平板，使菌液与培养基混合均匀，冷凝后倒置，30℃培养，待长出菌落后即可计数。

B. 真菌

用无菌的移液管分别从 10^{-3}、10^{-4}、10^{-5}、10^{-6} 四个土壤稀释液中各吸取 1ml，分别放入相应编号的平皿中，每一个稀释度设置 3 个重复，稀释液的吸取采用由低浓度向高浓度的顺序，可不必更换移液管，将已溶化并冷却至 45～50℃的马丁氏琼脂培养基分别倒入 12 个平皿中，培养基的量以铺满皿底的 2/3 为宜，并轻轻转动平板，使菌液与培养基混合均匀，冷凝后倒置，28～30℃培养，待长出菌落后即可计数。

C. 放线菌

先向每管稀释液中加入 10%酚液 5～6 滴，静置片刻后，用无菌的移液管分别从 10^{-3}、10^{-4}、10^{-5}、10^{-6} 四个土壤稀释液中各吸取 1ml，分别放入相应编号的平皿中，每一个稀释度设置 3 个重复，稀释液的吸取采用由低浓度向高浓度的顺序，可不必更换移液管，将已溶化并冷却至 45～50℃的高氏一号培养基分别倒入 12 个平皿中，培养基的量以铺满皿底的 2/3 为宜，并轻轻转动平板，使菌液与培养基混合均匀，冷凝后倒置，30℃培养，待长出菌落后即可计数。

D. 霉菌

用无菌的移液管分别从 10^{-1}、10^{-2}、10^{-3}、10^{-4} 四个土壤稀释液中各吸取 1ml，分别放入相应编号的平皿中，每一个稀释度设置 3 个重复，稀释液的吸取采用由低浓度向高浓度的顺序，可不必更换移液管，将已溶化并冷却至 45～50℃的 PDA 培养基分别倒入 12 个平皿中，培养基的量以铺满皿底的 2/3 为宜，并轻轻转动平板，使菌液与培养基混合均匀，冷凝后倒置，30℃培养，待长出菌落后即可计数。

E. 固氮菌

用无菌的移液管分别从 10^{-1}、10^{-2}、10^{-3}、10^{-4} 四个土壤稀释液中各吸取 1ml，分别放入相应编号的平皿中，每一个稀释度设置 3 个重复，稀释液的吸取采用由低浓度向高浓度的顺序，可不必更换移液管，将已溶化并冷却至 45～50℃的改良瓦克斯曼 77 号培养基分别倒入 12 个平皿中，培养基的量以铺满皿底的 2/3 为宜，并轻轻转动平板，使菌液与培养基混合均匀，冷凝后倒置，28～30℃培养，待长出菌落后即可计数。

F. 纤维素分解菌

用无菌的移液管分别从 10^{-1}、10^{-2}、10^{-3}、10^{-4} 四个土壤稀释液中各吸取 1ml，分别放入相应编号的平皿中，每一个稀释度设置 3 个重复，稀释液的吸取采用由低浓度向高浓度的顺序，可不必更换移液管，将已溶化并冷却至 45～50℃的赫奇逊氏培养基分别倒入 12 个平皿中，培养基的量以铺满皿底的 2/3 为宜，并轻轻转动平板，使菌液与培养基混合均匀，冷凝后倒置，28～30℃培养，待长出菌落后即可计数。

iii. 结果计算

计算结果时，从 4 个稀释度中选出一个稀释度（即计算稀释度），每个平皿中菌落数：细菌、放线菌以每皿 30～300 个菌落为宜，真菌、霉菌、固氮菌、纤维素分解菌以每皿 10～100 个菌落为宜，选出计算稀释度后，数出该稀释度中 3 个重复的菌落数，并求出平均的菌落数，含菌数以每克样品（烘干重或风干重）中，含有的测点菌的数量来表示。需要注意的是，同一稀释度的各个重复的菌数相差（平行误差）不能太大，从低到高稀释度，以菌落数递减 10 倍为标准，各稀释度间的误差越小越好。

（3）Biolog 微孔板技术

Biolog 微孔板鉴定系统通过测定微生物对微孔板中单一碳源利用程度的差异来表征土壤中微生物群落碳代谢能力的不同，可以用于研究时间或空间上土壤微生物群落碳代谢能力的差异，以表征其生理特征的变化。

i. 原理

Biolog 微孔板上小孔中分别装有不同的单一碳源和四唑盐染料，其中对照孔只装有四唑盐染料。微生物在利用碳源的过程中通过呼吸作用产生自由电子，与孔内的四唑盐发生还原反应呈现紫色，颜色的深浅可以反映微生物对不同碳源的利用程度。不同微生物群落的差异能够导致对碳源利用能力不同，因此产生不同碳源利用模式，通过结合不同时间的测定即可用群落水平生理图谱（CLPP）来表示，能够表征微生物群落差异。通过对各孔的吸光度数值的测定获得原始数据，用于后续分析（韩雪梅等，2006；王强等，2010）。

ii. 流程图示

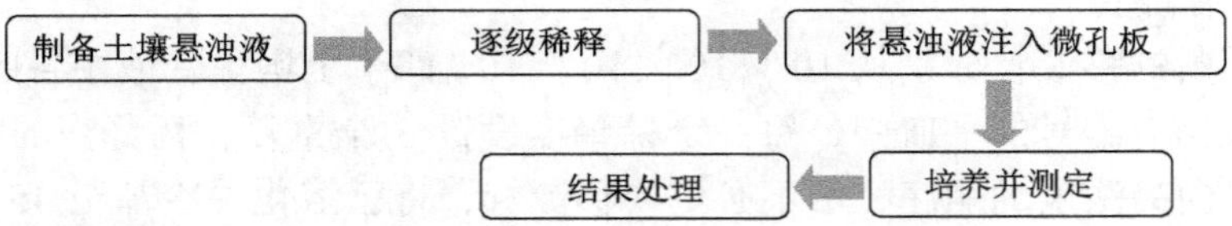

iii. 操作步骤

1）称取 10g 土样置于 250ml 三角瓶中，加入 90ml 无菌的 0.85% NaCl 溶液，充分振荡 1min，然后冰浴 1min，反复 3 次。

2）静置 10min 后，用无菌的 0.85% NaCl 溶液按 10 倍稀释法制成 10^{-3} 的土壤悬浊液。

3）把 10^{-3} 的土壤悬浊液转移到无菌样品槽中，用 8 孔道移液器从样品槽中吸取悬浊液，8 个枪头中吸取的液体要保证等量。

4）向 Biolog 微孔板的每个微孔注入 150μl，避免土壤悬浊液溅到其他孔中。

5）将 Biolog 微孔板放置在 25℃培养箱恒温培养，每隔 24h 用酶标仪（Sunrise Remote，TECAN）在 590nm 处测定光密度值，连续测定 10d。

6）数据处理。

iv. 数据分析

1）微生物代谢强度采用每孔平均颜色变化率（average well color development，AWCD）表征，以衡量微生物利用不同碳源的整体能力。计算公式：

$$\mathrm{AWCD}=\sum(C_i-R)/n \tag{2-49}$$

2)将培养 72h 获得的数据进行统计分析，Shannon-Wiener 多样性指数(H)：

$$H = -\sum P_i\left(\ln P_i\right) \tag{2-50}$$

3）Simpson 优势度指数（D）：

$$D = 1 - \sum P_i^2 \tag{2-51}$$

4）McIntosh 均匀度指数（U）：

$$U = \sqrt{\left(\sum n_i^2\right)} \tag{2-52}$$

式中，C_i 为测定的第 i 个碳源孔的光密度值；R 为对照孔的光密度值；n 为孔数；P_i 为第 i 孔的相对吸光值与平板所有反应孔相对吸光值总和的比率；n_i 为第 i 孔的相对吸光值。

（4）荧光原位杂交技术

荧光原位杂交（fluorescence *in situ* hybridization，FISH）技术结合了分子生物学的精确性和显微镜的可视性信息，是一种不依赖 PCR 的分子分析技术，可以在自然或人工的微生境中监测和鉴定不同的微生物个体，同时对微生物群落进行评价。目前，FISH 技术已成为微生物分子生态学研究的重要技术手段，被广泛应用于揭示土壤、环境等复杂微生物群落的原位生理学和功能特性的研究（邢德峰等，2003）。

i. 原理

荧光原位杂交（FISH）技术的原理是用荧光标记的已知 DNA 或 RNA 作探针，基于碱基互补的原则，在细胞内与特异的互补核酸序列杂交，与待测核酸的靶序列专一性结合，通过在荧光显微镜或共聚焦激光扫描仪下检测杂交位点荧光来显示特定核苷酸序列的存在、数目和定位（陈瑛等，2008）。

ii. 流程图示

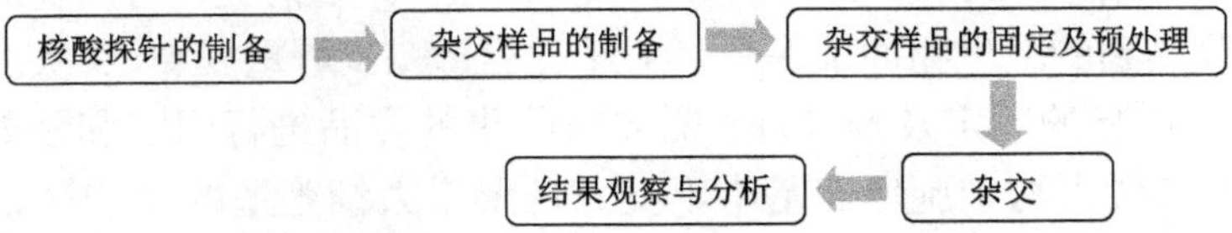

1）与特定核苷酸序列发生特异互补杂交，而后又能被特殊方法检测的被标记的已知核苷酸链。FISH 所采用的探针必须具有高度特异性，灵敏度高。一个典型的寡核苷酸探针长度一般是 15～30bp。在微生物学的研究中通常使用的靶序列是 16S rRNA，这是由于细胞体内核糖体 RNA（rRNA）量的丰富性，且具有特异区和高度保守区。因此可以根据 rRNA 目标区域设计探针，进行种属的

特征性鉴定（宋琳玲等，2007）（表 2-4）。

表 2-4　微生物 FISH 中应用的特异寡核苷酸探针（邢德峰等，2003）

探针	序列（5′→3′）	特异性	靶位点
ARCH915	GTGCTCCCCCGCCAATTCCT	古菌（archaea）	16S rRNA，915～934
EUB338	GCTGCCTCCCGTAGGAGT	真细菌（eubacteria）	16S rRNA，338～355
NHGC	TATAGTTACGGCCGCCGT	低 GC 含量细菌	23S rRNA，1901～1918
HGC69a	TATAGTTACCACCGCCGT	高 GC 含量革兰氏阳性菌	23S rRNA，1901～1918
ALF1b	CGTTCG（CT）TCTGAGCCAG	α-变形菌纲（α-Proteobacteria）	16S rRNA，19～35
ALF968	GGTAAGGTTCTGCGCGTT	α-变形菌纲（α-Proteobacteria），部分 δ-变形菌纲（some δ-Proteobacteria）	16S rRNA，968～985
BET42a	GCCTTCCCACTTCGTTT	β-变形菌纲（β-Proteobacteria）	23S rRNA，1027～1043
GAM42a	GCCTTCCCACATCGTTT	γ-变形菌纲（γ-Proteobacteria）	23S rRNA，1027～1043
SRB385	CGGCGTCGCTGCGTCAGG	变形菌纲（δ-Proteobacteria）	16S rRNA，385～402

2）杂交样品的制备：对于微生物原位杂交，首先是微生物样品的收集。样品（包括来自人工培养基、自然环境的土壤样品及污水处理设备的微生物样品等）必须先经过打碎、离心、清洗等处理步骤，以实现微生物细胞与杂质分离、除去杂质、收集细胞的目的。可以用灭菌玻璃珠振荡将样品打碎，1000r/min 离心 2min，取上清液，将上清液 5000～8000r/min 离心 2min，弃上清液，再用磷酸盐缓冲液（PBS）将收集到的微生物冲洗一次。上述过程每一步可重复 2～3 次。

3）杂交样品的固定及预处理：需要对收集的样品进行固定和预处理。这一步不仅要保持微生物细胞形态基本不变，还要增大细胞壁的通透性，以保证探针顺利进入与 DNA 或 RNA 杂交。一般先用 4%多聚甲醛溶液固定，4℃过夜。如果不能立即进行杂交试验，可将固定好的样品暂时放在 50%乙醇/PBS 溶液中，−20℃保存。杂交试验前，用 PBS 液清洗，离心收集。用蛋白酶 K，37℃消化 30min，减少蛋白质对杂交的影响；再用溶菌酶（1g/L）处理 10min（样品不同可适当增减时间），以增加细胞的通透性，最后分别用 50%、80%、95%、100%乙醇依次脱水。

4）杂交探针的制备：将合成的探针溶解于 Tris-EDTA 缓冲液（pH 7.2）中，终浓度为 50ng/μl，−20℃保存。

5）杂交：杂交在载玻片上进行，取预处理后的样品涂于载玻片，充分干燥后，加入杂交液，样品与杂交液的比例大约为 1∶2，即 10μl 样品加 20μl 杂交液，置于 46℃杂交炉中，黑暗中杂交 2～4h。由于杂交温度较高，为防止杂交液蒸发干燥，需使用密闭湿盒。杂交完成后，移除杂交液，用洗脱缓冲液 48℃洗脱 30min，将多余的探针除去。由于洗脱是否充分会影响杂交结果的准确性，因此，常采用多梯度、多次的洗脱方法。

此外，如果同一样品中需要检测多种微生物，通常需要使用两种以上的探针，需要洗脱后，在新的杂交液中再加入其他 16S rRNA 探针溶液，按上述步骤杂交即可。

6）结果观察和分析：操作完成后，加少量对苯二胺-甘油溶液覆盖样品，防止荧光淬灭，再封片。结果用荧光显微镜或激光共聚焦显微镜（CLSM）观察、照相并进行分析。此外，利用流式细胞仪可以对每一个靶细胞-探针杂交物的荧光强度进行定量测定。

试剂的配制如下。

PBS 缓冲液：130mmol/L NaCl，10mmol/L 磷酸缓冲液，pH 7.3。

4%多聚甲醛固定液：将配制体积略少于 2/3 体积的水加热到 50℃，称取 4%多聚甲醛，边搅拌边加入水中，继续保持 60℃，加入 1 滴 2mol/L NaOH，溶液变澄清，但仍有少许颗粒存在。加入 1/3 体积的 3×PBS。用 HCl 将 pH 调至 7.2，定容，0.22μm 的滤膜过滤，4℃保存。

杂交缓冲液：5%～50%甲酰胺，0.9mol/L NaCl，20mmol/L Tris-HCl（pH 7.2），0.01%十二烷基硫酸钠（SDS），ddH_2O，缓冲液配制完成后用 0.22μm 的滤膜过滤。

洗脱缓冲液：88mmol/L NaCl，5mmol/L EDTA，20mmol/L Tris-HCl（pH 7.6），0.01% SDS。

溶菌酶：100mmol/L Tris-HCl（pH 8.0），50mmol/L EDTA 配制成 1g/L 的溶液。

（5）变性梯度凝胶电泳技术

变性梯度凝胶电泳（denaturing gradient gel electrophoresis，DGGE）技术是随着现代分子生物学发展起来的重要的分析手段，是研究微生物物种多样性和种群动态变化的分子检测工具之一。目前，已被广泛应用于植物微生物群落多样性和群落动态变化研究中。DGGE 技术可以克服传统微生物分离纯化的培养方法和显微技术的局限性，具有快速、操作简便、高效和可重复性高等特点（辜运富等，2008；梁英娟等，2007；刘琳等，2009）。

原理：变性梯度凝胶电泳在常规的聚丙烯酰胺凝胶电泳技术的基础上，加入了浓度呈线性递增的变性剂，能够把同样长度但序列不同的DNA片段区分开来，这是由于碱基序列存在差异的DNA双链在解链时需要不同的变性剂浓度，解链后 DNA 片段在聚丙烯酰胺凝胶中的电泳行为将发生很大的变化（张宝涛等，2006）（图2-6）。电泳开始时，由于最初变性剂浓度比较低，不足以使双链DNA片段最低的解链区域发生解链，随着DNA片段迁移到某一特定位置，而该变性剂浓度刚好能使双链DNA片段最低的解链区域解链，那么双链DNA最低的解链区域就会发生解链，空间构型也发生变化，导致部分解链的DNA片段在胶中的迁移速率减慢，使得这些DNA片段在胶中能够被区分（闫淑珍和陈双林，2012）。一旦变性剂浓度达到DNA片段最高的解链区域浓度时，DNA片段会完全解链，成为单链DNA分子，此时它们又能在胶中继续迁移。然而，如果不同DNA片段的序列差异发生在最高的解链区域时，这些片段就不能被区分开（图2-6）。因此，通常在引物的5′端加上30～50bp的GC夹（clamp），采用GC夹技术以后，富含GC的DNA附加到双链的一端以形成一个人工高温解链区，避免了DNA的完全解链，提高了不同碱基的检出率，几乎DNA片段中每个碱基处的序列差异都能被区分开（高启禹等，2009）。

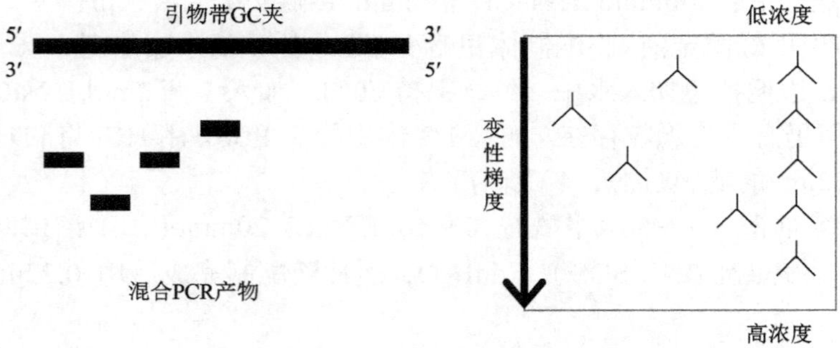

图2-6　DGGE反应原理（李怀等，2008）

流程图示：

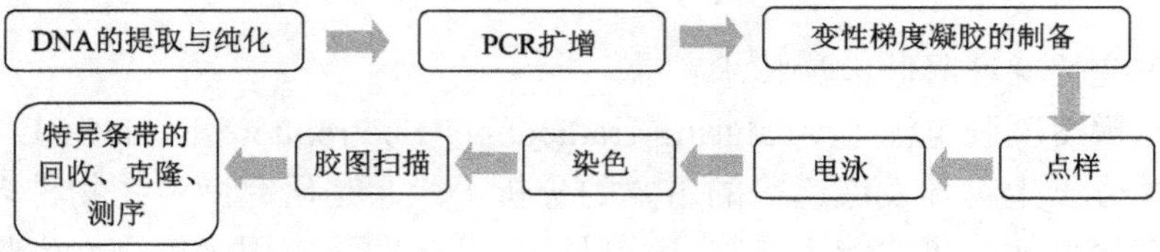

操作步骤如下。

1）土壤样品总DNA的提取及纯化：采用试剂盒提取土壤总DNA（提取方法参照试剂盒说明）。

2）土壤中细菌 PCR-DGGE：细菌进行 PCR 的通用引物有许多种，以 338f 和 518r 这对引物为例，正向引物为带有一段 GC 夹的 338f（5′-CGCCCGCCGCGCGCGGCGGGCGGGGCGGGGGCACGGGGGGACTCCTACGGGAGGCAGCAC-3′），518r（5′-ATTACCGCGGCTGCTGG-3′）。

PCR 的反应体系为 50μl：10×PCR 缓冲液（含 Mg^{2+}）5μl，引物的浓度为 25pmol/L 各 1.5μl，2.5mmol/L dNTP 1.5μl，5U/μl *Taq* DNA 酶 2μl，模板 2μl，用 ddH_2O 将体系补足到 50μl。

PCR 反应条件：94℃预变性 5min，然后 94℃变性 1min，55℃退火 1min，72℃延伸 1min，30 个循环，72℃总延伸 10min。PCR 产物用 1%的琼脂糖凝胶进行检测。

3）变性梯度凝胶的制备：使用梯度凝胶制备装置，变性剂浓度 30%～60%（7mol/L 的尿素和 40%的去离子甲酰胺的混合物为 100%变性剂），制备浓度为 8%的聚丙烯酰胺凝胶，其中变性剂的浓度从凝胶的上方向下方依次递增。插入梳子，待凝胶凝固后，将电泳缓冲液预热到 60℃。

4）PCR 样品的加样：使用加样器向每个加样孔中加入 5μl PCR 样品和 10×Loading buffer 混合物。

5）电泳：在 150V 的电压下，60℃电泳约 4h。

6）染色：用去离子水冲洗凝胶使其和玻璃板脱离。将胶放入固定液（10%无水乙酸）中 15min。倒掉固定液，用去离子冲洗两次。银染（0.2%硝酸银和 0.10%～0.15%甲醛的混合液）15min。倒掉银染液，用去离子水冲洗 2～3 次。加入显色液（1.5% NaOH，0.5%甲醛），当条带完全显色后终止反应。再用去离子水冲洗 2～3 次。

7）胶图扫描：将染色后的凝胶用扫描仪扫描获取胶图，也可以借助凝胶分析软件进行统计分析。

8）DGGE 中特异条带的回收、克隆、测序及比较分析：将凝胶上目的条带切下回收，以回收的 DNA 为模板，用相同的引物（不带 GC 夹），采用先前相同的 PCR 体系和程序进行扩增，准备克隆测序。

（6）基因芯片

原理：基因芯片，又称 DNA 微探针阵列技术，是一种重要的生物芯片。它采用核酸分子杂交的工作原理，将已知核酸序列作为探针（寡核苷酸、cDNA、基因组 DNA）以预先设计的方式固定在载玻片、尼龙膜等载体上组成密集分子排列，再根据核酸互补杂交原理，与标记样品进行杂交；通过检测杂交信号的强弱，判断样品中目标分子的数量及组成，实现对样品的定性与定量的分析（金敏和李君文，2008；孙寓姣和张惠淳，2013）。

流程图示见图 2-7。

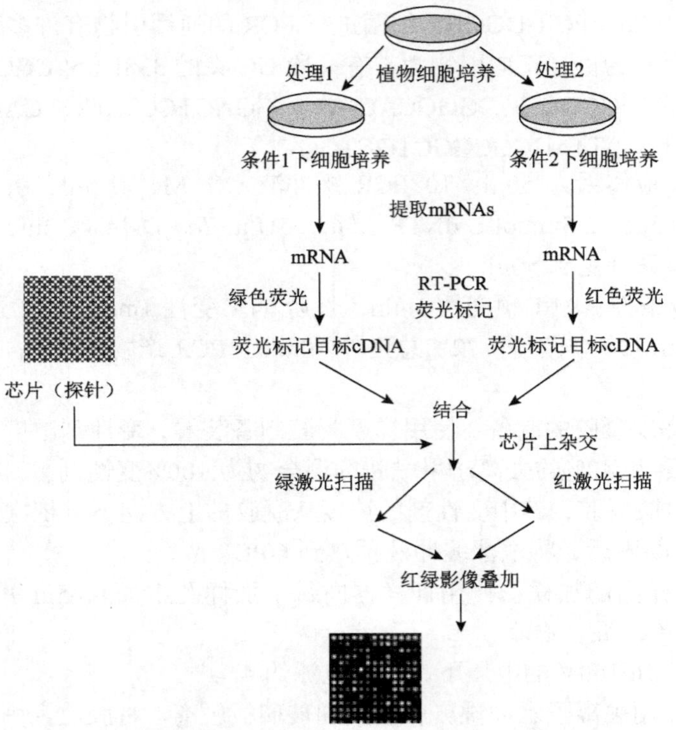

图 2-7　植物基因芯片技术（Tagu and Moussard，2008）

操作步骤如下。

1）芯片制备：目前制备芯片主要以玻璃片或硅片为载体，采用原位合成和微矩阵的方法将已知的核酸序列作为探针按顺序排列到载体上。

2）样品制备：靶基因与芯片探针结合杂交之前，如果样品是比较复杂的生物分子混合体，特别是样品量很少的情况下，必须进行分离、扩增及标记，这是基因芯片实验流程的一个重要环节。

3）杂交反应：杂交反应利用样品与芯片上的探针在一定杂交温度下进行一定时间的互补杂交，一般分为预杂交、杂交和洗片三步。杂交反应的条件要根据探针的 T_m 值及芯片的类型来决定。选择合适的反应条件能使生物分子间反应处于最佳状况中，并且减少生物分子之间的错配率。

4）信号检测：当生物芯片和样品探针杂交完毕后，芯片上各个反应点的荧光位置、荧光强弱可以通过芯片扫描仪获得杂交的图像信息。目前专用于荧光扫描的扫描仪根据原理不同大致分为两类：一种是基于光学倍增管（photo multiplier tube，PMT）的检测系统；另一种是基于电荷耦合装置（charge-coupled device，CCD）摄像原理的检测系统。此外，几大生物芯片公司也开发了适合自己产品或兼容性的芯片扫描系统。

5）结果分析：通过相关软件分析，可以将图像信息转化为数据，可通过各种统计分析方法（如聚类分析等）对所获得的数据进行分析。目前，常用的芯片数据库有美国基因组资源国家中心的 GeneX；美国国家生物技术信息中心的 Gene Expression Omnibus；欧洲生物信息学研究所的 ArrayExpress 等。

参考文献

鲍士旦. 1999. 土壤农化分析. 北京: 中国农业出版社.
北京林学院. 1980. 植物学. 北京: 农业出版社.
蔡红, 沈仁芳. 2005. 改良茚三酮比色法测定土壤蛋白酶活性的研究. 土壤学报, 42(2): 306-313.
曹良元. 2009. 土壤团聚体组成及耕作方式对微生物区系分布的影响. 重庆: 西南大学硕士学位论文.
曹文亮. 2008. 不同耕作措施对土壤纤维素分解菌及其酶活性的影响. 兰州: 甘肃农业大学硕士学位论文.
车振明. 2011. 微生物学实验. 北京: 科学出版社.
陈龙飞, 何志斌, 杜军, 等. 2015. 土壤碳循环主要过程对气候变暖响应的研究进展. 草业学报, 24(11): 183-194.
陈煦. 2014. 武功山退化山地草甸土壤活性有机碳研究. 南昌: 江西农业大学硕士学位论文.
陈瑛, 任南琪, 李永峰, 等. 2008. 微生物荧光原位杂交(FISH)实验技术. 哈尔滨工业大学学报, 40(4): 546-549, 575.
程冬娟, 张亚丽. 2012. 土壤物理实验指导. 北京: 中国水利水电出版社.
邓秋红, 甘露, 付春华, 等. 2009. 芸薹属中几个物种碳酸酐酶活性的比较. 植物生理学通讯, 45(7): 663-666.
杜琳倩. 2013. 水淹胁迫下新型氧肥对土壤酶活性的影响. 长沙: 中南林业科技大学硕士学位论文.
方华军, 杨学明, 张晓平, 等. 2006. 东北黑土区坡耕地表层土壤颗粒有机碳和团聚体结合碳的空间分布. 生态学报, 26(9): 2847-2854.
高启禹, 徐光翠, 李小英. 2009. 变性梯度凝胶电泳(DGGE)在微生物多样性中的研究. 生物学杂志, 26(5): 80-82.
高雪松, 何鹏, 邓良基, 等. 2009. 丘陵区坡面土壤有机碳及颗粒有机碳分布特征. 生态环境学报, 18(1): 337-342.
辜运富, 张小平, 涂仕华. 2008. 变性梯度凝胶电泳(DGGE)技术在土壤微生物多样性研究中的应用. 土壤, 40(3): 344-350.
关松荫. 1986. 土壤酶及其研究法. 北京: 农业出版社.
郭明辉, 李坚, 关鑫. 2012. 木材碳学. 北京: 科学出版社.
郭明辉, 鲁英, 王万进, 等. 1999. 不同种源白桦木材密度和生长轮宽度径向变异模式. 东北林业大学学报, 27(4): 29-32.
韩书霞. 2010. 基于 CT 技术和分形特征的木材物理性质及缺陷检测研究. 哈尔滨: 东北林业大学博士学位论文.
韩雪梅, 郭卫华, 周娟, 等. 2006. 土壤微生物生态学研究中的非培养方法. 生态科学, 25(1): 87-90.
何春霞, 李吉跃, 张燕香, 等. 2010. 5 种绿化树种叶片比叶重、光合色素含量和 $\delta^{13}C$ 的开度与方位差异. 植物生态学报, 34(2): 134-143.
何淑勤, 郑子成. 2010. 不同土地利用方式下土壤团聚体的分布及其有机碳含量的变化. 水土保持通报, 30(1): 7-10.
侯琳, 雷瑞德, 王得祥, 等. 2006. 森林生态系统土壤呼吸研究进展. 土壤通报, 37(3): 589-594.
胡开辉. 2004. 微生物学实验. 北京: 中国林业出版社.
胡宇. 2007. 不同大小土壤团聚体中微生物群落的分布. 重庆: 西南大学硕士学位论文.

黄宝灵, 吕成群, 徐峰, 等. 2002. 种植密度对尾叶桉木材细胞形态结构影响的研究. 广西农业生物科学, 21(3): 161-164.

黄巧云, 林启美, 徐建明. 2015. 土壤生物化学. 北京: 高等教育出版社.

姜培坤. 2005. 不同林分下土壤活性有机碳库研究. 林业科学, 41(1): 10-13.

姜振升, 孙晓琦, 艾希珍, 等. 2010. 低温弱光对黄瓜幼苗 Rubisco 与 Rubisco 活化酶的影响. 应用生态学报, 21(8): 2045-2050.

金敏, 李君文. 2008. 基因芯片技术在环境微生物群落研究中的应用. 微生物学通报, 35(9): 1466-1471.

柯跃进, 胡学玉, 易卿, 等. 2014. 水稻秸秆生物炭对耕地土壤有机碳及其 CO_2 释放的影响. 环境科学, 35(1): 93-99.

李春光, 王彦秋, 李宁, 等. 2011. 玉米秸秆纤维素提取及半纤维素与木质素脱除工艺探讨. 中国农学通报, 27(1): 199-202.

李红生, 刘广全, 王鸿喆, 等. 2008. 黄土高原四种人工植物群落土壤呼吸季节变化及其影响因子. 生态学报, 28(9): 4099-4106.

李怀, 关卫省, 欧阳二明, 等. 2008. DGGE 技术及其在环境微生物中的应用. 环境科学与管理, 33(10): 93-96, 99.

李孟春. 2012. 氮素对两种杨树生理生化特性及木材品质的影响. 杨凌: 西北农林科技大学硕士学位论文.

李梦. 2014. 木兰科几种常用绿化树种光合特性及固碳能力研究. 杭州: 浙江农林大学硕士学位论文.

李鹏民, 高辉远, Strasser R J. 2005. 快速叶绿素荧光诱导动力学分析在光合作用研究中的应用. 植物生理与分子生物学学报, 31: 559-566.

李秀峰. 2012. 水稻(*Oryza sativa* L.)苹果酸酶(NADP-ME3)基因的表达特性研究. 哈尔滨: 东北林业大学硕士学位论文.

李学垣. 2003. 土壤化学. 北京: 高等教育出版社.

李永涛, 戴军, Becquer T, 等. 2006. 不同形态有机碳的有效性在两种重金属污染水平下水稻土壤中的差异. 生态学报, 26(1): 138-145.

李源. 2015. 东北黑土氮素转化和酶活性对水热条件变化的响应. 长春: 东北师范大学硕士学位论文.

李志洪, 赵兰坡, 窦森. 2005. 土壤学. 北京: 化学工业出版社.

梁英娟, 罗湘南, 付红霞. 2007. PCR-DGGE 技术在微生物生态学中的应用. 生物学杂志, 24(6): 58-60.

廖彩霞, 李凤日. 2007. 樟子松人工林树冠表面积及体积预估模型的研究. 植物研究, 27(4): 478-483.

林宝珠. 2013. 北方典型人工林土壤有机碳储量及其稳定性研究. 沈阳: 辽宁大学硕士学位论文.

刘恩科. 2007. 不同施肥制度土壤团聚体微生物学特性及其与土壤肥力的关系. 北京: 中国农业科学院博士学位论文.

刘关君, 王大海, 郭晓瑞, 等. 2004. 植物叶面积的快速精确测定方法. 东北林业大学学报, 32(5): 82-83.

刘琳, 刘洋, 宋未. 2009. PCR-DGGE 技术及其在植物微生态研究中的应用. 生物技术通报, 3: 54-56.

刘凌霄, 沈法富, 范作晓, 等. 2006. 棉花不同品种叶片和纤维中蔗糖磷酸合成酶活性变化及其与糖含量的关系. 中国农学通报, 22(4): 252-254.

刘顺. 2014. 施肥对毛竹根际土壤养分及微生物群落多样性的影响. 南昌: 江西农业大学硕士学位论文.

刘兆刚, 刘继明, 李凤日, 等. 2005. 樟子松人工林树冠结构的分形分析. 植物研究, 25(4): 465-470.

刘中良, 宇万太. 2011. 土壤团聚体中有机碳研究进展. 中国生态农业学报, 19(2): 447-455.

卢合全, 沈法富, 刘凌霄, 等. 2005. 植物蔗糖合成酶功能与分子生物学研究进展. 中国农学通报, 21(7): 34-37, 57.

卢金伟, 李占斌. 2002. 土壤团聚体研究进展. 水土保持研究, 9(1): 81-85.

陆彬, 王淑华, 毛子军, 等. 2010. 小兴安岭 4 种原始红松林群落类型生长季土壤呼吸特征. 生态学报, 30(15): 4065-4074.

罗国华, 梁云, 郑炽嵩, 等. 2006. CT 扫描技术在纸张结构研究中的应用. 造纸科学与技术, 25(6): 111-113.

吕瑞恒, 李国雷, 刘勇, 等. 2012. 不同立地条件下华北落叶松叶凋落物的分解特性. 林业科学, 48(2): 31-37.

马和平, 郭其强, 刘合满, 等. 2012. 西藏色季拉山土壤微生物量碳和易氧化态碳沿海拔梯度的变化. 水土保持学报, 26(4): 163-171.

马延和. 2012. 微生物学方法. 北京: 科学出版社.

倪进治, 徐建民, 谢正苗. 2003. 土壤水溶性有机碳的研究进展. 生态环境, 12(1): 71-75.
欧光龙, 肖义发, 王俊峰, 等. 2014. 思茅松天然林树冠结构模型. 生态学报, 34(7): 1663-1671.
欧阳芳群. 2015. 云杉幼苗生长光调控的生理与分子机制. 北京: 北京林业大学博士学位论文.
潘永杰, 袁涛, 闫哲, 等. 2015. 不同林龄森林生物量的估测——以呼伦贝尔林区落叶松为例. 内蒙古水利, 1: 26-27.
齐志勇. 2003. 不同培肥模式对土壤呼吸和土壤养分变化的研究. 哈尔滨: 东北农业大学硕士学位论文.
秦耀东. 2003. 土壤物理学. 北京: 高等教育出版社.
任世学, 姜贵全, 屈红军. 2007. 植物纤维化学实验教程. 哈尔滨: 东北林业大学出版社.
邵明安, 王全九, 黄明斌. 2006. 土壤物理学. 北京: 高等教育出版社.
盛双, 王国聪, 颜权, 等. 2011. 大叶桉叶面积测定方法的比较研究. 广西林业科学, 40(2): 140-142.
史宝库, 金光泽, 汪兆洋. 2012. 小兴安岭 5 种林型土壤呼吸时空变异. 生态学报, 32(17): 5416-5428.
史奕, 陈欣, 沈善敏. 2002. 土壤团聚体的稳定机制及人类活动的影响. 应用生态学报, 13(11): 1491-1494.
宋琳玲, 曾光明, 陈耀宁, 等. 2007. 荧光原位杂交技术及其在环境微生物生态学中的应用研究. 微生物学杂志, 27(1): 40-44.
宋旭丽, 胡春梅, 孟静静, 等. 2011. NaCl 胁迫加重强光胁迫下超大甜椒叶片的光系统Ⅱ和光系统Ⅰ的光抑制. 植物生态学报, 35(6): 681-686.
苏冬雪. 2012. 土壤有机、无机碳库变化差异及其对理化性质的影响. 哈尔滨: 东北林业大学硕士学位论文.
孙芳芳. 2013. 土壤结构稳定性与孔隙的定量研究. 杭州: 浙江大学硕士学位论文.
孙雪文, 高德武, 李日新. 2005. 基于 GIS 的植物叶面积的快速精确测定方法. 水土保持科技情报, 2: 17-18.
孙燕良, 张厚江, 朱磊, 等. 2011. 木材密度检测方法研究现状与发展. 森林工程, 27(1): 23-26.
孙寓姣, 张惠淳. 2013. 功能基因芯片在土壤微生态研究中的应用. 南水北调与水利科技, 11(1): 93-96.
王兵, 姜艳, 郭浩, 等. 2011. 土壤呼吸及其三个生物学过程研究. 土壤通报, 42(2): 483-490.
王凤友. 1989. 森林凋落量研究综述. 生态学进展, 6(2): 82-89.
王金主, 王元秀, 李峰, 等. 2010. 玉米秸秆中纤维素、半纤维素和木质素的测定. 山东食品发酵, 3: 44-47.
王俊儒, 尉庆丰, 曲东, 等. 1995. 土壤多糖在肥力上的意义Ⅱ. 土壤通报, 26(6): 274-275.
王兰兰, 何兴元, 陈玮. 2010. CO_2 和 O_3 浓度升高及其复合作用对华山松生长及光合日变化的影响. 环境科学, 31(1): 36-40.
王立华, 王永利, 赵晓胜, 等. 2013. 秸秆纤维素提取方法比较研究. 中国农学通报, 29(20): 130-134.
王莲莲, 杨学云, 杨文静. 2013. 土壤碳酸盐几种测定方法的比较. 西北农业学报, 22(5): 144-1590.
王林风, 程远超. 2011. 硝酸乙醇法测定纤维素含量. 化学研究, 22(4): 52-55.
王平荣, 张帆涛, 高家旭, 等. 2009. 高等植物叶绿素生物合成的研究进展. 西北植物学报, 29(3): 0629-0636.
王强, 戴九兰, 吴大千, 等. 2010. 微生物生态研究中基于 BIOLOG 方法的数据分析. 生态学报, 30(3): 0817-0823.
王清奎, 汪思龙, 于小军, 等. 2007. 常绿阔叶林与杉木林的土壤碳矿化潜力及其对土壤活性有机碳的影响. 生态学杂志, 26(12): 1918-1923.
王相娥, 薛立, 谢腾芳. 2009. 凋落物分解研究综述. 土壤通报, 40(6): 1473-1478.
王小红, 杨智杰, 刘小飞, 等. 2014. 天然林转换成人工林对土壤团聚体稳定性及有机碳分布的影响. 水土保持学报, 28(6): 177-189.
王星星, 刘琳, 张洁, 等. 2012. 毛竹出笋后快速生长期内茎秆中光合色素和光合酶活性的变化. 植物生态学报, 36(5): 456-462.
王学奎. 2006. 植物生理生化实验原理和技术. 北京: 高等教育出版社.
王叶, 延晓冬. 2006. 全球气候变化对中国森林生态系统的影响. 大气科学, 30(5): 1009-1018.
王忆慧, 龚吉蕊, 刘敏, 等. 2015. 草地利用方式对土壤呼吸和凋落物分解的影响. 植物生态学报, 39(3): 239-248.
王莹. 2010. 气候因子对人工林大青杨木材解剖特征和物理特征的影响. 哈尔滨: 东北林业大学硕士学位论文.
王云霓, 熊伟, 王彦辉, 等. 2012. 六盘山主要树种叶片稳定性碳同位素组成的时空变化特征. 水土保持研究,

19(3): 42-47.
魏绍巍, 黎茵. 2011. 植物磷酸烯醇式丙酮酸羧化酶的功能及其在基因工程中的应用. 生物工程学报, 27(12): 1702-1710.
魏书精, 罗碧珍, 孙龙, 等. 2013. 森林生态系统土壤呼吸时空异质性及影响因子研究进展. 生态环境学报, 22(4): 689-704.
魏书精, 罗碧珍, 魏书威, 等. 2014. 森林生态系统土壤呼吸测定方法研究进展. 生态环境学报, 23(3): 504-514.
吴世军. 2012. 尾叶桉及其杂种无性系遗传变异与选择研究. 北京: 中国林业科学研究院博士学位论文.
吴涛, 耿云芬, 柴勇, 等. 2014. 三叶爬山虎叶片解剖结构和光合生理特性对 3 种生境的响应. 生态环境学报, 23(10): 1586-1592.
吴秀臣, 孙辉, 杨万勤, 等. 2007. 川西亚高山红桦幼苗土壤蔗糖酶活性对温度和大气二氧化碳浓度升高的响应. 应用生态学报, 18(6): 1225-1230.
武来成, 陶丹, 张思维, 等. 2007. 林业碳汇的发展趋势. 江西林业科技, 5: 45-47.
肖以华. 2012. 冰雪灾害导致的凋落物对亚热带森林土壤碳氮及温室气体通量的影响. 北京: 中国林业科学研究院博士学位论文.
谢建平. 2011. 功能基因芯片(GeoChip)在两种典型环境微生物群落分析中应用的研究. 长沙: 中南大学博士学位论文.
邢德峰, 任南琪, 宫曼丽. 2005. PCR-DGGE 技术解析生物制氢反应器微生物多样性. 环境科学, 26(2): 172-176.
邢德峰, 任南琪, 李建政. 2003. 荧光原位杂交在环境微生物学中的应用及进展. 环境科学研究, 16(3): 55-58.
熊素敏, 左秀凤, 朱永义. 2005. 稻壳中纤维素、半纤维素和木质素的测定. 粮食与饲料工业, 8: 40-41.
徐秋芳. 2003. 森林土壤活性有机碳库的研究. 杭州: 浙江大学博士学位论文.
徐旺明, 闫文德, 李洁冰, 等. 2013. 亚热带 4 种森林凋落物量及其动态特征. 生态学报, 33(23): 7570-7575.
徐有明. 2006. 木材学. 北京: 中国林业出版社.
许晓静, 张凯, 刘波, 等. 2007. 森林凋落物分解研究进展. 中国水土保持科学, 5(4): 108-114.
薛志婧. 2012. 宁南山区小流域土壤属性空间异质性及土壤碳、氮储量研究. 杨凌: 西北农林科技大学硕士学位论文.
闫淑珍, 陈双林. 2012. 微生物学拓展性实验的技术与方法. 北京: 高等教育出版社.
严海元, 辜夕容, 申鸿. 2010. 森林凋落物的微生物分解. 生态学杂志, 29(9): 1827-1835.
杨帆, 刘金山, 贺东北. 2012. 我国森林碳库特点与森林碳汇潜力分析. 中南林业调查规划, 31(1): 1-4.
杨晶, 李凌浩. 2003. 土壤呼吸及其测定法. 植物杂志, 5: 36-37.
杨黎芳, 李贵桐. 2011. 土壤无机碳研究进展. 土壤通报, 42(4): 986-990.
杨益, 牛得草, 文海燕, 等. 2012. 贺兰山不同海拔土壤颗粒有机碳、氮特征. 草业学报, 21(3): 54-60.
姚槐应, 黄昌勇. 2006. 土壤微生物生态学及其实验技术. 北京: 科学出版社.
依艳丽. 2009. 土壤物理研究法. 北京: 北京大学出版社.
易咏梅, 姜高明. 2003. 柳杉木材密度测定研究. 林业科技, 28(3): 38-39.
尤业明. 2014. 宝天曼森林土壤碳转化的微生物调控机制. 北京: 北京林业大学博士学位论文.
于雷. 2010. 基于多重分形频谱技术的木材 CT 检测及其三维结构重建. 哈尔滨: 东北林业大学博士学位论文.
于立忠, 丁国泉, 史建伟, 等. 2007. 施肥对日本落叶松人工林细根直径、根长和比根长的影响. 应用生态学报, 18(5): 957-962.
于锐. 2013. 不同施肥对黑土团聚体、有机碳及微量元素含量影响研究. 北京: 中国科学院大学硕士学位论文.
余健, 房莉, 卞正富, 等. 2014. 土壤碳库构成研究进展. 生态学报, 34(17): 4829-4838.
袁丽红. 2010. 微生物学实验. 北京: 化学工业出版社.
张宝涛, 王立群, 伍宁丰, 等. 2006. PCR-DGGE 技术及其在微生物生态学中的应用. 生物信息学, 4: 132-134, 142.
张斌, 许玉芝, 李娜, 等. 2014. 土壤团聚结构变化的关键控制过程研究进展. 土壤与作物, 3(2): 41-49.
张尔亮, 李维, 王汉臣. 2012. 微生物学实验教程. 重庆: 西南师范大学出版社.
张洪霞, 谭周进, 张祺玲, 等. 2009. 土壤微生物多样性研究的 DGGE/TGGE 技术进展. 核农学报, 23(4):

721-727.
张威, 张明, 张旭东, 等. 2008. 土壤蛋白酶和芳香氨基酶的研究进展. 土壤通报, 39(6): 1468-1474.
张焱华, 吴敏, 何鹏, 等. 2007. 土壤酶活性与土壤肥力关系的研究进展. 安徽农业科学, 35(34): 11139-11142.
张元元. 2012. 杂种落叶松人工林冠层光合特征及生长过程机制的研究. 哈尔滨: 东北林业大学博士学位论文.
张韫. 2011. 土壤·水·植物理化分析教程. 北京: 中国林业出版社.
张子山. 2013. 低温弱光胁迫下黄瓜叶片光系统Ⅰ与光系统Ⅱ的相互作用. 泰安: 山东农业大学博士学位论文.
章志都, 徐程扬, 蔡宝军, 等. 2009. 林分密度对山桃树冠结构的影响研究. 北京林业大学学报, 31(6): 187-192.
赵斌, 何绍江. 2002. 微生物学实验. 北京: 科学出版社.
赵成义. 2004. 陆地不同生态系统土壤呼吸及土壤碳循环研究. 北京: 中国农业科学院博士后研究工作报告.
赵京考, 刘作新, 韩永俊. 2003. 土壤团聚体的形成与分散及其在农业生产上的应用. 水土保持学报, 17(6): 163-166.
赵宁伟, 郜春花, 李建华. 2011. 土壤呼吸研究进展及其测定方法概述. 山西农业科学, 39(1): 91-94.
赵越, 魏自民, 马凤鸣. 2003. 铵态氮对甜菜蔗糖合成酶和蔗糖磷酸合成酶的影响. 中国糖料, 3: 1-5.
周礼恺. 1987. 土壤酶学. 北京: 科学出版社.
周莉, 李保国, 周广胜. 2005. 土壤有机碳的主导影响因子及其研究进展. 地球科学进展, 20(1): 99-105.
朱连奇, 朱小立, 李秀霞. 2006. 土壤有机碳研究进展. 河南大学学报(自然科学版), 36(3): 72-75.
朱铭莪. 2011. 土壤酵动力学及热力学. 北京: 科学出版社.
朱文旭, 张会慧, 许楠, 等. 2012. 间作对桑树和谷子生长和光合日变化的影响. 应用生态学报, 23(7): 1817-1824.
邹莉, 郭静, 于洋, 等. 2013. 小兴安岭3种阔叶红松林土壤微生物多样性. 草业科学, 30(12): 1944-1947.
Allison S D, Wallenstein M D, Bradford M A. 2010. Soil-carbon response to warming dependent on microbial physiology. Nature Geoscience, 3(4): 336-340.
Angers D A, Giroux M. 1996. Recently deposited organic matter in soil water-stable aggregates. Soil Sic. Soc. Am. J., 60: 1547-1551.
Barthes B, Roose E. 2002. Aggregate stability as an indicator of soil susceptibility to runoff and erosion: Validation at several levels. Catena, 47(2): 133-149.
Beare M H, Hendrix P F, Coleman D C. 1994. Water-stable aggregates and organic matter fractions in conventional- and no-tillage soils. Soil Sci. Soc. Am. J., 58: 777-786.
Bossuyt H, Denef K, Six J, et al. 2001. Influence of microbial populations and residue quality on aggregate stability. Applied Soil Ecology, 16(3): 195-208.
Bronick CJ, Lal R. 2005. Soil structure and management: a review. Geoderma, 124: 3-22.
Bundy L G, Bremner J M. 1972. A simple titrimetric method for determination of inorganic carbon in soils. Soil Sci. Soc. Am. Proc., 36: 273-275.
Cambardella C A, Elliott E T. 1993. Carbon and nitrogen distribution in aggregates of cultivated and native grassland soils. Soil Sci. Soc. Am. J., 57: 1071-1076.
Changey K, Swift R S. 1986. Studies on aggregate stability Ⅱ. The effect of humic substances on the stability of reformed soil aggregate. J. Soil Sci., 37: 337-343.
Chang G G, Tong L. 2003. Structure and function of malic enzymes, a new class of oxidative decarboxylases. Biochemistry, 43(44): 12721-12733.
Chantigny M H, Angers D A, Prévost D, et al. 1997. Soil aggregation and fungal bacterial biomass under annual and perennial cropping system. Soil Sci. Soc. Am. J., 61: 262-267.
Chenu C, Stotzky G. 2002. An overview // Huang P M, Bollag J M, Senesi N. Interactions Between Soil Particles and Microorganisms. Chichester: John Wiley & Sons.
Conant R T, Ryan M G, Agren G I, et al. 2011. Temperature and soil organic matter decomposition rates-synthesis of current knowledge and a way forward. Global Change Biology, 17(11): 3392-3404.
Couteaux M M, Bottner P, Berg B. 1995. Litter decomposition, climate and liter quality. Tree, 10(2): 63-66.

Crow S E, Lajtha K, Filley T R, et al. 2009. Sources of plant-derived carbon and stability of organic matter in soil: Implications for global change. Global Change Biology, 15(8): 2003-2019.

Denef K, Johan S, Keith P, et al. 2001. Importance of macro-aggregate dynamics in controlling soil carbon stabilization: Short-term effects of physical disturbance Induced by dry-wet cycles. Soil Biology and Biochemistry, 33(25): 2145-2153.

Didham R K. 1998. Altered leaf- litter decomposition rates in tropical forest fragments. Oecologia, 116: 397-406.

Dremanis A. 1962. Quantitative gasometric determination of calcite and dolomite by using Chittick apparatus. Journal of Sedimentary Petrology, 32: 520-529.

Edwards A P, Bremner J M. 1967. Microaggregates in soils. J. Soil Sci., 18: 64-73.

Farquhar G D, O'Leary M H, Berry J A. 1982. On the relationship between carbon isotope discrimination and the intercellular carbon dioxide concentration in leaves. Australian Journal of Plant Physiology, 9(2): 121-137.

Gallardo A, Merino J. 1993. Leaf decomposition in two mediterranean ecosystems of Southwest Spain: influence of substrate quality. Ecology, 74: 152-161.

Huang P M, Bollag J M, Senesi N. 2002. Interactions between soil particles and microorganisms: impact on the terrestrial ecosystem. Chichester: John Wiley & Sons.

Jastrow J D, Miller R M, Lussenhop J. 1998. Contributions of interacting biological mechanisms to soil aggregate stabilization in restored prairie. Soil Biol. Biochem., 30: 905-916.

Kay B D. 1998. Soil structure and organic carbon: a review // Lal R, Kimble J M, Follett R F, et al. Soil Processes and the Carbon Cycle. BocaRaton: CRC Press.

Kramer P J. 1981. Carbon dioxide concentration, photosynthesis, and matter production. BioScience, 31: 29-33.

Lal R. 1991. Soil structure and sustainability. J. Sustain. Agric., 1: 67-92.

Luo Y Q, Zhou X H. 2007. 土壤呼吸与环境. 姜丽芬. 曲来叶, 周玉梅, 等译. 北京: 高等教育出版社.

Lüttge A, Zhang L, Nealson K H. 2005. Mineral surfaces and their implications for microbial attachment: results from Monte Carlo simulations and direct surface observations. American Journal of Science, 305(6-8): 766-790.

Marx M C, Wood M, Jarvis S C. 2001. A microplate fluorimetric assay for the study of enzyme diversity in soils. Soil Biology and Biochemistry, 33(12-13): 1633-1640.

McKenney D W, Davis J S, Turnbull J W. 1991. The impact of Australian tree species research in China. ACIAR Economic Assessment Series, Canberra, 12: 6-7.

Nowak D J, Crane D E. 2002. Carbon storage and sequestration by urban trees in the USA. Environmental Pollution, 116: 381-389.

Olson J S. 1963. Energy stores and the balance of producers and decomposers in ecological systems. Ecology Letters, 44: 322-331.

Or D, Smets B F, Wraith J M, et al. 2007. Physical constraints affecting bacterial habitats and activity in unsaturated porous media-a review. Advances in Water Resources, 30(6-7): 1505-1527.

Pan G X. 1999. Study on carbon reservoir in soils of China. Bulletin of Science and Technology, 15(5): 330-332.

Plante A F, McGill W B. 2002. Soil aggregate dynamics and the retention of organic matter in laboratory-incubated soil with differing simulated tillage frequencies. Soil Tillage Res., 66: 79-92.

Prescott C E. 2005. Do rates of litter decomposition tell us anything we really need to know. Forest Ecology and Management, 220: 66-74.

Puget P, Chenu C, Balesdent J. 1995. Total young organic matter distributions in aggregate of silly cultivated soils. Eur. Soil Sci., 46: 449-459.

Qi Y, Xu M, Wu J G. 2002. Temperature sensitivity of soil respiration and its effects on ecosystem carbon budget: nonlinearity begets surprises. Ecological Modeling, 153: 131-142.

Santos D, Murphy S L S, Taubner H, et al. 1997. Uniform separation of concentric surface layers from soil aggregates. Soil Sci. Soc. Am. J., 61: 720-724.

Six J, Elliott E T, Paustian K. 1999. Aggregate and soil organic matter dynamics under conventional and no-tillage systems. Soil Sci. Soc. Am. J., 63: 1350-1358.

Six J, Elliott E T, Paustian K, et al. 1998. Aggregation and soil organic matter accumulation in cultivated and native grassland soils. Soil Science Society of America Journal, 62: 1367-1377.

Sombroek W G, Nachtergaele F O, Hebel A. 1993 . Amounts, dynamics and sequestering of carbon in tropical and subtropical soils. AMBIO, 22: 417-425.

Tagu D, Moussard C. 2008. 图解常用分子生物学原理. 第2次修订补充版. 康定明译. 北京: 中国农业大学出版社.

Tisdall J M, Oades J M. 1982. Organic matter and water-stable aggregates in soils. J. Soil Sci., 33: 141-163.

Tisdall J M. 1996. Formation of soil aggregates and accumulation of soil organic matter // Carter M R, Stewart B A. Structure and Organic Matter Storage in Agricultural Soils. BocaRaton: CRC Press.

Xu X N, Hirata E. 2005. Decomposition patterns of leaf litter of seven common canopy species in a subtropical forest: N and P dynamics. Plant Soil, 273: 279-289.

Zhang Z, Duan J, Wang S, et al. 2012. Effects of land use and management on ecosystem respiration in alpine meadow on the Tibetan Plateau. Soil and Tillage Research, 124: 161-169.

3　林木碳汇能力的种间与种内变异

林业的碳汇能力还有很大的提高空间，但碳汇量的提高与选用良种造林有密切关系。林木良种选育也要根据育种的目标而对各种材质进行改良。木材是碳的主要储藏库，木材由 27 种以上的物质构成，其中主要成分是碳元素（50%）、水（6%）、氧（43%），其他的成分加起来不到 1%，也就是说干燥木材质量的一半都是碳元素。所以，林木的碳储量=木材的材积×木材基本密度×1/2。因此，提高森林的碳储量，可以从以下几方面进行：①提高生长量，最基本的方法是提高单位面积的木材产量。森林单位面积生长量越大，木材吸收的 CO_2 也越多。在提高生长量的育种措施方面，我们认为主要还是采取传统的优树选择比较实际。实施优树选择的群体可以是天然林、杂交后代的子代测定林、品种对比试验林、引进资源收集评价试验区等性状已充分表现的林分或者试验林。②提高木材的密度，根据木材构造的特点，即使是相同体积的木材，其碳固定量也不一样，无论是针叶树还是阔叶树，大多数树种木材密度的遗传率很高。根据这一研究结果，可以开发出生长快、木材密度也很高的品种，以提高木材的固碳量。③改良木材品种，减少原料的废弃，也就相当于固定了更多的碳元素，减少了 CO_2 的排放。

另外，森林土壤碳的封存对减少大气中 CO_2 浓度有很大的潜力（Lal，2004）。森林中总生态系统超过 50%的碳储存在土壤有机碳（SOC）中，并且在某些情况下超过储存在地上部分生物量碳总量的 3 倍（Eswaran et al.，1993）。因此，土壤有机碳在自然界全球碳循环中扮演着重要的角色。在国家温室气体排放预算中，利用提高森林生态系统碳积累，如农田上种植林木和改变森林管理模式，包括改变树种，已被接受作为缓解大气中 CO_2 的一个方法。因此，为了优化森林碳的储存，了解林业中树种碳积累特征，通过树种选择获得更多的收益是非常必要的。虽然树种对森林土壤的影响已经被讨论了一个多世纪（Binkley，1995），但仍然未完全了解。

植物通过形成凋落物和根际沉积物成为有机碳输入的主要动力，而且凋落物的分解水平在碳输出的控制中非常重要，返回土壤中的碳的数量和质量与那些受采集资源和保护资源的进化权衡控制的植物生长有关。许多学者在地上部分生物量与整株树木生物量之间的关系、城市树木生物量计算等方面开展了许多基础性研究。要提高森林的碳汇能力，深入探讨林木种间与种内在生长、材性和固碳能力等方面的遗传变异，有目标地进行树种选育，营造高质量的碳汇林是非常重要的。

3.1 树种在森林碳汇中的作用

3.1.1 树种地上部分碳汇能力的差异

传统的森林经营管理采用种植单一树种的纯林方式，与混合树种种植相比，这些纯林更容易建立、管理和收获。纯林有生态适应性差（Lamb et al.，2005；Erskine et al.，2006）及由真菌病原体引起的疾病容易传播（Burdon，2001）等缺点；相比之下，混交林可能比纯林具有更多的优点，例如，较高的生产力（Man and Lieffers，1999；Johansson et al.，2003），以及对非生物和生物胁迫的更大抗性，包括由害虫或真菌病原体引起的损害（Mccracken and Dawson，2010；Burdon，2001）。然而，来自混交林的生产力收益取决于物种组成，因为在混合效应研究中这些优点并不一致（Rothe and Dan，2001；Piotto，2008）。混交林的优点是可以使一种物种改善环境条件的同时，改善另一种物种的生长环境；或者不同物种利用不同的基质成分，导致生长过程中竞争资源的情况减少，以及使立地资源具有更高的利用效率（Vandermeer，1989）。

白杨和白云杉的混交林在加拿大北部是常见的。这两个物种具有互补的生态位，从而能最大限度地利用资源（Kelty，1992；Man and Lieffers，1999；Kelty，2006）：白云杉是一个缓慢增长的、中度耐荫树种，而白杨（如混交杨树）是一种快速生长的阳性树种。由于这种互补性，北方混交林可能比单一纯林的森林生态系统具有更高的生产力（Chen and Popadiouk，2002）。Chomel 等（2014）在位于加拿大魁北克省的 Abitibi-Témiscamingue 北部地区选择 3 个地点研究了白杨、白云杉和两个树种混交林的碳储量。林分于 2003 年建成，2011 年测定了树木的树高、地径和胸径，分别根据 Pitt 和 Bell（2004）的数据、Benomar 等（2013）的研究结果估算了白云杉和白杨的茎、枝和叶的地上生物量；碳储量按照有机物的 50%计算。同时使用垃圾收集器评估树木的年凋落物。结果发现（表 3-1），混交林中白杨的地径、胸径和树高要高于纯林，凋落物量差异不显著；混交林中白云杉的地径和胸径小于纯林，但树高和凋落物的量差异不显著。白云杉在混交林中地上生物量比在纯林中下降了 38%，而白杨在混交林中生物量比纯林增加了 88%。种植类型对地上碳储量的影响主要是树木地上部分的差异，在不同的种植类型中，不同树种表现出不同的碳储存能力。白杨纯林的主干或树枝的碳储量（分别为 15.25Mg C/hm^2 和 14.66Mg C/hm^2）和白杨混交林的主干或树枝的碳储量（分别为 17.40Mg C/hm^2 和 15.00Mg C/hm^2）高于白云杉纯林（分别为 4.40Mg C/hm^2 和 4.19Mg C/hm^2），而叶子的碳储量在种植类型间差异不显著（图 3-1）。在白云杉纯林中，叶子是碳储存的主要部位；而白杨纯林和混交林的碳主要存储在主干和树枝。

表 3-1　在纯林和混交林中白云杉和白杨各性状平均值

性状	数量	白云杉		白杨	
		纯林	混交林	纯林	混交林
树高（m）	118	2.66±0.09（a）	2.49±0.14（a）	7.73±0.29（a）	9.33±0.26（b）
地径（cm）	118	5.12±0.17（b）	4.19±0.20（a）	7.38±0.27（a）	10.18±0.36（b）
胸径（cm）	118	2.45±0.14（b）	1.92±0.17（a）	5.33±0.26（a）	7.75±0.35（b）
生物量（kg/株）	118	3.22±0.26（b）	2.00±0.22（a）	7.02±0.56（a）	13.19±0.97（b）
年凋落物（Mg/hm^2）	48	0.50±0.10（a）	0.37±0.09（a）	3.79±0.30（a）	4.02±0.23（a）

注：同一行括号内不同小写字母表示在 0.05 水平上差异显著

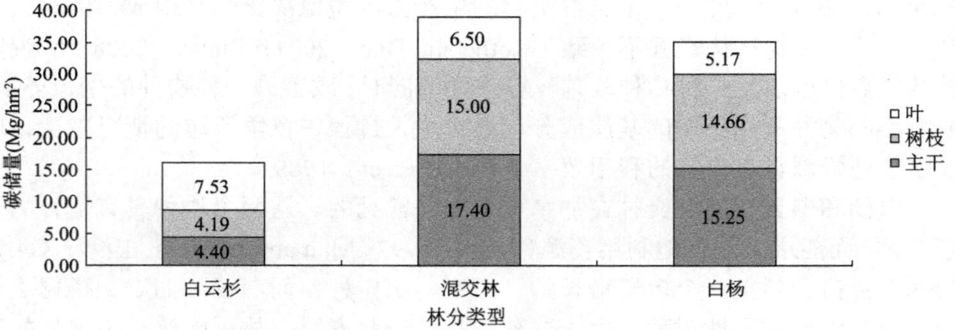

图 3-1　不同林分类型地上树木各组织碳储量分布情况

Redondo-Brenes 和 Montagnini（2006）对哥斯达黎加 9 个树种的生长量和碳储量进行了研究，试验地位于哥斯达黎加拉塞尔瓦生物站的热带研究所的一个废弃牧场。该试验地周围被 15～18 年生的次生林环绕，1000m 外是拉塞尔瓦的原始森林。该研究设定了 3 个种植园，经分析各种植园的土壤化学特性没有显著差异，种植园的土壤质量比农业用地差很多。试验选择了 3 个种植园，每个种植园选取了 3 个树种，其中至少一个豆科树种、一个速生树种和一个生长缓慢的树种。在每个种植园中设置 4 个处理，分别为 3 个树种的纯林和 3 个树种的混交林。经过一次抚育间伐后，林内的株行距为 4m×4m，林木树龄为 12～13 年。每个处理选取 16m×16m 的样地，测定和计算了林木的胸径、质量、地径截面积、蓄积，并利用该地区常用的公式计算单株林木和每公顷的地上生物量和碳储量（按生物量的 50%计算）。对不同种植园内树种间和不同树种的纯林与混交林间各指标的差异进行了研究。

从树木的生长和生产力指标（表 3-2）来看，在种植园 1 中，除了 3 个树种的纯林及混交林的密度没有显著差异，树种 *Calophyllum brasiliense* 与另两个树种纯林和混交林的各项指标差异显著，且都是最小的。在种植园 2 中，树种 *Virola koschnyi* 的地径截面积与其他两个树种纯林及混交林差异显著，并且最大，这主要是因为其密度较大。因为树高没有差异，树种 *Dipteryx panamensis* 的胸径远小于其他纯林和混交林，所以其蓄积量也最小。在种植园 3 中，3 个树种的纯林及混交林之间的密度差异不显著，树种 *Vochysia ferruginea* 的胸径与其他纯林及混交林差异显著，并且最高；树种 *Balizia elegans* 的树高与其他纯林及混交林差异显著，并且最低；因此，3 个纯林及混交林的单位面积的蓄积量差异显著，*Vochysia ferruginea* 最高。

表 3-2　各树种纯林及混交林的生长及生产力指标

种植园	树种	树种特性	密度（株/hm^2）	胸径（cm）	树高（m）	地径截面积（m^2/hm^2）	蓄积量（m^3/hm^2）
种植园 1	*Vochysia guatemalensis*	演替早中期树种，处于林冠上层，速生	664a	25.5a	24.4a	35.1a	410.3ab
	Jacaranda copaia	主林木，一定的耐荫性，生长缓慢	684a	22.6ab	24.1a	28.4ab	318.5ab
	Calophyllum brasiliense	演替早期树种，处于林冠上层，速生	612a	20.1b	19.2b	20.0b	176.6b
	混交林		772a	23.3ab	22.8a	38.1a	456.2a
种植园 2	*Terminalia amazonia*	主林木，阳性树种，中等生长速度	547c	22.3a	21.0a	22.7b	232.7b
	Dipteryx panamensis	主林木，演替中期树种，生长缓慢	752ab	14.7b	18.8a	13.9c	128.5c
	Virola koschnyi	主林木，演替后期树种，生长缓慢	840a	23.8a	21.7a	38.9a	402.1a
	混交林		606bc	22.3a	21.3a	26.9b	292.8b
种植园 3	*Hyeronima alchorneoides*	主林木，演替早中期树种，中等生长速度	771a	16.5c	21.0a	17.5b	179.5b
	Vochysia ferruginea	阳性树种，速生，多在次生林中出现	723a	22.5a	22.1a	29.4a	300.4a
	Balizia elegans	演替中后期树种，生长缓慢	781a	19.0b	17.8b	23.8ab	207.9b
	混交林		713a	19.4b	21.2a	23.6ab	248.4ab

注：同列不同小写字母表示在 0.05 水平上差异显著，下同

通过计算得出 9 个树种的纯林和混交林的碳储量（表 3-3），在种植园 1 中，树种 *Calophyllum brasiliense*、*Vochysia guatemalensis* 和混交林的单位面积

碳储量最高，树种 *Calophyllum brasiliense* 和 *Vochysia guatemalensis* 的单株碳储量最高；树种 *Vochysia guatemalensis* 的主干碳储量比率在所有树种中最高，达到了 91.4%，树种 *Calophyllum brasiliense* 的枝条和叶子的碳储量比率最高，为 25.9%和 14.5%。在种植园 2 中，树种 *Terminalia amazonia* 和混交林单位面积碳储量和单株树木碳储量最高；树种 *Terminalia amazonia* 的主干碳储量比率在所有树种中最高，达到了 77.5%；树种 *Virola koschnyi* 的枝条和叶子的碳储量比率最高，为 28.8%和 12.0%。在种植园 3 中，树种 *Balizia elegans* 的单位面积碳储量和单株树木碳储量最低；树种 *Hyeronima alchorneoides* 的主干碳储量比率在所有树种中最高，达到了 61.1%；树种 *B. elegans* 的枝条碳储量比率最高（43.7%），树种 *Vochysia ferruginea* 的叶子碳储量比率最高（21.5%）。

表 3-3　9 个树种的纯林和混交林的碳储量

种植园	树种	每公顷碳储量（Mg）				单株树木碳储量（kg）
		主干	枝条	叶子	总计	
种植园 1	*V. guatemalensis*	47.8a	2.5c	2.0b	52.3ab	80.9ab
	J. copaia	18.3b	6.4b	0.9c	25.6b	37.5c
	C. brasiliense	38.9ab	16.9a	9.5a	65.3a	106.9a
	混交林 1	46.5a	6.5b	2.4b	55.4a	71.3b
种植园 2	*T. amazonia*	64.6a	17.1ab	4.6b	86.3ab	157.2a
	D. panamensis	43.8b	15.8b	5.2ab	64.8bc	87.1b
	V. koschnyi	30.0b	14.6b	6.1ab	50.7c	60.8b
	混交林 2	61.3a	22.6a	6.9a	90.8a	152.2a
种植园 3	*H. alchornoeides*	27.2a	14.9a	2.4bc	44.5a	58.3ab
	V. ferruginea	17.1bc	11.8a	7.9a	36.8ab	52.4ab
	B. elegans	13.4c	11.4a	1.3c	26.1b	33.6b
	混交林 3	23.9ab	19.1a	4.3b	47.3a	68.2a

对 9 个树种在纯林和混交林中的胸径、树高和碳储量比较发现（表 3-4），在种植园 1 中，树种 *V. guatemalensis* 和 *J. copaia* 在混交林中的各性状值均高于纯林，而树种 *C. brasiliense* 的变化规律正好相反；并且树种 *C. brasiliense* 在混交林中的各性状值是 3 个树种纯林和混交林中最低的。在种植园 2 中，树种 *T. amazonia* 在混交林中的胸径和单株碳储量高于纯林；另两个树种的各性状值在纯林和混交林之间没有差异。在种植园 3 中，3 个树种的各性状值在纯林和混交林之间没有差异。在所有的树种中，树种 *C. brasiliense* 的各指标在纯林和混交林间差异最大，混交林的胸径、树高和单株碳储量是纯林的 60.7%、80.7%和 27.1%，并且是所有树种中最低的，只有 12.2cm、15.5m 和 28.9kg；树种 *T.*

amazonia 在混交林中的胸径、树高和单株碳储量都高于纯林，并且其胸径和单株碳储量是所有树种中最高的，分别为 31.3cm 和 336.1kg。

表 3-4　9 个树种在纯林和混交林中的生长指标和碳储量

种植园	树种	林种	胸径（cm）	树高（m）	单株树木碳储量（kg）
种植园 1	*V. guatemalensis*	纯林	25.5cd	24.4bb	80.9b
		混交林	30.5a	26.9a	118.6a
	J. copaia	纯林	22.6cd	24.1b	37.5c
		混交林	26.2b	25.6ab	52.8c
	C. brasiliense	纯林	20.1d	19.2c	106.7a
		混交林	12.2e	15.5d	28.9c
种植园 2	*T. amazonia*	纯林	22.3cd	21.0ab	157.2b
		混交林	31.3a	24.8a	336.1a
	D. panamensis	纯林	14.7d	18.8b	87.1b
		混交林	16.1cd	19.8b	126.9b
	V. koschnyi	纯林	23.8b	21.7ab	71.9b
		混交林	23.3b	21.3ab	60.8b
种植园 3	*H. alchornoeides*	纯林	16.5b	21.0ab	58.3ab
		混交林	19.1ab	22.8a	94.8a
	V. ferruginea	纯林	22.5a	22.1a	52.4ab
		混交林	19.6ab	21.1ab	42.9ab
	B. elegans	纯林	19.0ab	17.8b	33.6b
		混交林	17.2ab	17.8b	32.4b

早期的科学家进行了很多土壤与树种的关系研究，如对不同植被类型下土壤有机质的结构观察（Müller，1887）；对单一树种回顾性的研究（Zinke，1962；Dijkstra and Fitzhugh，2003）；总结性研究成对的相邻不同树种（Laganière et al.，2012）和不同树种同一时间随机地和有计划地种植在相似土壤条件下的多物种的对比种植实验（Reich et al.，2005）。

树木的混合种植不受土壤性质随机分布的限制，树龄并不总是相似的，这也不能排除周围树木的影响（Rothe et al.，2002）。树种的对比相邻种植比单一树种种植可以提供更好的边缘效应控制，但是在树木林龄和土壤条件差异的控制上没有混交试验结果好。对比相邻种植实验能更好地研究树种对 SOC 的影响，它能在很大程度上控制树龄及与地点相关的因素对实验的影响（Binkley，1995；Vesterdal et al.，2008）。

在混交林中，如果树种间有利的相互作用占主导地位，那么林分的产量和碳储量就高于纯林；相反，如果不利的相互作用强于有利的相互作用，则林分的产量和碳储量就低于纯林（Forrester et al.，2004）。

3.1.2　树种地下部分碳汇能力的差异

各树种间森林地表和矿质土壤碳储量比例的差异研究表明，由于树种的改变，森林地表的碳储量可以增长 200%～500%，在矿质土壤中最高可增加 40%～50%。然而，这些在森林地表和矿质土壤中的比例差异不总是递增的。在温带森林树种中，仅仅只是分布于森林地表和矿质土壤的碳储量不同，而不是总碳储量趋于不同。这表明一些树种可能是将碳固存在矿质土壤中形成稳定形式碳储存的更好的“工程师”，但是目前尚不清楚这种关键机制是由根系对凋落物的吸收还是由大型动物的活动引起的。特定树种对 SOC 影响的研究是从大规模的森林地表碳储量的数据中得到的，并表现出了很好的一致性，而矿质土壤中的碳储量似乎更易受到土壤类型或者气候的影响。虽然只有很少的研究，但仍有迹象表明更丰富的树种多样性可能导致更高的 SOC 储量。

为了有针对性地利用树种来固存土壤碳，必须了解碳输入和输出的过程，特别是地下储存的碳，以此来控制 SOC 储量的变化。植被类型，包括优势树种很久以来一直被公认为是重要的土壤形成因素之一（Hobbie，1992）。在温带和部分寒带地区，现存的森林树种组成往往是过去的森林管理决策的结果。树种的选择主要是以优化木材生产力和对于某些特定树种木材的需求为目标的。然而，日益强调生态系统服务使森林除了获取木材外，还要对适应气候变化加以关注（Marvus et al., 2010）。这也包括通过选择更多样的树种造林来提高 SOC 的潜力。气候变化和相关的干扰也将影响温带和寒带森林的物种组成（Allen et al.，2010），这可能对那些自然干扰严重控制森林再生和碳周期过程的地区是重要的。然而我们对气候变化引起的动态的树种分布、土壤存储碳能力的结果知之甚少（Jones et al.，2009）。

森林 SOC 储量及其缓解温室气体排放的作用需要人们了解树种影响的更多知识（Jandl et al.，2007）。森林管理，包括改变树种、农田和草地的种植等减缓大气 CO_2 的措施在国家温室气体减排的预算中已经被采纳。然而，对树种影响 SOC 储量的定量估计仍然是缺乏的，有科学依据、有目标的大量造林对 SOC 固存的研究也相对较少（Vesterdal et al.，2002；Petrusyte et al.，2012），也包括其他几种生物和非生物因素，如土壤类型、土壤水分状况和气候对土壤碳库的影响（Callesen et al.，2010；Rainer et al.，2010）。不同的树种并不是随机分布在自然森林生态系统中，而是随着遵循气候、土壤类型、土壤水分状况、森林演替阶段或其他非生物等因素的变化分布，从而直接或间接影响土壤碳的状况。如果直接比较自然森林的碳储量就能得出目前土壤碳储量中真正的“物种效应”，也是非常困难的。

早期研究表明，同一地点种植不同树种，SOC 可能不同（Finzi et al.，1998；Mareschal et al.，2010），但主要的影响发生在受到较少保护的森林地表碳库中（Vesterdal et al.，2008）。然而，哪些过程是导致土壤碳储量不同是不确定的。碳的输入（Díaz-Pinés et al.，2011）及分解（Vesterdal et al.，2008；Hansen et al.，2009）上的差异被认为可能是可以解释树种对土壤碳储量影响的。为了有针对性地使用树种来固存 SOC，人类迫切地需要确定哪些过程控制碳储量的差异性并且研究在大部分碳储量中碳的形成和稳定。

已经有个别研究表明，可以根据土壤固碳的可能性去综合评价树种对 SOC 储量的影响，以此指导管理决策，改变森林主要树种结构。Johnson（1992）在森林管理对 SOC 储量影响的综述中指出，“物种变化”效应曾短暂地被称作可能的管理参数之一。他的结论是：树种对土壤碳的影响往往是显著的，但是不一致。Binkley 和 Giardina（1998）也提到物种影响 SOC 储量缺乏在同一地点的试验验证。他们综合了全球大量的树种对 SOC 储量影响的差异，发现在一般的人工林里存在大量的普通差异（20%）（即 1.2 倍），但是实际差异通常更大，可能达到 5 倍。

Tang 和 Li（2013）调查研究了云南省元谋县荒漠生态系统研究站林下碳储量在不同树种间的差异情况。1991 年该试验地在保留的一部分天然林地块中，又引种了 *Leucaena leucacephala*、*Acacia auriculiformis*、*Azadirachta indica* 和 *Eucalyptus camaldulensis* 4 个树种，共进行了 5 次重复种植，形成了 25 个种植地块，2011 年收集了林下土壤样品，分析了土壤轻馏分和重馏分的土壤碳储量差异。结果表明：土壤中轻馏分和重馏分的有机碳（LFC 和 HFC）在树种间差异显著（$P<0.01$）（表 3-5）。在 *L. leucacephala* 林下发现的 LFC 密度最高，其次是 *A. auriculiformis* 和 *A. indica*，而最低的是在天然林和 *E. camaldulensis* 林下发现的。在所有的树种中，LFC 密度显著低于 HFC 密度（$P<0.01$）。

平均来看，2011 年所有调查对象（不包括对照区）的 LFC 和 HFC 密度分别为 4.17t C/hm^2 和 8.17t C/hm^2，约占平均 SOC 的 1/3 和 2/3（表 3-5）。LFC/SOC 的百分比显著低于对照组（$P<0.01$）。相比之下，*L. leucacephala*、天然林和对照的 HFC/SOC 的比值显著低于其他林分（$P<0.01$）。

土壤中稳固的生化碳（RC）在树种间显著不同（$P<0.01$）。RC 在 LF 中的密度范围为 1.49～2.81t C/hm^2，在 HF 中为 2.02～4.69t C/hm^2，显著高于对照区的值（$P<0.01$）。土壤中 RC 密度从天然林的 3.51t C/hm^2 变化到 *A. auriculiformis* 林下土壤的 6.97t C/hm^2，占 SOC 总数的 37.55%～49.93%。5 个树种林下土壤

中的 RC 密度均高于对照区土壤的 RC 密度（2.77t C/hm^2）。*A. auriculiformis* 和 *E. camaldulensis* 林下土壤的 RC/SOC 值的百分比高于其他树种。

树种对土壤碳的稳定性影响可能包括两方面原因，一方面是受物理机制保护的影响。HF 中的有机碳受物理保护，并在 SOC 组成和转化中起重要作用。相比之下，LF 中的有机碳不受保护，既没有稳定的团聚体结构，也不与淤泥和黏土颗粒结合（Janzen et al.，1992）。一般来说，LF 中的有机碳含量占温带林地上 10～15cm 层总 SOC 的 17%～47%（Christensen，1992）。热带地区不同树种造林 18 年后，LFC/SOC 的值为 9.61%～11.71%（Laik et al.，2009）。另一方面是由于生物化学的不稳定性。Wang 等（2005）假设 LFC 的高周转率不是由于 LFC 的生物化学稳定性，而是由于物理保护不足导致土壤微生物更容易获得自由状态的碳；他们进一步假设，HFC 的高稳定性不是 HFC 更高的顽固性，而是 HFC 无法使用的结果。

表 3-5　土壤表层有机碳和稳固碳密度分数的分布

林分	LFC 密度（t C/hm^2）	HFC 密度（t C/hm^2）	LFC/SOC（%）	HFC/SOC（%）	LFC 中 RC 含量（t C/hm^2）	HFC 中 RC 含量（t C/hm^2）	总 RC 含量（t C/hm^2）	RC/SOC（%）
L. leucacephala	6.04±0.53a	10.02±0.83a	37.34±1.42a	61.93±1.86b	2.81±0.18a	3.61±0.20b	6.43±0.33b	39.80±1.21b
A. auriculiformis	4.20±0.31b	9.50±0.76a	30.06±0.72c	67.95±1.23a	2.28±0.14b	4.69±0.32a	6.97±0.46a	49.93±2.60a
A. indica	3.84±0.23bc	8.22±0.76b	31.28±1.91c	66.75±2.18a	1.79±0.12c	3.13±0.19c	4.92±0.31c	40.03±1.75b
E. camaldulensis	3.38±0.26c	7.28±0.81b	30.96±0.98c	66.49±0.99a	1.87±0.18c	3.49±0.18b	5.36±0.28c	49.19±2.28a
天然林	3.40±0.42c	5.84±0.83c	36.30±1.97a	62.19±1.75b	1.49±0.16d	2.02±0.19d	3.51±0.33d	37.55±1.37b
对照区	2.36±0.30d	4.40±0.47d	34.00±1.83b	63.44±1.77b	1.09±0.16e	1.68±0.19e	2.77±0.33e	39.91±1.47b
林分平均值	4.17±1.06	8.17±1.70	33.18±3.36	65.06±2.97	2.05±0.49	3.39±0.90	5.44±1.27	43.30±5.58

注：LFC 表示轻馏分中的有机碳；HFC 表示重馏分中的有机碳；RC 表示土壤中稳固的生化碳

3.1.3　木材密度在种间和种内的差异

计算森林碳含量需要对地表生物量做精确的估算，但是很多因素包括树种、气候、地势、土壤肥力及水的供应等均能影响树木和森林的生物量与碳含量。木材密度能够反映这些因素对生物量和碳储量的综合影响，因此通常被视为一个关键参数。值得注意的是：在热带干旱林中，专一性树种的木材密度可能不需要估测小直径树干的生物量。

木材密度从主干底部到主干顶部，从髓心到树皮都有所不同，特别是从树基到树总高度一半时，木材密度逐渐减小，从树的总高度一半到树梢的密度又逐渐增大。树种、树龄及天然热带林的地理位置也会影响木材密度。全球拥有各种各样的树种及多种区域环境，但是对于树种的材积、生物量及碳含量等方面的信息掌握得却很有限，因此很难预测树种的碳汇量。

Yeboah 等（2014）在 OCAP 和 Bobiri 两个种植园对不同树种的木材密度和碳含量进行了研究。在 OCAP 种植园，调查了影响 19 种热带栽植树种（树龄 7～12 年）碳含量的因素。除此之外，在 OCAP 和 Bobiri 分别取 4 棵树龄为 5 年生的 *Khaya ivorensis* 和 *Khaya grandifoliola* 两个树种，比较了来自加纳两个生态区的卡雅楝和大叶卡雅楝的碳含量，测量了所有样木的密度及碳含量。通过提供相关的木材密度、树干材积和生物量及碳浓度及碳含量数据，为加纳潮湿生态区和非洲西部相似的地区的植树造林和再造林提供科学依据。

通过比较木材密度发现：对于人工林的 19 种 12 年生树种，木材密度差异显著（$P<0.001$）（表 3-6），但是 4 种 7 年生树种之间的差异却不明显（表 3-7）。

表 3-6 12 年生的 19 种树木木材密度和碳含量方差分析

木材性状	来源	方差和	df	均方	F	P
密度（g/cm^3）	种间	1.555	17	0.0915	28.5	<0.001
	茎位置	0.182	2	0.091	28.4	<0.001
	交互作用	0.168	34	0.0049	1.54	0.066
	偏差	0.215	67	0.0032		
碳含量（g/kg）	种间	9439	17	555	13.7	<0.001
	茎位置	1790	2	895	22.1	<0.001
	交互作用	1286	34	38	0.9	0.577
	偏差	2794	69	10		

表 3-7 19 种树木 7 年生和 12 年生的木材密度

树种	木材密度（g/cm^3）				
	树龄		公布数据		
	12 年生	7 年生	Reyes et al.，1992	Henry et al.，2010	Bolza and Keating，1972
Aningeria robusta	0.50±0.03				
Antiaris toxicaria	0.36±0.02		0.38		0.37～0.40
Antrocaryon micraster		0.50±0.05			
Cedrela odorata	0.38±0.03		0.43～0.45		0.37～0.40
Ceiba pentandra	0.27±0.01		0.26	0.26～0.54	0.27～0.32
Entandrophragma angolense	0.44±0.04		0.45		0.51～0.57

续表

树种	木材密度（g/cm³）				
	树龄		公布数据		
	12 年生	7 年生	Reyes et al.，1992	Henry et al.，2010	Bolza and Keating，1972
Guarea thompsonii	0.53±0.03		0.55		0.58～0.64
Heritiera utilis	0.46±0.03	0.45±0.03	0.56	0.58～0.78	0.58～0.64
Khaya ivorensis	0.52±0.03	0.48±0.03	0.44		0.46～0.50
Lophira alata	0.76±0.03		0.87		1.02～1.14
Mammea africana	0.62±0.01		0.62		0.65～0.72
Milicia excels	0.46±0.05				
Pycnanthus angolensis	0.35±0.03		0.4		0.41～0.45
Tectona grandis	0.57±0.02		0.50～0.55		0.58～0.64
Terminalia ivorensis	0.38±0.02				0.51～0.57
Terminalia superba	0.42±0.03		0.45		0.41～0.45
Tieghemella heckelii	0.58±0.05		0.55	0.62～0.78	0.58～0.64
Triplochiton scleroxylon	0.43±0.05		0.32		0.37～0.40
Turraeanthus africanus	0.44±0.01	0.49±0.02			0.46～0.50

12 年生 19 个树种的平均密度范围在 0.27～0.76g/cm³（表 3-7），*Ceiba pentandra* 密度具有最小值，*Lophira alata* 具有最大密度。比较种植在同一湿润地区、相同树种但树龄不同的树木的木材密度发现，年龄的差异并没有造成密度的差异（P=0.923），种植在不同地区（OCAP 和 Bobiri）的 5 年生大叶卡雅楝的木材密度间具有显著差异，湿润常绿林的密度值高于湿润半落叶林的密度值（图 3-2）。

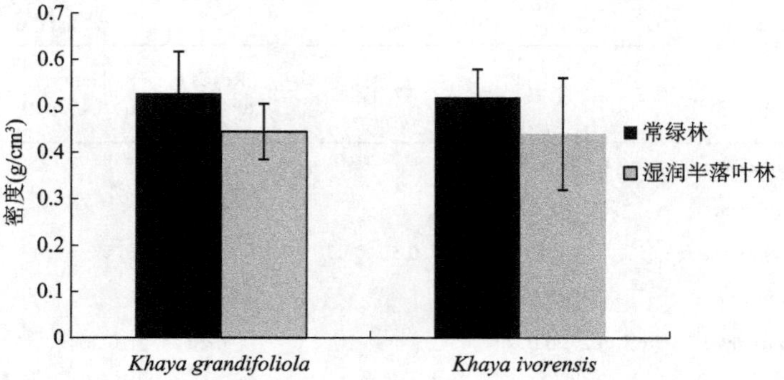

图 3-2　湿润常绿生态区和半落叶生态区 5 年生 *Khaya* 的木材密度

不同主干位置的木材密度差异显著。基部有最大平均密度值（0.526g/cm^3），而中部和顶部的密度值分别为 0.444g/cm^3 和 0.439g/cm^3。树种和树干不同位置在木材密度上没有发现相互作用，这说明所研究的树种的干基部具有较大密度值的现象是始终存在的。种植在湿润常绿林的 12 年树种的木材密度和生长率的指标之间呈负相关性，其线性关系如下：平均木材密度和胸高值之间为 $r=-0.51$，$P<0.001$；和树干长度之间为 $r=-0.63$，$P<0.001$；和估测的主干材积之间为 $r=-0.54$，$P<0.001$。

不同树种间和树干不同位置间木材碳浓度差异显著（表 3-7，图 3-3）。树干基部碳浓度（470g/kg）比树干中部（478g/kg）和顶部（477g/kg）都要低（图 3-3）。测定碳浓度时，树种和树干不同位置之间无相互作用（表 3-6）（$P=0.066$），这说明不同树种树基部碳浓度普遍都很低，但是也会发生一些变化（图 3-3）。

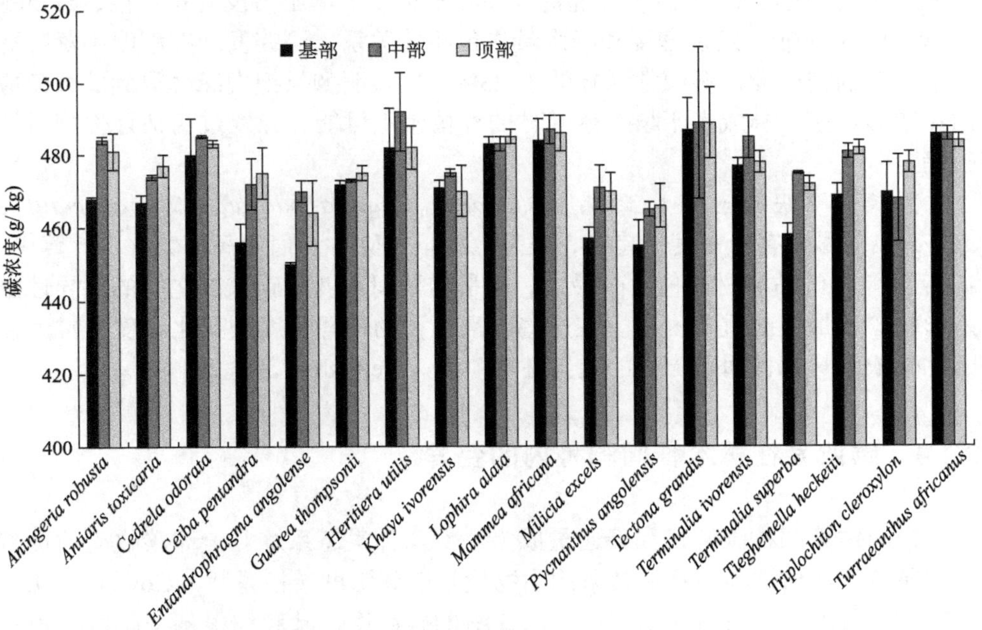

图 3-3　OCAP 种植园 18 个树种主干不同位置碳含量的差异分析

树种的平均碳含量为 55kg C/株，*Guarea thompsonii* 具有最小碳浓度（2kg C/株），而 *Ceiba pentandra* 具有最大碳浓度值（179kg C/株）。12 年生树种的平均碳含量差异明显（$P<0.001$）。但 7 年生的树种间碳含量的差异不明显（$P=0.834$）。同时，种植在不同地点的相同树种之间碳含量不存在差异性。除了 *Tectona grandis* 和 *Cedrela odorata* 这两个外来物种，其余的本地树种被划分为 3 个部分：

先锋树种（pioneers）、非先锋需光树种（non-pioneer light demanders）和耐荫树种（shade bearers）。以此帮助人们确定固有的生态策略是否和木材密度、生长速率，或者木材碳浓度有关。

研究发现主干基部有较高的木材密度、较低的碳浓度。人工林的树木要比天然林的同种树木木材密度低，而且碳含量也低于 500g/kg。通过木材密度和材积的转换可以得到林木的生物量，进而可以利用生物量来估测碳含量。木材密度的变化很大，而且随着主干位置的不同发生显著差异，密度值沿着木材底部到顶部慢慢降低。物种间木材底部的密度比平均总木材密度高，如果在转化生物量的时候只用底部密度，这样就会相对高估了总生物量。密度和生长速率负相关，高生长速率会导致低木材密度。

在天然林中，一般最小的树有较高的密度，这可能反映了在森林下层的植被由于受到树荫遮挡而生长得慢，同时要比种植在开放的种植园的木材密度高。Steege 和 Hammond（2001）发现密度和降水量及土壤肥力没有相关性，Montes 和 Weber（2009）发现密度和降水量成负相关关系，研究发现在潮湿半落叶林的卡雅楝的密度要比湿润常绿林低了 23%，这表明如果把常绿林得到的数值应用在潮湿半落叶林或者干旱半落叶林的种植园中可能会导致过高估计生物量和碳储量。

生长速率快的树种（*Ceiba pentandra*、*Cedrela odorata* 和 *Turraeanthus africanus*）尽管有低密度的趋势，但是生物量和碳含量值较高。碳含量计算中，12 年生树种的估测材积值贡献最大，但是物种间密度和碳浓度之间的差异性也是影响碳含量值的重要因素。在这些因素中，物种间密度的变化幅度非常大，因此碳浓度对物种间碳含量的差异性影响大（Yeboah et al.，2014）。

3.1.4　碳浓度在林木种间和种内的变异

精确估算森林碳储量和碳通量成为评价森林生态系统对全球碳收支的贡献的首要条件。植被碳估算通常采用生物量乘以碳浓度转换系数（Gower et al.，1999）。目前，木质组织基于质量的 50%的碳浓度、叶和细根基于质量的 45%的碳浓度为转换系数被广泛应用（Gower，2001）。以往关于碳浓度的研究主要集中在木质组织（Thomas and Malczewski，2007），因为生物量碳和净初级生产力的绝大多数成分为木质组织。植物碳浓度主要受到其自身遗传特性和环境因子相互作用而决定（Lamlom and Savidge，2006）。不同地区不同树种的碳浓度不同。最近一些研究表明，树种不同组织的碳浓度变异为 44.4%～55.7%，利用通用的 50%的转换系数估算碳储量引起的误差达 10%（Lamlom and Savidge，2006；Elias and Potvin，2003）。因此，为准确估算森林植被碳储量、减少碳循环中的不确定性，准确测定不同树种不同器官的碳浓度，探索碳浓度与树木特性之间的关系是必要的。

Zhang 等（2009）研究了黑龙江帽儿山森林生态站同气候条件下林龄相近的 6 种森林类型的 10 个树种，包括山杨（*Populous davidiana*）、五角槭（*Acer mono*）、白桦（*Betula platyphylla*）、兴安落叶松（*Larix gmelinii*）、蒙古栎（*Quercus mongolica*）、胡桃楸（*Juglans mandshurica*）、水曲柳（*Fraxinus mandshurica*）、紫椴（*Juglans mandshurica*）、红松（*Pinus koraiensis*）和黄菠萝（*Tilia amurensis*），测定了每个树种的树叶、新枝、老枝、树干、粗根和细根的碳浓度，分析了碳浓度在种内和种间的变化差异（表 3-8）。

表 3-8　10 种温带树种各组织碳浓度和质量加权平均碳浓度（WMCC）

树种	组织碳浓度（%）						WMCC（SD）
	树叶	新枝	老枝	树干	粗根	细根	
五角槭	49.1	47.6	47.0	46.6	45.0	44.5	46.4（1.6）
白桦	48.9	49.8	46.5	45.9	45.7	44.4	46.1（1.8）
水曲柳	50.6	52.5	52.6	53.2	51.7	48.0	52.9（3.4）
胡桃楸	51.5	49.9	52.6	52.8	50.2	48.0	52.4（1.6）
兴安落叶松	49.2	50.4	47.9	46.7	46.9	46.5	46.9（0.7）
黄菠萝	54.3	54.9	55.4	55.6	53.6	50.0	55.1（1.1）
山杨	47.1	46.5	45.0	43.4	43.5	42.7	43.7（0.8）
红松	56.4	54.5	53.8	52.6	52.8	50.4	53.2（1.9）
蒙古栎	51.4	48.5	48.7	47.9	46.3	46.2	47.6（0.9）
紫椴	55.7	53.1	53.7	54.3	52.7	50.0	53.9（0.9）
均值（SE）	51.4（1.0）	50.8（0.9）	50.3（1.2）	49.9（1.3）	48.8（1.2）	47.4（0.8）	49.8（1.3）

结果表明（表 3-8），在种内，10 个树种的各组织之间碳浓度差异显著（$P<0.001$）。组织碳浓度的高低的顺序为树叶>新枝>老枝>树干>粗根>细根。10 个树种的平均组织碳浓度波动从细根的 47.4%到树叶的 51.4%。在所有树种的组织碳浓度中，细根的碳浓度为最低，波动从 42.7%～50.4%，最高碳浓度的组织因树种而异。山杨、五角槭、蒙古栎、紫椴和红松的树叶的碳浓度为最高，白桦和兴安落叶松的新枝碳浓度为最高，而 3 个复叶树种：水曲柳、胡桃楸和黄菠萝的树干碳浓度为最高。新组织和老组织的碳浓度随着树种而变。白桦、兴安落叶松、山杨、五角槭的新枝的碳浓度显著地高于老枝（$P<0.05$），而其余树种之间则无差异（$P>0.05$）。各个树种冠层之间叶的碳浓度（$P=0.752$）、新枝的碳浓度（$P=0.297$）和老枝的碳浓度（$P=0.457$）差异不显著。

忽略种内各组织之间的碳浓度差异，树种之间碳浓度差异极其显著（$P<0.001$）。树种的 WMCC 波动从山杨的 43.7%到黄菠萝的 55.1%，WMCC 的大小顺序为黄菠萝>紫椴>红松>水曲柳>胡桃楸>蒙古栎>兴安落叶松>五角槭>白桦>山杨。不同树种同一组织碳浓度随着树种而异，山杨的所有组织的碳浓度均为最低，黄菠萝的粗根、树干、老枝和新枝的碳浓度为最高，而红松的细根和叶的碳浓度为最高。

树木具有不同的生长新陈代谢特征，具有多种含碳化合物，种间和种内的碳浓度也受到立地条件、林分特征（如树龄、树木等级等）、经营管理措施等的影响（Elias and Potvin，2003）。新老生物组织的碳浓度因树种而不同，先锋树种（如白桦、山杨等）新枝碳浓度普遍高于老枝，而其他耐荫后期更新树种除水曲柳外，新、老枝的碳浓度相近。

3.2 林木碳汇能力的种间变异

3.2.1 固氮植物与非固氮植物对碳固定的影响

碳和氮在土壤有机质中捆绑在一起，碳和氮的积累在森林土壤有机质发生中采用的是相同的机制，即植物死亡后带来的有机质和微生物循环，因而土壤碳储量与氮储量有关。然而，碳和氮在土壤有机质之间的相互作用还未完全被了解。而增加森林氮沉积导致森林净初级生产力和落叶层产量的增加来提高土壤有机质积累速度的这种观点最近遭到质疑，因为如果较高的氮沉积速率保持很长一段时间，过量的氮可能被过滤掉，对森林生态系统的影响可能是负面的。土壤酸化、阳离子丢失和硝酸盐淋溶所诱导的铝和其他有毒金属的动态变化可能潜在地减少森林增长。

植物养分吸收的策略，特别是植物根与土壤微生物共生团明显与植物生长和碳的转化密切相关，根共生团通过植物产生的间接作用和对土壤环境的直接作用来改变植物对土壤有机碳的影响。常见根共生团是菌根和由根瘤菌形成的固氮根瘤，或者是放线菌。菌根（mycorrhizal）通过对土壤氮和磷的吸收提高树木的生长量；但也通过延长根的寿命，把氮固定于菌丝中，以及提高土壤团聚体的碳含量来提高土壤有机碳的稳定性。同样，由于更大和更多的与植物产出相关联的碳输入，固氮树种下的土壤相对于非固氮树种能更快地聚集土壤有机碳。由于根际土壤环境的变化，也导致大量的沉积土壤有机碳的保留。

森林存储了大约所有陆地碳的 80%和所有地表碳的 40%。农耕地造林为减缓气候变化提供了重要的解决方法和机会。植树造林是一种应用广泛、相对稳定和长期的增加土壤碳的方法。造林后的几十年内土壤中的碳都被封存在土壤中，并大幅度增加土壤碳含量（Hoogmoed et al.，2012）。因此，植树造林和营林管理等很多方面的内容都需要探讨，以确定如何加快土壤碳的封存，提高土壤有机碳的储量。例如，栽植树木可能由于它们的木材化学组分不同，其树木凋落物分解情况不同，导致随后的固碳效果有所不同(Osono and Takeda, 2005)。不同树种对土壤碳储量的影响还没有得到广泛的报道（Vesterdal et al.，2008），但越来越多的证据表明，固氮树种的土壤碳储量较高（Resh et al.，2002）。固氮树木通常是因为固氮作用可以很容易地获得营养，从而提高林木地上生产率（Siddique et al.，2008）。但是，目前的研究还是从单一树种的人工林中获得，“N-固定器”在混合树种种植的森林中的作用还了解甚少（Kasel et al.，2011）。

Hoogmoed 等（2014）在澳大利亚的维多利亚州北部地区，选择了 4 个种植点（R1、R2、U1、U2），每个种植点面积最少 1hm^2，种植有固氮和非固氮树种，从地理位置和树种两个尺度分析土壤中碳和氮的含量。种植点内林下植被低矮稀疏（<0.5m），有些甚至没有。在每个站点，随机选择 20 棵固氮树木和 20 棵非固氮树木。4 个种植点中的 R1 和 R2 位于河岸区域，U1 和 U2 位于高地位点。

去除表层垃圾和植被后，选取树木下 0～10cm、10～20cm 的土壤层，在 4 个地点都没有发现有机层。每棵树下土壤按方位 0～10cm 取 4 个样品，10～20cm 取 2 个样品。测定树木的胸径、土壤容重，测定 NO_3^--N 和 NH_4^+-N 浓度，厌氧培养法测定潜在的矿化氮比率（PMN）及总碳和总氮（表 3-9）。

表 3-9 不同土层的各指标方差分析结果（N=160）

指标	假设检验变量	0～10cm		10～20cm	
		F	P	F	P
PMN	树种	0.90	0.44	0.05	0.85
	地形	16.7	0.06	6.33	0.13
	树种×地形	0.35	0.61	0.02	0.89
NH_4^+	树种	1.97	0.30	346	<0.01*
	地形	0.01	0.92	13.2	0.07
	树种×地形	0.01	0.90	228	<0.01*
NO_3^-	树种	242	<0.01*	29.8	0.03*
	地形	10.9	0.08	19.4	0.05
	树种×地形	54.8	0.02*	31.4	0.03*
总无机氮	树种	72.5	0.01*	126	0.01*
	地形	5.59	0.14	42.1	0.02*
	树种×地形	9.03	0.10	102	0.01*

续表

指标	假设检验变量	0～10cm		10～20cm	
		F	*P*	*F*	*P*
总氮	树种	0.83	0.46	16.6	0.06
	地形	2.28	0.27	6.40	0.13
	树种×地形	0.55	0.54	7.63	0.11
总碳	树种	0.18	0.71	70.6	0.01*
	地形	4.99	0.16	0.04	0.86
	树种×地形	0.50	0.55	0.41	0.56
C/N	树种	294	<0.01*	0.61	0.52
	地形	20.2	0.05	8.27	0.10
	树种×地形	12.8	0.07	1.44	0.35

*表示差异极显著（P<0.01）

通过分析发现（表 3-9），土壤的碳和氮的水平受样本深度、树木类型和土壤立地条件等多个复杂因素的影响。在地形之间，虽然 10～20cm 土层的土壤碳和氮的总水平相对较低，但固氮树种下土壤碳的总含量显著高于非固氮树种下土壤的碳含量，并且固氮树种土壤总氮的含量也高于非固氮树种（P=0.06）。0～10cm 土层的总碳和总氮含量在树种类型之间无差异。然而，在此土壤层，固氮树种下的 C/N 极显著低于非固氮树种（P<0.01）。在固氮树种下土壤氮含量较高，其树木的生物量、枯枝落叶和根系分泌物也具有较高的氮含量。固氮树种的枝叶和根凋落物的分解很可能会提高土壤氮含量（Forrester et al.，2007）。固氮树种增加了土壤氮肥含量，促使树木快速生长，从而增加（地下）碳投入到土壤中（Resh et al.，2002）。此外，高含量的土壤氮含量又减缓土壤有机物的分解（Berg and Matzner，1997），除了潜在矿化氮（PMN），不同形式的无机氮（NH_4^+、NO_3^-、它们的和即总无机氮）在固氮和非固氮树种之间存在极显著差异，特别是在 10～20cm 土壤层；在河岸景观的立地中，树种类型和树种类型与景观立地之间的交互作用存在极显著差异，说明固氮树种下的氮的矿化率高于非固氮树种（P<0.01）。同样的规律在 0～10cm 土层中也有表现，但仅限于 NO_3^-（P<0.01）。不同地点之间的对比研究结果与以往的研究发现，与非固氮树种相比，固氮树种增加了氮的矿化率（Rhoades et al.，1998；Siddique et al.，2008），但两者之间没有显著差异（Wang et al.，2010）。

在此项研究中，并没有在河岸种植点比高地种植点高的总氮含量，这与其他研究结果是不一样的（Smith et al.，2012）。在种植点 R1 和 U1，固氮树种下 0～10cm 土层的总碳和总氮极显著高于非固氮树种（R1，P<0.01；U1，P≤0.01）；在种植点 U2，固氮树种下 10～20cm 土层的总碳（P<0.01）和总氮（P=0.06）

含量低于非固氮树种。在种植点 R2，总碳和总氮含量在树种类型之间没有差异（图 3-4a、b）。分析发现，在不同的地形条件下，固氮树种下 10～20cm 土层的总碳和总氮含量显著高于非固氮树种，在单个种植点内差异不显著；但表现出固氮树种下总碳和总氮含量高于非固氮树种的趋势（图 3-4c、d）。一些以树种为单一因素的研究发现，固氮树种比非固氮树种有更高的土壤总碳和总氮含量（Resh et al.，2002；Wang et al.，2010），此项研究表明，在不同地形的低龄林，固氮树种和非固氮树种土壤中的总碳和总氮含量是可变的，可能增加，可能没有差异，也可能减小。

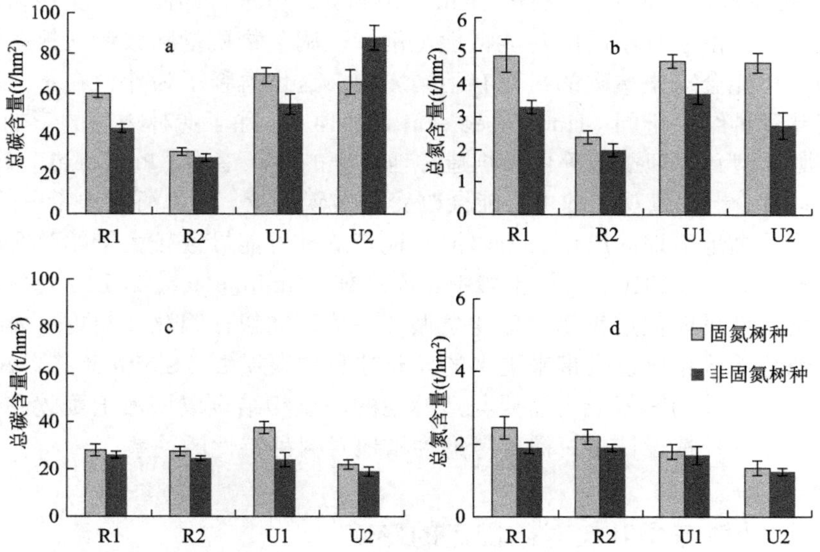

图 3-4　0～10cm（a、b）和 10～20cm（c、d）土层总碳和总氮含量

有些试验点（R2 和 U2）固氮树种下土壤的总碳和总氮含量没有明显高于非固氮树种。可能的解释是在这些地点固氮树种固定的大气氮量非常少或根本没有，这种固氮树种对大气氮固定的缺失可能是由于低水平的可用磷（Pearson and Vitousek，2002）或在这些特定的人工林没有具体根瘤菌引入，没有了对大气氮的固定。与非固氮树种相比，固氮树种的生长速率降低，导致较低的碳输入到土壤中。此外，在混交林中，非固氮树种可能也利用固氮树种固定的大气中的氮，从而使非固氮树种生长加速，提高了进入土壤的碳储量。因此，在单一固氮树种与非固氮树种之间固碳能力的差异一般在混合种植林分中容易被隐藏。

土壤有机质积累率的差异导致固氮树种下土壤积累愈积愈多的新的有机碳，并且土壤内原有的陈旧有机碳分解减慢，加大了固氮树种和非固氮树种林下土壤有机碳积累率的差异（Resh et al.，2002；Kaye et al.；2000）。虽然，目前研究将固氮树种下土壤有机碳积累率较高归因于土壤生物群落多样性的提高（Binkley et al.，2004），但其相关的机制仍然不清楚。林下凋落物的 C/N 差异对土壤微生物的生长和微生物对底物的代谢利用有很大的影响（Nsabimana et al.，2004），这种变化可能与林下土壤有机碳的积累有关。有研究发现，林下土壤微生物组成与底物的相关变化与土壤有机碳的变化相关（Carson et al.，2010；Kasel et al.，2008）。

虽然已经有很多研究证实了单一固氮树种对树木固碳的影响（Rhoades et al.，1998；Wang et al.，2010；Ussiri et al.，2006），但是，即使同一类型树种（如固氮树种），由于其不同的功能特性（例如，凋落物质量和数量，根系结构，分泌物）可能会对土壤碳的封存有不同影响。这也解释了为什么在不同试验点土壤碳储量的结果不同（Hoogmoed et al.，2014）。除了造林树种的影响外，气候、土壤类型和管理措施等也影响造林地土壤的固碳潜力（Paul et al.，2002）。在一个地区，土地景观立地也可能会改变土壤碳储量。因为河套地带一般多雨，并且土壤比高地势地区肥沃，所以河套地带造林可能导致较大量的螯合的碳产生（Burger et al.，2010），使土壤中碳库增加（Smith et al.，2012）。然而，这样的土壤条件可能促进生物地球化学循环的速度加快，因此，与更干燥、不肥沃的高地势地区相比也会带来更多的异养呼吸的碳损失（Smith et al.，2012）。

总之，树种的固氮能力需要与造林地的环境相结合以增加土壤碳和氮的含量，在碳汇林种植设计中，需要考虑种植地对树种特性的关系。

3.2.2　针叶树与阔叶树对碳固定的影响

3.2.2.1　针叶和阔叶纯林的碳固定间的差异

大量的研究表明，不同树种下的碳积累显著不同（Vesterdal et al.，2008；Vesterdal and Raulundrasmussen，1998；Strobel et al.，1999；Robertson et al.，2000；Schulp et al.，2008）。落叶层的数量及化学成分不同（Vesterdal and Raulundrasmussen，1998；Hansen et al.，2009；Andersen et al.，2004）导致森林层不同程度的积累，树木的化学成分和 pH 会影响森林土壤分解者群落、土壤温度和土壤含水量（Vesterdal and Raulundrasmussen，1998；Lovett et al.，2004）。树木通过树叶、树干和树根将碳输入不同土壤层和土壤有机质，确保了森林土壤中碳的存储量。同样，树种组成影响凋落物及其他废弃物的质量和碳在土壤中的循环，影响碳氮比和最终氮存储量。不同树种之间大气氮沉积量不同，是由不同树种树冠的过滤效率不同，以及常绿和落叶树冠结构的状态不同引起的（Kristensen and Reinds，2004）。因此针叶林和阔叶林在碳氮循环属性上有明显的分化。评估树种对森林土壤碳储量和氮储存量和硝酸固定力影响的一个重大的挑战是树种经常与特定的土壤类型有关（Kristensen and Reinds，2004）。

有研究探讨了树种对森林地表土壤而非矿物土壤中碳的影响，而树种对矿物土壤中碳的影响还没有报道。相比之下，林下有机层中含碳和氮较低的树种其林下矿质层土壤中碳和氮的含量会比较高（Vesterdal et al.，2008）。在其他研究中也已被证实，这种碳在森林地表和矿质土壤中的分布有别于在树种中的碳总量（Finzi et al.，1998；Oostra et al.，2006；Langenbruch et al.，2012）。这表明，以前针对分别研究森林表层土壤和矿质土壤，可能并不总是支持树种对于林下土壤碳总含量影响的结论，并凸显了需要透过全面地研究树种对于森林表层土壤和矿物土壤碳含量影响的重要性。

Gurmesa 等（2013）在丹麦的 8 个实验点（表 3-10）评估了 4 个树种[山毛榉（*Fagus sylvatica*）、橡木（*Quercus robur*）、落叶松（*Larix leptolepis*）和挪威云杉（*Picea abies*）]对土壤碳、氮的储存和根际（迹）土壤水分硝酸浓度的影响。研究者在每个地点的不同种树林下取 3 个样点作为重复，每个重复的面积为 25cm×25cm，收集样方内的林木凋落物用于测定森林表层储藏的碳含量，取 0～30cm 层土壤用于测定土壤堆积密度、土壤总碳和总氮含量，取 70～90cm 土壤用于测定土壤硝态氮（NO_3-N）。

表 3-10　实验地点的气候和土壤特性

地点	年降水量（mm）	年均温（℃）	黏土（%）	淤泥（%）	细砂（%）	土壤 pH	土地原用途
Ulb	881	7.5	2	2	31	4.2	公园
Pal	838	7.3	3	2	29	3.9	农业
Lin	848	7.7	4	3	46	3.9	林业
Nor	701	7.3	4	9	43	4.3	农业
Lov	613	7.4	4	10	46	4.8	农业
Sil	703	7.5	8	7	42	4.5	农业
Chr	600	8.1	13	18	46	5.4	农业
Fre	668	7.8	23	29	4	6.2	农业

经分析表明，森林表层中储藏的碳、0～30cm 矿质土壤碳和总土壤碳（森林表层土壤碳和矿质土壤碳之和）主要受树种的影响（分别为 $P<0.001$、$P=0.003$、$P<0.001$）。森林表层的碳储量的范围从橡树中的（3.6±0.6）Mg C/hm^2 到落叶松中的（21.4±2.8）Mg C/hm^2，并且在所有 4 个树种中有明显不同，依次为橡

木<山毛榉<挪威云杉<落叶松（图 3-5a）。其他森林表层土壤变量如厚度、精细度和有机质含量虽然不是在所有物种之间都差异明显，但都遵循同样的模式。对矿质土壤来说地点的差异很重要。虽然如此，挪威云杉有着最高的碳储量，这点与山毛榉和橡树有显著不同（图 3-5a）。当分析森林类型时，矿质土壤碳含量在针叶树（挪威云杉、落叶松）中比阔叶树种（山毛榉、橡树）的总和要高（*P*<0.001）（图 3-5a）。这些差异并不仅仅是由矿质土壤碳浓度[阔叶树（18.3±1.6）mg/g 和针叶树（16.5±1.2）mg/g，*P*=0.065]的差异引起的，同时也因为针叶树[（1.15±0.02）g/cm^3]比阔叶树[（1.06±0.03）g/cm^3]具有更高的体积密度（*P*=0.004）。森林表层土壤的碳储量占整体碳总量的重要性在不同物种间有所不同：橡木<山毛榉<挪威云杉<落叶松（*P*<0.001）。树种对森林表层和土壤氮储存总量（Mg/hm^2）有显著影响（分别为 *P*<0.001、*P*=0.005），但在矿质土壤中树种对氮储存没有影响（图 3-5b）（*P*=0.7）。森林地表和总土壤氮储量显著差异只发生在森林类型（图 3-5b）与含有最高氮储量的针叶林之间。森林地表作为整体氮储量的一部分的重要性也受树种影响（*P*<0.001），但只有在不同类型的树种之间不同：针叶林>阔叶林。

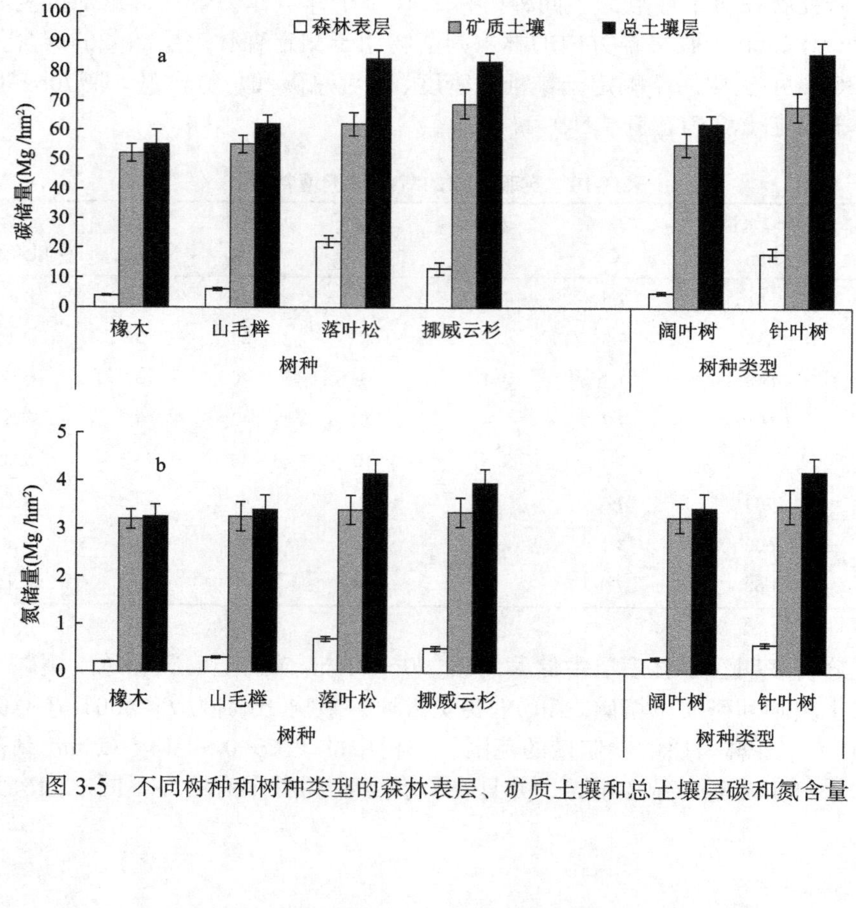

图 3-5　不同树种和树种类型的森林表层、矿质土壤和总土壤层碳和氮含量

对近 40 年生实验林评估表明树种对针叶和阔叶林下土壤的碳储量及森林表层的氮储量有显著的影响。针叶树种（落叶松和挪威云杉）比阔叶树种（橡木和山毛榉）在森林地表存储更多的碳和氮（Vesterdal et al.，2013）。森林层碳储量在不同物种间差异显著：橡木<山毛榉<挪威云杉<落叶松。研究表明阔叶树与针叶树之间在森林层碳储量中有 4～5 倍的差异（Son and Gower，1992），森林土壤的碳、氮储存也存在显著的差异（Vesterdal et al.，2008；Vesterdal and Raulundrasmussen，1998）。马钦彦等（2002）对华北地区主要森林类型的 8 个乔木树种含碳率研究时发现，华北落叶松树干部分平均含碳率为 49%左右，针叶树种各器官的含碳率普遍比阔叶树种高出 1.6%和 3.4%，相应的针叶林的碳储量也明显高于阔叶林，安徽省不同森林类型的优势树种年固碳能力不同，其中针叶林最大，达到 6.76t/hm^2，针阔混交林年固碳能力最小，只有 1.8t/hm^2。

尽管森林层碳和氮的储存量随着实验地点土壤肥力和结构变化而下降，但是不同树种的这种变化却是一致的。这种一致的树种效果不能用单一因素解释，应归因于凋落物量，即落叶的质量和周转率之间的互相作用。有研究认为凋落物的生产和分解率间的差异决定了净土壤有机碳和氮积累的程度（Finzi et al.，1998）。然而，Hansen 等（2009）对挪威云杉、山毛榉和橡木的研究表明，3 个树种之间的凋落物输入量并没有显著差异；这表示，在森林层上可观察到的碳和氮储量的差异可能主要由凋落物的分解速率所控制。因为针叶树产生的凋落物中有着比阔叶树更加难分解的酚酸类化合物组分（Berg，2000），有机物质堆积在森林表层中能抑制土壤动物及微生物的活动，从而减少凋落物的生物活性，使很少的枯枝落叶碎片和腐殖质垂直进入矿质土壤中（Reich et al.，2005），这又导致针叶树相比阔叶树土壤有机碳积累更多。

Vesterdal 等（2013）提出，与具有较低的森林层碳、氮积累的阔叶树相比，针叶树可以通过土壤中矿物质较高的积累进行补偿。而 Gurmesa 等（2013）研究表明树种间矿质土壤的差异很大程度上反映在树种的森林层。这可能是研究中土壤质地不同的原因。营养差的沙质土壤通常不支持蚯蚓的活动，肥沃的土壤中蚯蚓活动使丰富的有机质转移到矿质土壤。此外，阔叶树种（酸橙、枫木、水曲柳）的森林表层和矿质土壤层碳储量是由高钙含量的土壤引起的（Reich et al.，2005；Hobbie et al.，2006）。

土壤表面碳储量与矿物土壤中的类似，落叶松与挪威云杉林下远离土壤表层处的碳容量差与土壤表层碳容量差相抵消。然而，总氮含量的差异反映了在林地上有更多的氮保留在山毛榉林下（Gurmesa et al.，2013）。研究证明落叶松和挪威云杉在种植 40 年后土壤储存氮和 SOC 的潜力最大，针叶树种不只在森林表层储存碳，同时在矿质土壤中能够比阔叶树种保存更多的碳（Jandl et al.，2007；Vesterdal et al.，2013）。

闫婷等（2012）在科尔沁沙地南部科尔沁左翼后旗分别选择造林 10 年、18 年、25 年和 30 年 4 个林龄的樟子松人工林和造林 5 年、8 年、18 年的杨树人工林进行枯落物、林木、土壤等碳储量测定，结果表明（表 3-11），除土壤碳库外，人工林其他碳库储量主要由树木碳库和根系碳库构成，而林地草本植物碳库储量最少。随着林龄增加，树木碳储量、枯落物碳储量（除樟子松 10 年和 18 年数据外）、根系碳储量、土壤碳增量和总碳储量均出现增加的趋势，但林地草本植物碳储量则明显减少，说明在估算森林碳储量时，草本植物固碳量是可以忽略的，而土壤碳增量则是不能被忽略的。不同树种、不同林龄碳储量差异明显。

表 3-11　杨树、樟子松人工林碳储量及其构成的变化

树种	树龄（年）	树木碳储量（kg/hm^2）	枯落物碳储量（kg/hm^2）	草本碳储量（kg/hm^2）	根系碳储量（kg/hm^2）	土壤碳增量（kg/hm^2）	总碳储量（kg/hm^2）
樟子松	10	3 822.60	1 827.00	5 946.75	420.15	15 450.00	27 466.5
	18	15 426.15	825.15	47.70	1 225.95	13 050.00	30 574.95
	25	24 665.10	2 964.30	59.85	2 133.15	41 250.00	71 072.40
	30	47 789.40	3 175.20	39.60	2 408.40	48 000.00	101 412.60
杨树	5	5 526.90	207.90	417.45	858.90	15 300.00	22 311.15
	8	9 156.90	614.10	81.15	1 826.25	15 600.00	27 278.40
	18	13 764.45	887.55	44.55	2 689.20	17 400.00	34 785.75

3.2.2.2　针阔叶纯林与混交林在碳固定的差异

树种以多种方式影响生态系统的碳储量。与落叶树相比，浅根针叶树种往往积聚在土壤有机质（SOM）较少的矿质土壤林地上。在同等材积的情况下，具有较高木材密度材种（许多落叶树种）的树种比低密度材种（许多针叶树种）（表 1-4）能够积累更多的碳。森林更新演替后期的树木比前期的先锋树种具有更高的木材密度。占据不同生态位的树种可以相互补充，使得混交林的生物量比纯林更高（Resh et al.，2002；Pretzsch，2005），这对于森林在整个轮回周期的生产力稳定性是重要的。在中欧，榉木和云杉的混交林是更好的选择，尽管纯云杉具有较高的增长速度（Pretzsch，2005）。

松树林具有非常低的土壤碳库，而山毛榉林具有最高的树木碳和土壤碳。但是必须注意的是，碳储量的平均值为不同树种及其所在立体条件下的平均碳储量，例如，欧洲赤松林常生长在浅水和干旱土壤，具有较低碳含量，而榉木被发现生长在较肥沃的土壤中（Callesen et al.，2010）。

Spiecker（2004）提出将先锋树种下的更新树种挪威云杉种植到混交林中，

主要目的是减少暴风雨造成的破坏，并增加在不断变化的环境中森林的稳定性。云杉林比混交林或纯山毛榉林产生更高的碳储量。在矿质土壤的深层部位，因为山毛榉根系会达到更深的矿土层，使松树山毛榉混交林代表着更多的碳积累。是否这些碳将被转化成一个稳定的碳库还有待进一步观察。然而，从种植松树转换成山毛榉后的总土壤碳增益很低（Fischer et al.，2002）。总之，树种对森林地表碳储量的影响是迅速的。选择合适的树种使整个碳库中矿质土壤碳库更加稳定，对于固碳的持久性更重要。同时，地下生物量的生产是一个渐变的过程，很少有证据能够证明这一效果的大小。

森林管理能够积极地影响碳储量，包括采伐并收获、轮伐周期的长度（Liski et al.，2001；Kaipainen et al.，2004；Foley et al.，2010）和树种组成（Bravo et al.，2008；Díaz-Pinés et al.，2011）。然而，这些是难以量化的，需要评估生物量和土壤碳库的整体长期影响。森林干预影响不同的生物组分和环境参数，其中每一个改变的森林碳平衡都以不同的方式表现在方向、幅度和时间演变方面。间伐强度的不同改变着林分的结构和密度，改变土壤的温度和湿度条件，也改变着森林土壤的矿化状态；此外，由于凋落物的减少，降低了土壤碳的输入，即土壤碳投入减少（Roig et al.，2005）。由于森林密度和增长率的差异，树种组成显然影响生物碳量；树种也影响土壤中的碳投入和营造相对微气候条件——由于对阳光和水的利用方式差异，除了影响树木自身生长还影响土壤微生物群落（Prescott and Grayston，2013）。

Alvarez 等（2014）研究了位于瓜达拉玛北坡（40°51′N；4°03′W）的欧洲赤松（*Pinus sylvestris*）和比利牛斯栎（*Quercus pyrenaica*）林之间交错的生态脆弱区。森林管理采用统一的渐伐作业法系统，针对地中海 25 个林分评估量化森林管理对树种组成、间伐强度和碳储量的影响，并对 3 个不同的气候情景（目前的气候条件和两个未来气候情景 A1B、A2）使用 CO_2 Fixv.3.2 模型研究固碳强度。以 3 种林分（纯松树林、纯橡树林和混合松树橡树林）、立地指数和间伐强度为基础参数，根据收集的以往数据，利用 CO_2 Fixv.3.2 模型的生物量、土壤和产品模块计算不同林分的总碳储量和林分通量，其中生物量和土壤碳库的和定义为总碳含量，其计算时间以一个轮回周期（120 年）为依据。松树和混交林模拟了低度和适中的间伐强度，对栎树林只考虑适度的间伐强度。最初的生物量和土壤碳库量是依据长时间获得的数据通过 CO_2 Fixv.3.2 模型计算得到的。比利牛斯栎一般按照 120 年间伐周期作业的防护林管理方法经营，传统上，比利牛斯栎会逐渐地从欧洲赤松和比利牛斯栎的混交林中去除，最终形成欧洲赤松纯林。

在目前的气候条件下，树种组成对森林碳库有着强大的影响力。总体而言，在轮回周期结束时混交林的林分总碳储量几乎是纯橡树林的近 1 倍，比纯松木林高 13%～18%；混交林在低度和适中的间伐强度下总树木碳储量最高，达到 114.89Mg/hm^2 和 112.98Mg/hm^2。橡树林在适中的间伐强度下总树木碳储量最低，只有 51.15Mg/hm^2；所有的生物质分数除了叶子，混交林显示的碳储量值最高，叶子在松树林更高（表 3-12）。混交林有最高的土壤组分值，除了松树林中粗木质残留物的碳储量最高（17.89Mg/hm^2），土壤其他成分的碳储量最高值均出现在混交林的不同间伐强度中（表 3-13）。

表 3-12　轮回周期内低度和适中间伐强度下松树、橡树和混交林生物质的平均碳储量

（单位：Mg/hm^2）

林木部位	松树林		橡树林	混交林	
	低度	适中	适中	低度	适中
主干	60.66	57.51	28.24	71.17	69.29
叶	5.95	5.95	0.88	4.51	4.62
分枝	15.89	15.49	10.54	20.15	20.13
根	13.00	12.53	11.49	19.06	18.94

表 3-13　轮回周期内低度和适中间伐强度下松树、橡树和混交林土壤成分的平均碳储量

（单位：Mg/hm^2）

土壤组分	松树林		橡树林	混交林	
	低度	适中	适中	低度	适中
非木质残留物	2.46	2.48	1.19	2.59	2.65
细木质残留物	1.37	1.38	1.02	1.82	1.85
粗木质残留物	17.89	17.40	4.98	17.55	17.38
水溶性组分	1.03	1.04	0.48	1.07	1.10
总纤维素	5.84	5.84	2.59	6.15	6.26
近木质素组分	5.59	5.59	2.99	6.30	6.41
腐殖质 1	23.09	23.10	12.34	26.03	26.50
腐殖质 2	49.98	50.00	26.70	56.35	57.37

从研究可以看出，混交林相对于单一树种的纯林有较多的优点：混交林有更复杂和多样的树林，可以提供更广泛的服务，包括更丰富的生物多样性、更多的娱乐和审美价值、更有利的土壤条件；混交林被认为更耐生物和非生物的伤害，如风、病虫害和火（Kelty，2006）。混交林与纯林相比有更少的碳损失，地中海山脉的松栎混交林也比纯林能更有效地减缓气候变化（Alvarez et al.，2014）。

3.2.3　树种在农业用地种植对碳固定的影响

3.2.3.1　不同树种与农作物间作对碳固定的影响

将农业土地转换成农林用地，在农作物中种植树木隔绝大气中二氧化碳，是联合国政府间气候变化专门委员会（IPCC）提出的众多意见之一。基于树木结构的间作系统（TBI）是一种温带农林系统，这里的树木被认为有吸收大气中 CO_2 形成树木有机质和土壤长期沉降碳的能力。这些系统不仅沉降了大气 CO_2，也以落叶、净降水量和树干径流形式提供丰富营养的有机质，另外在传统农业中也发现了作物残余物可将碳输入土壤中。这些都是最重要的途径，通过这些途径树木将营养输入土壤中提高土壤肥力。落叶也增加了土壤有机质（SOM），并因此增加了土壤碳回收。

近年研究表明 TBI 系统在温带农林区有碳汇集潜能（Thevathasan and Gordon，2004），但是这些研究仅来自几种树种短期（13 年或更少）碳汇集潜能的评估。还缺少更综合的研究来评估各种适合 TBI 系统的温带树种，并在系统水平上证明其碳汇集潜能。

Wotherspoon 等（2014）研究了 5 个树种在树木间作（TBI）系统的单一碳汇集潜能，并与南安大略（加拿大）的传统大豆生产区进行比较。这项研究是在 Guelph 农林研究站进行的，调查的 5 个树种是杂交杨树（美洲黑杨×黑杨无性系 DN-177）、挪威云杉（*Picea abies*）、红橡木（*Quercus rubra*）、黑胡桃（*Juglans nigra*）、雪松（*Thuja occidentalis*），树木间作的作物为玉米（*Zea mays*）、大豆（*Glycine max*）、冬小麦（*Triticum aestivum*）和大麦（*Hordeum vulgare*），这 4 种作物采用轮作的形式耕种。在这项研究中，当年间作的作物是大豆（2012 年）。一个相邻的传统农业区在这两年间种植同样的作物，被设置为单一作物对照处理。研究测定了各树种的碳含量、大豆单一作物生物量和碳储量、土壤碳含量、土壤呼吸、凋落物及其分解物。

研究发现间作系统内的杂交杨树具有最高的单株平均碳含量（包括地上和地下部分碳含量），其后依次是雪松、红橡木、黑胡桃、挪威云杉，分别为（239±62）kg、（139±22）kg、（132±50）kg、（114±4）kg 和（146±24）kg（表 3-14）。每株树平均碳含量乘以密度（111 株/hm^2），来表征各系统碳沉降能力。由此得出，在过去的 25 年，杂交杨树、红橡木、黑胡桃、挪威云杉和雪松系统分别沉降 27t C/hm^2、16t C/hm^2、15t C/hm^2、13t C/hm^2 和 16t C/hm^2。总沉降碳值除以林龄（25 年），代表年度碳沉降同化速率，即各树种分别是 1.08t C/（hm^2·年）、0.64t C/（hm^2·年）、0.6t C/（hm^2·年）、0.52t C/（hm^2·年）和 0.64t C/（hm^2·年）。这些数据表明，TBI 系统种植杂交杨树等快速生长树种相比 TBI 中种植缓慢生长的针叶树种植系统，如挪威云杉和雪松有更高沉降碳潜能。

表 3-14　5 个树种地上生物量比率、树木地上和地下碳浓度及树木平均碳含量

树种	杂交杨树	红橡木	黑胡桃	挪威云杉	雪松
树木地上生物量比率（%）	78±4	74±4	82±5	73±4	93±2
树木地上碳浓度（%）	53±0.2	50±0.9	50±0.4	52±0.5	52±0.4
树木地下碳浓度（%）	5±4	48±1	47±2	52±1	47±1
树木平均碳含量（kg C）	239±62	139±22	132±50	114±42	146±24

大豆地上部生物量计算为 3.87t/hm^2，地下生物量为 40%的地上生物量，地下生物量总计 1.55t/hm^2。2012 大豆产量量化为 2.16t/hm^2。因此，减去粮食产量，得出地上和地下大豆生物量（秸秆残余）分别为 1.71t/hm^2 和 1.55t/hm^2。假设碳的浓度在大豆茎叶中为 43%，大豆基础作物系统将有 1.40t/hm^2 碳输入。由于 TBI 系统树木占据总种植土地面积的 13%，TBI 系统只有 87%的大豆单作物碳输入值，即 1.22t/hm^2（表 3-14，表 3-15）。

表 3-15　单一大豆和 5 种树种不同土壤深度的碳浓度　（单位：%）

土壤深度（cm）	单一大豆	杂交杨树	红橡木	黑胡桃	挪威云杉	雪松
0～10	1.95±0.03a	1.91±0.06a	1.90±0.06a	1.87±0.08a	1.77±0.13a	2.04±0.07
10～20	2.14±0.19ab	1.68±0.06b	1.58±0.04b	1.49±0.04b	1.64±0.03a	1.59±0.03b
20～40	0.91±0.13c	1.11±0.11c	0.96±0.10c	0.87±0.03c	0.85±0.11b	1.36±0.11c

总的来说，在所有树种中 SOC 如预期随深度的增加而减少。大豆单一作物区不遵循这样的模式，而是 SOC 在 10～20cm 有最高值（表 3-15），可能是以前的耕作方式造成的。

杂交杨树、红橡木、黑胡桃、挪威云杉、雪松和大豆单作物系统的土壤有机碳含量分别达到了 86.86t C/hm^2、83.77t C/hm^2、83.23t C/hm^2、78.33t C/hm^2、76.84t C/hm^2 和 71.08t C/hm^2（表 3-16）。

表 3-16　5 个树种和单一大豆的平均容重和土壤有机碳量

品种	平均容重（g/cm^3）	土壤有机碳量（t C/hm^2）
杂交杨树	1.21±.12	86.86
红橡木	1.20±0.13	83.77
黑胡桃	1.14±0.19	83.23
挪威云杉	1.15±0.18	78.33
雪松	1.15±0.18	76.84
单一大豆	1.2	71.08

碳的输入和输出的量化可以帮助不同地区选择最适合的种植树种。目前的研究表明，在碳储量和年吸收率上，生长快速的树种如黑杨比生长缓慢的树种（如挪威云杉）吸收超出两倍的碳（Peichl et al.，2006）。然而，在种植 25 年后，黑杨达到成熟期时开始经历树干枯死。这可以解释在黑杨种植 13（2000 年）～25 年（2012 年）碳储量从 96.5t C/hm^2 到 113.4t C/hm^2 是略有增加的（Peichl et al.，2006）。然而，像挪威云杉那样的生长缓慢的树种，随着树龄的增长，会继续增加碳含量（从第 13 年 75.3t C/hm^2 到第 25 年 91.3t C/hm^2）。挪威云杉和其他生长缓慢的树种具有更长的生命跨度，它们将继续吸收大气中的 CO_2 直到收获期（60 年及以上）。

大豆单作土壤表土层（0～20cm）的 SOC 含量较高。然而，当 SOC 储量转换至深度 0～40cm 时，TBI 系统比传统的农业表现出较高的有机碳含量，主要由于 TBI 系统在 20～40cm 土层 SOC 含量较高。Peichl 等（2006）研究发现在 TBI 系统种植 13 年后的黑杨、挪威云杉和农业系统相比较时，SOC 含量要高，分别是 15.96t C/hm^2 和 2.66t C/hm^2。Bambrick 等（2010）也发现，在同一地点，种植 21 年的传统农业系统的 SOC 比 TBI 系统的黑杨低 6.3t C/hm^2。

TBI 系统最大的碳流失是凋落物（Oelbermann et al.，2004）。均匀分布的凋落物会导致空间差异的减少，SOC 不仅受凋落物输入量影响，也通过分解受损。分解时树种以凋落物形式提供有机质，增加了稳定的土壤碳库的积累（Oelbermann et al.，2004）。与单作系统相比，在 TBI 系统中凋落物的分解速度会变慢。首先，在 TBI 系统中，凋落物和作物残存物往往与树上掉落的剪枝、枯枝等结合，会增加碳在系统中停留的时间及分解减缓（Oelbermann et al.，2004）。其次，由于落叶阔叶和针叶凋落物中存在不同量的木质素与纤维素，分解率变化很显著。分解微生物利用氮分解碳底物，含有高可用氮和低碳氮比的凋落物使微生物分解速率加快（Mungai and Motavalli，2006）。最后，成熟林分会影响土壤温度和水分含量从而引起小气候变化。

种植 25 年之后，TBI 系统中的所有树种碳捕获力明显增加，TBI 系统碳含量比大豆单作高 40%。TBI 系统比以往的农业系统有更高量的碳储量，被认为是由于有更多的以凋落物形式的有机物质加入 TBI 系统（Peichl et al.，2006）。快速生长的混生树种如杂交杨树，由于其大量的地上和地下生物量，预计将在 TBI 系统有高固碳潜力。然而，速生树种具有生长快和相对较短的生长周期，以及快速吸收碳的潜力，短期收益大。但因为它们的寿命很短，超过收获年限就不能大量吸收碳。因此，如果速生树种采用短期多收获的方式或套作，可以确保最佳的固碳率的保持，从而维持较高的系统固碳。许多因素会影响 TBI 和传统农业系统的净碳通量，包括（但不限于）作物品种、作物轮作、作物收获后残留在土壤表面的残留物、树的密度和物种、树的行距、森林覆盖率、土地管理实践和气候、土壤类型等。

3.2.3.2　不同树种在草地上种植对碳固定的影响

树木在农业用地的再种植对土壤有机碳的影响在不断改变。新的趋势是在树木种植 5 年后土壤有机碳有个初始的下降，之后是恢复种植前的水平，一定时间后渐进的增长。不同结果由一系列相互作用因素引起，包括树种、土地使用史、土壤类型、位置因素、种植年龄和温度等。

在草地上植树造林已经是很普遍的事情了，这也是减少人为排放碳的一种方法。例如，新加坡自从 1989 年就有大约 560 000hm^2 的草地改为人工林。在草地上种树能使植被快速地吸收碳，但这种草地植树造林对土壤碳储量影响的相关信息并不是非常清楚。土壤里面含有的碳量是地表植物含量的 3 倍，因此土壤碳含量很小的变动都会对地上部分造成很大影响，也会使生态系统碳的积累有很大的改变。

研究表明，在植树造林的最初阶段矿质土壤的碳储量会严重的下降（Laganière et al.，2010）。土壤碳可以分成“重质”和“轻质”两部分，“重质”包括大部分难降解的碳，其与土壤的矿物质有关，因此对于土壤来讲要比“轻质”更重要。“轻质”通常是由已经分解的植物、动物和真菌等剩余物组成，因此被认为是不稳定部分，它更易受种植树种的影响，即可以通过碳输入或土壤有机质的分解发生变化，从而影响土壤有机碳库。例如，有机物的输入经根代谢周转，其分泌物可以影响不稳定的土壤碳库的大小（Neff and Asner，2001）。

Hobbi 等（2007）证明了树种通过引起阳离子（铝和铁）浓度的变化来影响矿质土壤层的土壤有机质分解。这些阳离子水平的增加减少了土壤有机质转变为分解体的可能性。树种在土壤有机质动力学方面的影响对预测土壤固碳、相应森林管理活动和全球环境的改变，以及整个生态区植物种类构成的改变是很重要的。

Huang 等（2011）在新西兰的班克斯半岛的奥顿布拉德利公园试验田的草地上种植了 *Pinus radiata*、*Eucalyptus nitens* 和 *Cupressus macrocarpa*3 个树种的人工林，分别在种植 5 年和 10 年测定 3 个树种林下土壤的总碳、总氮、不同土层的土壤容重等指标，分析在营建新西兰主要造林树种人工林后土壤碳值的变化及物种对土壤碳库的影响。

研究结果表明：整个土壤在 0～5cm、5～10cm 和 20～30cm 深处碳质量差异显著。*Pinus radiata* 在 0～5cm 层土壤氮含量在 0 年和 5 年之间显著下降，之后便无明显变化（表 3-17，表 3-18）。在 10～20cm 和 20～30cm，3 个树种在年采集样中土壤平均氮无显著改变。*Pinus radiata* 和 *Cupressus macrocarpa* 林分0～5cm 土壤碳质量在 0～5 年下降显著；5～10 年所有树种在 5～10cm 的土壤碳质量显著增加，*Cupressus macrocarpa* 林下 20～30cm 土壤碳质量随着时间的推移显著下降。0～5cm（3 个树种差异显著）和 5～10cm（只有 *Pinus radiata* 差异显著）土壤 C/N 随着时间逐步增加；10～20cm 和 20～30cm 的土层各树种土壤碳没有显著影响。

表 3-17　三个树种林下 0～30cm 的 4 个土层土壤碳、氮及 C/N 差异分析

土壤深度（cm）	因素	碳质量			氮质量	C/N
		总土壤	轻质组分	重质组分	总土壤	
0～5	年份	<0.01	<0.01	0.06	<0.01	<0.01
	树种	0.84	0.01	0.55	0.84	0.12
	交互作用	0.24	0.01	0.54	0.06	0.31
5～10	年份	0.04	<0.01	0.19	0.03	0.02
	树种	0.42	0.10	0.69	0.43	0.75
	交互作用	0.22	0.72	0.21	0.08	0.05
10～20	年份	0.95	0.01	0.56	0.61	0.00
	树种	0.84	0.01	0.61	0.62	0.62
	交互作用	0.14	0.01	0.14	0.11	0.46
20～30	年份	0.03	0.01	0.23	0.33	0.06
	树种	0.80	0.02	0.48	0.77	0.89
	交互作用	0.11	<0.01	0.17	0.11	0.09
0～30	年份	0.07	<0.01	0.82	0.11	-
	树种	0.78	0.01	0.54	0.70	-
	交互作用	0.08	0.10	0.14	0.05	-

表 3-18　三个树种不同树龄的不同林下土层碳和氮含量　（单位：Mg/hm^2）

土壤深度（cm）		*Pinus radiata*			*Eucalyptus nitens*			*Cupressus macrocarpa*		
		0 年	5 年	10 年	0 年	5 年	10 年	0 年	5 年	10 年
碳	0～5	21.4a	18.5b	21.5a	20.4ab	19.1a	23.3b	21.3a	19.1b	21.9a
	5～10	16.8a	15.3b	16.3a	16.3a	15.9a	17.4a	16.6a	15.8a	16.0a
	10～20	21.3a	23.2a	24.0a	23.0a	23.3a	24.3a	24.6a	23.0a	21.4a
	20～30	12.3a	13.2a	12.6a	14.4a	13.2a	12.5a	15.8a	13.7ab	11.3b
	0～30	72.4a	70.1a	74.3a	74.0a	71.6a	77.6a	78.4a	71.6a	70.6a

续表

	土壤深度（cm）	*Pinus radiata*			*Eucalyptus nitens*			*Cupressus macrocarpa*		
		0 年	5 年	10 年	0 年	5 年	10 年	0 年	5 年	10 年
氮	0～5	2.0a	1.7b	1.7b	1.9a	1.8a	1.9a	1.9a	1.7a	1.7a
	5～10	1.5a	1.3b	1.4ab	1.5a	1.4a	1.5a	1.5a	1.4a	1.4a
	10～20	1.9a	2.1a	2.1a	2.0a	2.1a	2.1a	2.41a	2.1a	1.9a
	20～30	1.2a	1.3a	1.3a	1.3a	1.3a	1.2a	1.4a	1.3a	1.2a
	0～30	6.5a	6.4a	6.4a	6.6a	6.6a	6.8a	6.9a	6.5ab	6.2b

碳储量在重馏分中并不显著，受树种或抽样年份及土壤深度影响。然而，方差分析表明树种和抽样年份显著影响所有的土壤样品中轻馏分的碳储量（表 3-19）。所有树种在 0～5cm 土壤碳储量中的轻馏分在 0 年和 5 年都下降，但随后的 5 年和 10 年恢复（*Eucalyptus nitens* 较为明显）；在 10～20cm 和 20～30cm 层轻馏分碳质量呈整体下降趋势，后期也没有恢复，但是地表层这种情况却正好相反，*Cupressus macrocarpa* 林下降最为显著。角质衍生物在轻馏分的相对丰度受取样年影响，但不受树种影响。角质衍生物的相对丰度往往随树龄增加而增加（*Pinus radiata* 和 *Cupressus macrocarpa*），*Eucalyptus nitens* 角质衍生物在第 10 年比第 5 年和第 0 年多，轻馏分中的木栓衍生物在 3 个树种的相对丰度在第 10 年比第 5 年和第 0 年多。重馏分中，无论是树种还是抽样年份都显著影响木质素酚类的相对丰度。人工林也导致所有树种的重馏分中木栓衍生物的显著增加（相比第 10 年与第 5 年和第 0 年）。

表 3-19　3 个树种不同树龄、不同林下土层的土壤组分的碳和氮含量

（单位：Mg/hm^2）

土壤组分	土壤深度（cm）	*Pinus radiata*			*Eucalyptus nitens*			*Cupressus macrocarpa*		
		0 年	5 年	10 年	0 年	5 年	10 年	0 年	5 年	10 年
轻馏分	0～5	2.5a	1.2b	2.9a	2.2a	1.2b	4.9c	2.3a	1.1b	1.9a
	5～10	1.8a	1.2b	2.5c	1.6a	1.3a	2.5b	1.4a	1.1a	1.8a
	10～20	2.9a	2.52b	2.3b	2.6a	2.2b	2.1b	2.4a	2.1a	0.8b
	20～30	1.4a	1.3a	1.0b	1.4a	1.3a	1.0b	1.4a	1.3a	0.4b
	0～30	8.5a	5.9b	8.7a	7.9a	6.0b	10.5c	7.5a	5.6b	5.0b
重馏分	0～5	18.9a	17.3a	18.6a	18.2a	17.8a	18.5a	19.1a	18.0a	20.0a
	5～10	15.0a	14.0a	1..8a	14.7a	14.7a	14.9a	15.2a	14.7a	14.2a
	10～20	18.3a	21.0a	21.7a	20.5a	21.2a	22.2a	22.1a	20.9a	20.6a
	20～30	10.9a	11.9a	11.6a	12.9a	12.0a	11.6a	14.4a	12.4a	10.9a
	0～30	63.9a	64.2a	65.7a	66.2a	65.6a	67.1a	70.8a	66.0a	65.6a

Davis 等（2007）发现草原上造林后的前 10 年在杨树下 30cm 深度的土壤碳没有改变，以往还有研究表明草原上造林后碳的损耗随降水量被吸收的数量而定（Kirschbaum et al.，2008）。降水量不是过多的地方（<1000mm），氮的损耗通过硝化作用和淋溶作用被限制。在草原上造林后土壤中 C/N 普遍在增长，在一定程度上是因为土壤氮转移到了生长的森林植被中（Halliday et al., 2003）。

一些研究表明由于树木碳输入的可变性，树种在造林之后对土壤碳库的恢复会有明显的影响（Lemma et al.，2006）。与针叶树种相比，一般种植阔叶树能够得到更快更好的土壤碳库的恢复。森林中上层土壤中的土壤碳含量的增长主要归因于树根的输入，来自于树根和地表以上叶片凋落物的输入有助于土壤碳的显著增长。阔叶树比针叶树的树叶衍生物混合物更早地变为轻质馏分输入解释了阔叶树下土壤更快更好的碳恢复的原因。

3.2.4　C3 和 C4 植物对碳固定的影响

在 C4 植物的叶片中，存在叶肉细胞和叶鞘细胞两种类型的光合细胞。C4 植物除了拥有 Kranz 结构可以提高光合细胞内的 CO_2 浓度外，还具有一系列高效的光合基因，如 PEPC、NADP-苹果酸酶等。C4 植物中 PEPC 的表达水平要远远高于 C3 植物，并且 C4 型 PEPC 对底物 PEC 的 Km 值高出 C3 型 PEPC 10 倍以上，这使得 C4 植物对 CO_2 的同化能力远远高于 C3 植物。与 C3 植物相比，C4 植物中 Rubisco 周围的 CO_2 被浓缩，这不仅能提高 CO_2 的同化效率，同时也能抑制 O_2 对 Rubisco 的竞争，从而减少光呼吸作用（Jeanneau et al.，2002）。据估计，C3 植物中光呼吸的作用可以使光合作用的效率降低 40%（Matsuoka et al., 2001）。

C4 与 C3 植物相比，其叶绿体对 CO_2 的亲和力强于 C3 植物，C4 植物的 CO_2 补偿点低，可以在较低浓度下获得较高的光合同化能力；在光照较强的环境中，C4 植物因其可以充分利用光能而得到更高产量。C4 植物比 C3 植物更能适应高温、光照强烈和干旱的环境。高温、光照强烈和干旱的条件下，绿色植物的气孔关闭。此时，C4 植物能够利用叶片内细胞间隙中低含量的 CO_2 进行光合作用，光呼吸较弱，而 C3 植物不仅不能利用细胞间隙中的 CO_2 进行光合作用，光呼吸也较强（吴梅等，2010）。

C4 植物的适应优势就是在温暖、高光环境发挥最大的光合效率，但在阴凉的栖息地，是否有这一优势还不太清楚。研究表明在温度低于 30℃的阴凉地块，C4 植物的光利用率并不比 C3 植物高，其适应性差不多。对阴凉栖息地的几种 C4 植物的研究表明，这种限制是不具有普遍性的。在夏威夷一个土壤含水率很高的林下发现了一个 C4 树种，为研究 C4 植物在阴凉环境下的光合作用适应反应提供了一个机会。Pearcy 和 Calkin（1983）在夏威夷瓦胡岛梅西奇森林的林下对 C4 树种 *Euphorbia forbesii* 和 C3 树种 *Claoxylon sandwicense* 幼苗的 CO_2 交换进行了测定。结果表明，这两个树种具有典型的阴生植物普遍发现的光响应（表 3-20）。饱和光条件下的光合速率分别为 7.15μmol/（m^2·s）和 4.09μmol/（m^2·s），光饱和点分别为 6.3μmol/（m^2·s）和 1.7μmol/（m^2·s）。与其他 C4 和 C3 植物的差异一样，*E. forbesii* 比 *C. sandwicense* 能维持较高的叶肉细胞的电导率和较高的水分利用效率。因为低呼吸速率和光补偿点，在自然光线下，这两个物种基本上都能维持较高的 CO_2 吸收率。在凉爽、遮荫的森林环境中，*E. forbesii* 与 *C. sandwicense* 具有同样的碳获取能力，与 C4 植物光合途径的优势与劣势没有关联。

表 3-20　*Euphorbia forbesii* 和 *Claoxylon sandwicense* 的光合气体交换特性及叶片含氮量

指标	*Euphorbia forbesii*	*Claoxylon sandwicense*
饱和光下光合速率[μmol/（m^2·s）]	7.15±0.67	4.09±0.26
叶片电导率[μmol/（m^2·s）]	63±6	92±5
叶肉电导率[μmol/（m^2·s）]	69	17
水分利用效率（mmol CO_2/mol H_2O）	10.7±1.9	4.2±0.5
光饱和点[μmol/（m^2·s）]	6.3±2.3	1.7±0.3
表观量子效率（mol CO_2/mol 光量子）	0.053±0.006	0.050±0.005
暗呼吸[μmol/（m^2·s）]	−0.26±0.03	−0.12±0.03
叶片氮含量（mg/cm^2）	26±2.4	32±1.9

3.3　林木碳汇能力的种内变异

3.3.1　不同种源间碳固定的差异

随着我国造林面积逐年加大，固碳树种的选育成为目前林木育种领域一项新的需求。目前国内外有关森林碳储量的研究已取得一定成果，有研究表明，林分生物量对于森林碳储量的贡献极显著（Douglass et al.，2009）。Didier 和 Frédéric（2006）研究发现，树木不同器官的含碳率存在差异，而碳储量由生物量与含碳率共同决定，虽然不同林木器官的含碳率不同，但差异幅度并不是非常大，因此不同器官的碳储量也主要由其生物量所决定（Helmisaari et al.，2002）。树干部分是林木碳储量的主要部分，对总体碳储量起决定性作用。因此，在选定树种的情况下，选择优良种源对提高森林碳储量是非常重要的。

贾庆彬等（2014）对东北林业大学帽儿山试验林场 31 年生长白落叶松种源

试验林进行了研究，测定了不同种源长白落叶松的生长、材性、含碳率、干材生物量、碳储量等性状，分析了不同长白落叶松种源对碳固定能力的差异。对长白落叶松种源含碳率、干材生物量与碳储量进行了变异分析（表 3-21），结果显示：种源间含碳率变异较小，变异系数平均值为 2.20%；但种源间生物量与碳储量存在较丰富的变异，二者变异系数均值分别为 21.05%和 20.94%。干材生物量较大的 3 个种源分别是小北湖、白刀山和鸡西桦木，对应生物量依次为 157kg、147kg 和 132kg。碳储量较大的 3 个种源也是小北湖、白刀山和鸡西桦木，对应碳储量分别为 74kg、69kg 和 62kg。由此可见，这 3 个种源在不同环境下的表现一致，说明它们对环境具有较强的适应性。对长白落叶松各性状测定值进行方差分析，结果显示：种源间材积、干材生物量、碳储量存在显著差异，材性性状与含碳率差异不显著。碳储量方面，小北湖与白刀山种源分别为 74.38kg、69.27kg，二者平均值比总平均值（57.98kg）高出 23.88%，比对照 CK（46.50kg）高出 54.46%。

表 3-21　长白落叶松种源含碳率、干材生物量、碳储量均值与变异系数

性状	种源	均值	标准差	变异系数（%）
含碳率（g/g）	白刀山	0.468	0.013	2.31
	白河	0.465	0.013	2.45
	大海林	0.467	0.013	2.53
	大石头	0.473	0.018	1.91
	对照 CK	0.468	0.014	2.80
	和龙	0.464	0.009	1.24
	鸡西桦木	0.472	0.024	3.04
	露水河	0.467	0.022	2.56
	穆棱	0.466	0.015	2.82
	天桥岭	0.457	0.012	1.35
	小北湖	0.474	0.011	1.20
干材生物量（kg）	白刀山	147.598	75.047	23.23
	白河	114.570	53.098	20.69
	大海林	131.985	64.135	21.97
	大石头	119.75	57.026	18.47
	对照 CK	99.741	54.167	25.06
	和龙	113.734	44.073	22.64
	鸡西桦木	132.607	49.742	11.76
	露水河	107.501	52.274	17.27
	穆棱	113.455	51.586	25.20

续表

性状	种源	均值	标准差	变异系数（%）
干材生物量（kg）	天桥岭	126.674	49.348	22.74
	小北湖	157.028	63.884	22.55
碳储量（kg）	白刀山	69.266	35.534	29.71
	白河	53.173	24.463	22.49
	大海林	61.538	29.646	19.08
	大石头	56.862	27.718	21.52
	对照 CK	46.502	25.157	21.92
	和龙	52.778	20.665	20.92
	鸡西桦木	62.282	22.818	13.85
	露水河	50.309	24.990	18.78
	穆棱	52.748	23.883	20.93
	天桥岭	57.973	23.138	18.07
	小北湖	74.380	30.381	23.04

闫平等（2008）对杜香兴安落叶松林、草类兴安落叶松林、杜鹃兴安落叶松林研究发现，杜香落叶松林生物碳储量为 53.4t C/hm^2，草类落叶松林生物碳储量为 86.23t C/hm^2，杜鹃落叶松林生物碳储量为 33.76t C/hm^2。杜香落叶松林土壤碳储量为 119.80t C/hm^2，主要部分集中在 9～46cm 的土壤层，占土壤碳储量的 91.61%；草类落叶松林土壤碳储量为 121.58t C/hm^2，主要集中在 4～58cm 的土壤层，占土壤碳储量的 86.69%；杜鹃落叶松林土壤碳储量为 85.19t C/hm^2，主要集中在 8～34cm 的土壤层，占土壤碳储量的 73.88%。兴安落叶松林 3 个类型总碳储量排序为草类落叶松林>杜香落叶松林>杜鹃落叶松林，其中，草类落叶松林（207.81t C/hm^2）是杜鹃落叶松林（118.95t C/hm^2）的 1.75 倍。

长白落叶松种源间含碳率差异未达到显著水平，而碳储量存在明显差异。这充分说明林木碳储量由多因子组成，受到生长性状、木材密度、含碳率、生物量等性状的共同作用，含碳率、生物量等虽然是影响林木碳储量的重要因素，但并非决定因素。通过合理选择，利用具有高固碳能力的种源造林，森林单位面积的碳储量将得到明显提高，对增加森林碳汇、发展绿色经济具有重要意义（贾庆彬等，2014）。

3.3.2　不同无性系间森林碳固定的差异

光合固碳作用是当今低碳经济浪潮和清洁发展机制下重要的生物固碳方

法；光合作用固碳研究同时是应对气候变化在林业领域内的唯一合作机制的科学量化固碳研究（尤鑫和龚吉蕊，2012）。不同无性系的树种因光合作用效率的不同带来树种固碳能力的差异。针对不同树种人工林碳储量的特点，在营建碳汇林时应注重选择合适的无性系，选择高效的无性系能明显提高碳汇林的碳储量。

王楚彪等(2013)通过对国营雷州林业局30个5年生的桉树无性系的胸径、树高，以及灌木层植被生物量、林下草本层和凋落物的生物量进行了调查，分析桉树无性系人工林的碳储量。研究表明30个无性系各层碳储量的平均值中土壤层和乔木层碳储量占大部分，分别占61.88%和34.93%，灌木层和凋落物层分别占1.63%和1.07%，草本层占比例最小，只有0.49%。30个无性系乔本层碳储量差异极显著，碳储量最小的无性系碳储量只是高碳储量无性系的1/3左右。各无性系灌木层平均碳储量是2.430t C/hm^2，变异系数是62.4%，各无性系林下灌木碳储量差异比较大，分布不平均。各无性系草本层平均碳储量是0.731t C/hm^2，变异系数是53.22%，草本层碳储量的差异性没有灌木层大，尽管个别无性系草本层的碳储量比较突出。各无性系凋落物平均碳储量是1.592t C/hm^2，变异系数是36.85%，其碳储量的差异性没有灌木层和草本层大。各无性系整个生态系统碳储量的平均值是148.73t C/hm^2，变异系数是10.06%，各无性系生态系统总碳储量差异比较明显，最小的无性系1（301）只有124.796t C/hm^2，最大的无性系19（W1）达到186.799t C/hm^2，是无性系1（301）的1.5倍（图3-6）。土壤平均碳储量为92.033t C/hm^2，立地条件好的种植点土壤碳储量高；在同一种植点，不同无性系林下的土壤碳储量差异较小。

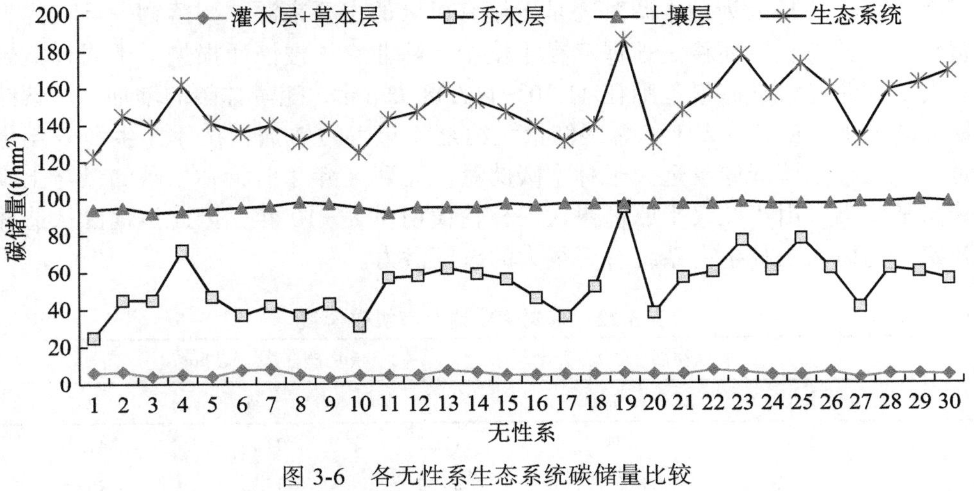

图3-6　各无性系生态系统碳储量比较

以上研究说明，排除土壤立地条件的差异，不同无性系间碳储量差异显著，其主要是因为乔木层碳储量差异极显著。因此，不同的无性系对生态系统的碳储量影响显著，而无性系的选择标准是无性系生长情况（胸径和树高等）较好，而且个体之间差异相对较小。

3.3.3 不同树龄林木碳固定的差异

研究表明，森林生态系统地上部分有机碳储量占陆地总碳储量的80%以上，林木的碳储量是森林地上碳库的主要组成部分，而乔木层碳储量在地上部分碳储量中起主导作用。在《京都议定书》的实施背景下，研究森林乔木层生物量分布特征并进一步分析其固碳能力，给以碳汇和木材收益为复合经营指标的森林经营提供参考。研究林木生长过程中碳储量的变化对森林固碳管理起到非常重要的作用，尤其是对于短期轮伐的树种更加重要。掌握了林木不同生长时期的生长量及碳储量，就可以合理地确定轮伐时间，在保证经济发展的情况下，发挥最大的森林碳汇作用。

崔鸿侠等（2012）在江汉平原的石首市选择立地条件相近、品种和栽植密度相同的不同年龄杨树人工林，测定计算了杨树各组分生物量、林木碳储量、土壤有机碳储量和林木碳储量。结果表明（表3-22），随着林龄的增加，栽植4年生、6年生和8年生的杨树人工林总生物量成倍增加，8年生时总生物量达到111.35t/hm^2。不同林龄的杨树人工林林木碳储量变化规律与生物量变化具有一致性，随着林龄的增加，栽植4年生、6年生和8年生的杨树人工林林木碳储量成倍增加。随着林龄的增加，土壤有机碳质量分数和碳储量在林木覆盖下不断积累。这是因为林木凋落物是土壤有机碳的主要来源，凋落物一旦转化为腐殖质，就将长期而稳定地保存在土壤中，除非它被侵蚀而损失。不同林龄杨树人工林总有机碳储量范围在41.30～117.08t C/hm^2，随着林龄的增加，总碳储量显著增加，8年生人工林总碳储量大约是4年生的3倍。在4年生和6年生时，人工林土壤碳储量远大于林木碳储量，而到8年生时，林木碳储量与土壤碳储量相当。由于江汉平原杨树人工林轮伐期在8～10年，因此该地区从造林开始，杨树人工林生态系统有着很大的碳汇潜力。

表3-22 杨树生物量及有机碳含量

林龄	总生物量		有机碳含量（t C/hm^2）		
	单木（kg）	林分（t/hm^2）	林木	土壤	总量
4年	54.09	27.04	13.52	27.78	41.30
6年	113.26	56.63	28.32	47.33	75.65
8年	222.69	111.35	55.67	61.41	117.08

对长白落叶松人工林样地生物量调查数据表明，长白落叶松人工林固碳量年平均增长率排序为中龄林>幼龄林>成熟林>近熟林。研究认为，长白落叶松人工林单株木及林分各器官生物量随林龄增加具有明显的变化规律，成熟林分固碳水平最高，中龄林分后期固碳潜力最大。单株木干材生物量逐步增大，树皮、树枝、树叶、树根生物量则先增大后平稳；在林分密度递减的情况下，林分树干生物量密度逐步增大，树冠、树根则先增加后平稳，说明林龄是影响生物量的主要因子（王霓虹等，2014）。

由于幼龄林处于生长初期，生产力不高，中龄林时林木竞争尚不激烈，林分未郁闭，光照充足，因此生产力较高，近熟林中林木竞争加剧，部分林木死亡，降低了林分生产力，成熟林由于进行了适当抚育，加快了林木生长，促进了生产力的恢复。总体来说，成熟林具有较高的固碳水平，但中龄林的后续固碳潜力更大。

参 考 文 献

崔鸿侠, 唐万鹏, 胡兴宜, 等. 2012. 杨树人工林生长过程中碳储量动态. 东北林业大学学报, 40(2): 47-49.
贾庆彬, 张含国, 姚宇, 等. 2014. 长白落叶松高固碳种源选择研究. 林业科学研究, 27(3): 341-348.
马钦彦, 陈遐林, 王娟, 等. 2002. 华北主要森林类型建群种的含碳率分析. 北京林业大学学报, 28(5/6): 96-100.
孙世群, 王书航, 陈月庆, 等. 2008. 安徽省乔木林固碳能力研究. 环境科学与管理, 33(7): 144-147.
王楚彪, 刘丽婷, 莫晓勇. 2013. 30 个桉树无性系人工林碳储量分析. 林业科学研究, 26(5): 661-667.
王霓虹, 高萌, 李丹. 2014. 长白落叶松人工林乔木层生物量分布特征及其固碳能力研究. 植物研究, 4: 554-560.
吴梅, 张边江, 陈全战, 等. 2010. C4 高效光合基因在 C3 植物中的应用研究进展. 中国农学通报, 26(3): 68-71.
闫平, 高述超, 刘德晶. 2008. 兴安落叶松林 3 个类型生物及土壤碳储量比较研究. 林业资源管理, 3: 77-81.
闫婷, 闫德仁, 袁立敏, 等. 2012. 沙地杨树、樟子松人工林固碳特征研究. 内蒙古林业科技, 38(2): 14-18.
尤鑫, 龚吉蕊. 2012. 10个品系杂交杨叶片二氧化碳同化量固碳率估算. 北京师范大学学报(自然科学版), 48(4): 420-424.
Allen C D, Macalady A K, Chenchouni H, et al. 2010. A global overview of drought and heat-induced tree mortality reveals emerging climate change risks for forests. Forest Ecology & Management, 259(4): 660-684.
Alvarez S, Ortiz C, Díaz-Pinés E, et al. 2014. Influence of tree species composition, thinning intensity and climate change on carbon sequestration in Mediterranean mountain forests: a case study using the CO_2 fix model. Mitigation & Adaptation Strategies for Global Change: 1-14.
Andersen M, Raulundrasmussen K, Strobel B, et al. 2004. The effects of tree species and site on the solubility of Cd, Cu, Ni, Pb and Zn in soils. Water Air & Soil Pollution, 154(1-4): 357-370.
Bambrick A D, Whalen J K, Bradley R L, et al. 2010. Spatial heterogeneity of soil organic carbon in tree-based intercropping systems in Quebec and Ontario, Canada. Agroforestry Systems, 79(3): 343-353.
Baritz R, Seufert G, Montanarella L, et al. 2010. Carbon concentrations and stocks in forest soils of Europe. Forest Ecology & Management, 260(3): 262-277.
Benomar L, Desrochers A, Larocque G R. 2013. Comparing growth and fine root distribution in monocultures and mixed plantations of hybrid poplar and spruce. Journal of Forestry Research, 24(2): 247-254.

Berg B. 2000. Litter decomposition and organic matter turnover in northern forest soils. Forest Ecology & Management, 133(1-2): 13-22.

Berg B, Matzner E. 1997. Effect of N deposition on decomposition of plant litter and soil organic matter in forest systems. Environmental Reviews, 5: 1-25.

Binkley D. 1995. The influence of tree species on forest soils: processes and patterns. Agronomy Society of New Zealand, 10: 1-33.

Binkley D, Giardina C. 1998. Why do tree species affect soils? The warp and woof of tree-soil interactions. Biogeochemistry, 42(1): 89-106.

Binkley D, Kaye J, Barry M, et al. 2004. First rotation changes in soil carbon and nitrogen in a *Eucalyptus* plantation in Hawaii. Soil Science Society of America Journal, 68(5): 1713-1719.

Bravo F, Bravooviedo A, Diazbalteiro L. 2008. Carbon sequestration in Spanish Mediterranean forests under two management alternatives: a modeling approach. European Journal of Forest Research, 127(3): 225-234.

Burdon R D. 2001. Genetic diversity and disease resistance: some considerations for research, breeding, and deployment. Canadian Journal of Forest Research, 31(4): 596-606.

Burger B, Reich P, Cavagnaro T R. 2010. Trajectories of change: riparian vegetation and soil conditions following livestock removal and replanting. Austral Ecology, 35(8): 980-987.

Callesen I, Liski J, Raulund-Rasmussen K, et al. 2010. Soil carbon stores in Nordic well-drained forest soils-relationships with climate and texture class. Global Change Biology, 9(3): 358-370.

Carson J K, Gleeson D B, Clipson N, et al. 2010. Afforestation alters community structure of soil fungi. Fungal Biology, 114(7): 580-584.

Chen H Y, Popadiouk R V. 2002. Dynamics of North American boreal mixed woods. Environmental Reviews, 10(30): 137-166.

Chomel M, Desrochers A, Baldy V, et al. 2014. Non-additive effects of mixing hybrid poplar and white spruce on aboveground and soil carbon storage in boreal plantations. Forest Ecology & Management, 328: 292-299.

Christensen B T. 1992. Physical fractionation of soil and organic matter in primary particle size and density separates // Christensen B T. Advances in Soil Science. New York: Springer: 1-90.

Cindye P. 2010. Litter decomposition: what controls it and how can we alter it to sequester more carbon in forest soils. Biogeochemistry, 101(1): 133-149.

Davis M, Nordmeyer A, Henley D, et al. 2007. Ecosystem carbon accretion 10 years after afforestation of depleted subhumid grassland planted with three densities of *Pinus nigra*. Global Change Biology, 13(7): 1414-1422.

Díaz-Pinés E, Rubio A, Miegroet H V, et al. 2011. Does tree species composition control soil organic carbon pools in Mediterranean mountain forests? Forest Ecology & Management, 262(10): 1895-1904.

Didier B, Frédéric D. 2006. Carbon concentration variations in the roots, stem and crown of mature *Pinus pinaster* (Ait.). Forest Ecology & Management, 222(1): 279-295.

Dijkstra F A, Fitzhugh R D. 2003. Aluminum solubility and mobility in relation to organic carbon in surface soils affected by six tree species of the northeastern United States. Geoderma, 114(1-2): 33-47.

Elias M, Potvin C. 2011. Assessing inter- and intra-specific variation in trunk carbon concentration for 32 neotropical tree species. Canadian Journal of Forest Research, 33(6): 1039-1045.

Erskine P D, Lamb D, Bristow M. 2006. Tree species diversity and ecosystem function: Can tropical multi-species plantations generate greater productivity? Forest Ecology & Management, 233(2-3): 205-210.

Eswaran H, Berg E V D, Reich P. 1993. Organic carbon in soils of the world. Soil Science Society of America Journal, 90(4): 269-273.

Finzi A C, Breemen N V, Canham C D. 1998. Canopy tree-soil interactions within tempera forests: species effects on soil carbon and nitrogen . Ecological Applications, 8(1998): 447-454.

Fischer H, Bens O, Hüttl R. 2002. Veränderung von Humusform, -vorrat und -verteilung im Zuge von Waldumbau-Maßnahmen im NordostdeutschenTiefland. Forstwissenschaftliches CentralblattVereinigt Mit

Tharandter Forstliches Jahrbuch, 121(6): 322-334.

Foley T G, Richter D D, Galik C S. 2010. Extending rotation age for carbon sequestration: A cross-protocol comparison of North American forest offsets. Forest Ecology & Management, 259(2): 201-209.

Forrester D I, Bauhus J, Khanna P K. 2004. Growth dynamics in a mixed-species plantation of *Eucalyptus globulus*, and *Acacia mearnsii*. Forest Ecology & Management, 193(1-2): 81-95.

Forrester D I, Schortemeyer M, Stock W D, et al. 2007. Assessing nitrogen fixation in mixed- and single-species plantations of *Eucalyptus globulus* and *Acacia mearnsii*. Tree Physiology, 27(9): 1319-28.

Gower S T, Krankina O, Olson R J, et al. 2001. Net primary production and carbon allocation patterns of boreal forest ecosystems. Ecological Applications, 11(5): 1395-1411.

Gower S T, Kucharik C J, Norman J M. 1999. Direct and indirect estimation of leaf area index, f APAR, and net primary production of terrestrial ecosystems. Remote Sensing of Environment, 70(1): 29-51.

Gurmesa G A, Schmidt I K, Gundersen P, et al. 2013. Soil carbon accumulation and nitrogen retention traits of four tree species grown in common gardens. Forest Ecology & Management, 309(12): 47-57.

Halliday J C, Tate K R, Mcmurtrie R E, et al. 2003. Mechanisms for changes in soil carbon storage with pasture to *Pinus radiata* land-use change. Global Change Biology, 9(9): 1294-1308.

Hansen K, Vesterdal L, Schmidt I K, et al. 2009. Litterfall and nutrient return in five tree species in a common garden experiment. Forest Ecology & Management, 257(10): 2133-2144.

Helmisaari H, Krisi M, Seppo K, et al. 2002. Below- and above-ground biomass, production and nitrogen use in Scots pine stands in eastern Finland. Forest Ecology & Management, 165(1-3): 317-326.

Hobbie S E. 1992. Effects of plant species on nutrient cycling. Trends in Ecology & Evolution, 7(10): 336-339.

Hobbie S E, Ogdahl M, Chorover J, et al. 2007. Tree species effects on soil organic matter dynamics: the role of soil cation composition. Ecosystems, 10(6): 999-1018.

Hobbie S E, Reich P B, Oleksyn J, et al. 2006. Tree species effects on decomposition and forest floor dynamics in a common garden. Ecology, 87(9): 2288-2297.

Hoogmoed M, Cunningham S C, Baker P J, et al. 2014. Is there more soil carbon under nitrogen-fixing trees than under non-nitrogen-fixing trees in mixed-species restoration plantings?Agriculture Ecosystems & Environment, 188(188): 80-84.

Hoogmoed M, Cunningham S C, Thomson J R, et al. 2012. Does afforestation of pastures increase sequestration of soil carbon in Mediterranean climates? Agriculture Ecosystems & Environment, 159(1743): 176-183.

Huang Z, Davis M R, Condron L M, et al. 2011. Soil carbon pools, plant biomarkers and mean carbon residence time after afforestation of grassland with three tree species. Soil Biology & Biochemistry, 43(6): 1341-1349.

Jacobs D F, Selig M F, Severeid L R. 2009. Aboveground carbon biomass of plantation-grown American chestnut (*Castanea dentata*) in absence of blight. Forest Ecology & Management, 258(3): 288-294.

Jandl R, Lindner M, Vesterdal L, et al 2007. How strongly can forest management influence soil carbon sequestration? Geoderma, 137(3-4): 253-268.

Janzen H H, Campbell C A, Brandt S A, et al. 1992. Light-fraction organic matter in soils from long-term crop rotations. Soil Science Society of America Journal, 56(6): 1799-1806.

Jeanneau M, Vidal J, Gousset-Dupont A, et al. 2002. Manipulating PEPC levels in plants [Review]. Journal of Experimental Botany, 53(376): 1837-1845.

Johansson T, Richardson J, Smith T, et al. 2003. Mixed stands in Nordic countries-a challenge for the future. Biomass & Bioenergy, 24(4-5): 365-372.

Johnson D W. 1992. Effects of forest management on soil carbon storage. Water Air & Soil Pollution, 64(1-2): 83-120.

Jones A, Stolbovoy V, Rusco E, et al. 2009. Climate change in Europe. 2. Impact on soil. A review. Agronomy for Sustainable Development, 29(3): 423-432.

Kaipainen T, Liski J, Pussinen A, et al. 2004. Managing carbon sinks by changing rotation length in European forests. Environmental Science & Policy, 7(3): 205-219.

Kasel S, Bennett L T, Tibbits J. 2008. Land use influences soil fungal community composition across central Victoria, south-eastern Australia. Soil Biology & Biochemistry, 40(7): 1724-1732.

Kasel S, Singh S, Sanders G J, et al. 2011. Species-specific effects of native trees on soil organic carbon in biodiverse plantings across north-central Victoria, Australia. Geoderma, 161(1): 95-106.

Kaye J P, Resh S C, Kaye M W, et al. 2000. Nutrient and carbon dynamics in a replacement series of eucalyptus and albizia trees. Ecology, 81(12): 3267-3273.

Kelty M J. 1992. Comparative productivity of monocultures and mixed-species stands. Forestry Sciences, 40: 125-141.

Kelty M J. 2006. The role of species mixtures in plantation forestry. Forest Ecology & Management, 233(2-3): 195-204.

Kirschbaum M, Guo L B, Gifford R M. 2008. Why does rainfall affect the trend in soil carbon after converting pastures to forests? Forest Ecology & Management, 255(7): 2990-3000.

Kristensen H L, Reinds G J. 2004. Throughfall nitrogen deposition has different impacts on soil solution nitrate concentration in european coniferous and deciduous forests. Ecosystems, 7(2): 180-192(13).

Laganière J, Angers D A, Paré D. 2010. Carbon accumulation in agricultural soils after afforestation: A meta-analysis. Global Change Biology, 16(1): 439-453.

Laganière J, Paré D, Bergeron Y, et al. 2012. The effect of boreal forest composition on soil respiration is mediated through variations in soil temperature and C quality. Soil Biology & Biochemistry, 53: 18-27.

Laik R, Kumar K, Das D K, et al. 2009. Labile soil organic matter pools in a calciorthent after 18 years of afforestation by different plantations. Applied Soil Ecology, 42(2): 71-78.

Lal R. 2004. Soil carbon sequestration to mitigate climate change. Soil Science, 123(1-2): 1-22.

Lamb D, Erskine P D, Parrotta J A. 2005. Restoration of degraded tropical forest landscapes. Science, 310(5754): 1628-1632.

Lamlom S H, Savidge R A. 2006. Carbon content variation in boles of mature sugar maple and giant sequoia. Tree Physiology, 26(4): 459-468.

Langenbruch C, Helfrich M, Flessa H. 2012. Effects of beech (*Fagus sylvatica*), ash (*Fraxinus excelsior*) and lime (*Tilia* spec.) on soil chemical properties in a mixed deciduous forest. Plant & Soil, 352(1-2): 389-403.

Lemma B, Dan B K, Nilsson I, et al. 2006. Soil carbon sequestration under different exotic tree species in the southwestern highlands of Ethiopia. Geoderma, 136(3-4): 886-898.

Liski J, Pussinen A, Pingoud K, et al. 2001. Which rotation length is favourable to carbon sequestration? Canadian Journal of Forest Research, 31(31): 2004-2013.

Lovett G M, Weathers K C, Arthur M A, et al. 2004. Nitrogen cycling in a northern hardwood forest: Do species matter? Biogeochemistry, 67(3): 289-308.

Man R, Lieffers V J. 1999. Are mixtures of aspen and white spruce more productive than single species stands? Forestry Chronicle, 75(3): 505-513.

Mareschal L, Bonnaud P, Turpault M P, et al. 2010. Impact of common European tree species on the chemical and physicochemical properties of fine earth: an unusual pattern. European Journal of Soil Science, 61(1): 14-23.

Marvus L, Michael M, Sigrid N, et al. 2010. Climate change impacts, adaptive capacity, and vulnerability of European forest ecosystems. Forest Ecology & Management, 259(4): 698-709.

Matsuoka M, Furbank R T, And H F, et al. 2001. Molecular engineering of C4 photosynthesis. Annual Review of Plant Physiology & Plant Molecular Biology, 52(4): 297-314.

Mccracken A R, Dawson W M. 2010. Growing clonal mixtures of willow to reduce effect of *Melampsora epitea* var. *epitea*. Forest Pathology, 27(5): 319-329.

Montes C S, Weber J C. 2009. Genetic variation in wood density and correlations with tree growth in Prosopis africana from Burkina Faso and Niger. Annals of Forest Science, 66(7): 713-713.

Müller P E. 1887. Studien über die natürlichenHumusformen und deren Einwirkung auf Vegetation und Boden. Berlin: Julius Springer: 324.

Mungai N W, Motavalli P P. 2006. Litter quality effects on soil carbon and nitrogen dynamics in temperate alley cropping systems. Applied Soil Ecology, 31(1): 32-42.

Neff J C, Asner G P. 2001. Dissolved Organic carbon in terrestrial ecosystems: synthesis and a model. Ecosystems, 4(1): 29-48.

Nsabimana D, Haynes R J, Wallis F M. 2004. Size, activity and catabolic diversity of the soil microbial biomass as affected by land use. Applied Soil Ecology, 26(2): 81-92.

Oelbermann M, Voroney R P, Gordon A M. 2004. Carbon sequestration in tropical and temperate agroforestry systems: a review with examples from Costa Rica and southern Canada. Agriculture Ecosystems & Environment, 104(3): 359-377.

Oostra S, Majdi H, Olsson M. 2006. Impact of tree species on soil carbon stocks and soil acidity in southern Sweden. Scandinavian Journal of Forest Research, 21(5): 364-371.

Osono T, Takeda H. 2005. Decomposition of organic chemical components in relation to nitrogen dynamics in leaf litter of 14 tree species in a cool temperate forest. Ecological Research, 20(1): 41-49.

Paul K I, Polglase P J, Nyakuengama J G, et al. 2000. Change in soil carbon following afforestation. Forest Ecology & Management, 168(1): 241-257.

Pearcy R W, Calkin H W. 1983. Carbon dioxide exchange of C_3 and C_4 tree species in the understory of a Hawaiian forest. Oecologia, 58(1): 26-32.

Pearson H L, Vitousek P M. 2002. Soil phosphorus fractions and symbiotic nitrogen fixation across a substrate-age gradient in Hawaii. Ecosystems, 5(6): 587-596.

Peichl M, Thevathasan N, Gordon A, et al. 2006. Carbon sequestration potentials in temperate tree-based intercropping systems, Southern Ontario, Canada. Agroforestry Systems, 66(3): 243-257.

Petrusyte M, Rudokas K, Maneliene Z, et al. 2012. Influence of tree species on carbon sequestration in afforested pastures in a humid temperate region. Plant & Soil, 353(1-2): 333-353.

Piotto D. 2008. A meta-analysis comparing tree growth in monocultures and mixed plantations. Forest Ecology & Management, 255(3-4): 781-786.

Pitt D G, Bell F W. 2004. Effects of stand tending on the estimation of aboveground biomass of P. Canadian Journal of Forest Research, 34(34): 649-658.

Prescott C E, Grayston S J. 2013. Tree species influence on microbial communities in litter and soil: Current knowledge and research needs . Forest Ecology & Management, 309(4): 19-27.

Pretzsch H. 2005. Diversity and productivity in forests: evidence from long-term experimental plots//Scherer-Lorenzen M, Körner C, Schulze E D. Forest Diversity and Function: Temperate and Boreal Systems. Berlin Heidelberg: Springer: 41-64.

Rainer B, Guenther S, Luca M, et al. 2010. Carbon concentrations and stocks in forest soils of Europe. Forest Ecology & Management, 260(3): 262-277.

Redondo-Brenes A, Montagnini F. 2006. Growth, productivity, aboveground biomass, and carbon sequestration of pure and mixed native tree plantations in the Caribbean lowlands of Costa Rica. Forest Ecology & Management, 232(1-3): 168-178.

Reich P B, Oleksyn J, Modrzynski J, et al. 2005. Linking litter calcium, earthworms and soil properties: a common garden test with 14 tree species. Ecology Letters, 8(8): 811-818.

Resh S C, Dan B, Parrotta J A. 2002. Greater soil carbon sequestration under nitrogen-fixing trees compared with *Eucalyptus* species. Ecosystems, 5(3): 217-231.

Rhoades C C, Eckert G E, Coleman D C. 1998. Effect of pasture trees on soil nitrogen and organic matter: Implications for tropical montane forest restoration. Restoration Ecology, 6(3): 262-270.

Robertson S M C, Hornung M, Kennedy V H. 2000. Water chemistry of throughfall and soil water under four tree species at Gisburn, northwest England, before and after felling. Forest Ecology & Management, 129(1-3): 101-117.

Roig S, Río M D, Cañellas I, et al. 2005. Litter fall in Mediterranean *Pinus pinaster* Ait. stands under different thinning regimes. Forest Ecology & Management, 206(1-3): 179-190.

Rothe A, Dan B. 2001. Nutritional interactions in mixed species forests: a synthesis. Canadian Journal of Forest Research, 31(11): 1855-1870.

Rothe A, Kreutzer K, Küchenhoff H. 2002. Influence of tree species composition on soil and soil solution properties in two mixed spruce-beech stands with contrasting history in Southern Germany. Plant & Soil, 240(1): 47-56.

Schulp C J E, Nabuurs G J, Verburg P H, et al. 2008. Effect of tree species on carbon stocks in forest floor and mineral soil and implications for soil carbon inventories. Forest Ecology & Management, 256(3): 482-490.

Siddique I, Engel V L, Parrotta J A, et al. 2008. Dominance of legume trees alters nutrient relations in mixed species forest restoration plantings within seven years. Biogeochemistry, 88(1): 89-101.

Smith M, Conte P, Berns A E, et al. 2012. Spatial patterns of, and environmental controls on, soil properties at a riparian–paddock interface. Soil Biology & Biochemistry, 49(2): 38-45.

Son Y, Gower S. 1992. Nitrogen and phosphorus distribution for five plantation species in southwestern Wisconsin. Forest Ecology & Management, 53(1-4): 175-193.

Spiecker H. 2004. Norway spruce conversion: options and consequences. BRILL ACADEMIC PUB.

Steege H T, Hammond D S. 2001. Character convergence, diversity and disturbance in tropical rain forest in Guyana. Ecology, 82(11): 3197-3212.

Strobel B W, Bernhoft I, Borggaard O K. 1999. Low-molecular-weight aliphatic carboxylic acids in soil solutions under different vegetations determined by capillary zone electrophoresis. Plant & Soil, 212(2): 115-121.

Tang G, Li K. 2013. Tree species controls on soil carbon sequestration and carbon stability following 20 years of afforestation in a valley-type savanna. Forest Ecology and Management, 291(2): 13-19.

Thevathasan N V, Gordon A M. 2004. Ecology of tree intercropping systems in the north temperate region: experiences from southern Ontario, Canada. Agroforestry Systems, 61-62(1): 257-268.

Thomas S C, Malczewski G. 2007. Wood carbon content of tree species in Eastern China: Interspecific variability and the importance of the volatile fraction. Journal of Environmental Management, 85(3): 659-662

Ussiri D A N, Lal R, Jacinthe P A. 2006. Soil properties and carbon sequestration of afforested pastures in reclaimed minesoils of Ohio. Soil Science Society of America Journal, 70(5): 1797-1806.

Vandermeer J. 1989. The Ecology of Intercropping. Cambridge: Cambridge University Press.

Vesterdal L, Clarke N, Sigurdsson B D, et al. 2013. Do tree species influence soil carbon stocks in temperate and boreal forests?Forest Ecology & Management, 309(12): 4-18.

Vesterdal L, Raulundrasmussen K. 1998. Forest floor chemistry under seven tree species along a soil fertility gradient. Canadian Journal of Forest Research, 28(11): 1636-1647.

Vesterdal L, Ritter E, Gundersen P. 2002. Change in soil organic carbon following afforestation of former arable land. Forest Ecology & Management, 169(1-2): 137-147.

Vesterdal L, Schmidt I K, Callesen I, et al. 2008. Carbon and nitrogen in forest floor and mineral soil under six common European tree species. Forest Ecology & Management, 255(1): 35-48.

Wang F, Li Z, Xia H, et al. 2010. Effects of nitrogen-fixing and non-nitrogen-fixing tree species on soil properties and nitrogen transformation during forest restoration in southern China. Soil Science & Plant Nutrition, 56(2): 297-306.

Wang G, Wang C, Wang W, et al. 2005. Capacity of soil to protect organic carbon and biochemical characteristics of density fractions in Ziwulin Haplic Greyxems soil. Science Bulletin, 50(1): 27-32.

Wotherspoon A, Thevathasan N V, Gordon A M, et al. 2014. Carbon sequestration potential of five tree species in a 25-year-old temperate tree-based intercropping system in southern Ontario, Canada. Agroforestry Systems, 88(4): 631-643.

Yeboah D, Burton A J, Storer A J, et al. 2014. Variation in wood density and carbon content of tropical plantation tree species from Ghana. New Forests, 45(1): 35-52.

Zhang Q, Wang C, Wang X, et al. 2009. Carbon concentration variability of 10 Chinese temperate tree species. Forest Ecology & Management, 258(5): 722-727.

Zinke P J. 1962. The pattern of influence of individual forest trees on soil properties. Ecology, 43(1): 130-133.

4 影响林木碳汇能力的环境因素

目前的评估表明，适当政策下的碳固定量的水平与无政策的碳固定量的水平相比，到2050年陆地碳池系统可以增加多达约100t二氧化碳（GtC）。这相当于同一时期因矿产燃料消费造成的10%～20%的计划温室气体（GHG）排放。减少森林砍伐、扩大森林覆盖和单位面积森林生物量对帮助国际社会减缓全球变暖有积极的影响。联合国政府间气候变化专门委员会（IPCC）主张采用提高碳汇的能力以减少温室效应。在过去的几年中，碳储量作为一个减缓气候变化的政策受到了积极关注。植物通过光合作用固碳扮演着碳库的作用，近年来的关注焦点主要集中在如何帮助陆生植物提升固碳效率。森林生态系统在陆地生态系统中拥有大量的碳储量，隐藏和保存着比其他陆地生态系统更多的碳。森林中的树木可以在一个很长的时间段中捕获和保存很大体积的二氧化碳，并且这些二氧化碳的含量占据大气圈和地球表面气体90%的年度二氧化碳的流量。林地上和土壤中的有机碳一般是通过生物成分的输入和输出进行调节，因此也受包括气候、土壤类型、立地条件及人为管理等非生物因素的影响。

4.1 气候因素对林木碳汇能力的影响

4.1.1 光照对林木碳汇能力的影响

光是植物生存和生长发育最重要的环境因子之一，植物通过光合作用吸收CO_2，固定空气中的碳。植物与光环境的关系一直是植物生理生态学研究的热点问题。随生长季光强的变化，植物能够在形态及生理方面产生可塑性反应，以适应变化的光环境（Pearcy and Sims，1994；张亚杰等，2003）。

4.1.1.1 季节光强度对植物碳储存的影响

近年来有关植物与其环境光强关系的研究得到重视（马书荣等，2000；郭晓荣等，2004），这些研究结果为植物的人工培育与保护提供了科学依据。冬季和夏季光合能力的差异使植物特别是常绿植物适应环境的能力处于一种动态调节过程。对于温带及温带以北的常绿树种而言，严酷的冬季导致其光合能力下降到可以忽略不计的程度（Logan et al.，1998；Verhoeven et al.，1999），而且光强对阳生叶片的影响比对阴生叶片大（Close et al.，2001）。在温带地中海气候区的冬季比较温和，植物叶片的光合能力仅有略微下降（Awada et al.，2003；Munnébosch et al.，2003）。

张旺锋等（2005）在人工营建的银杉苗圃地（海拔 320～340m，东南坡向，坡度 26.8°）进行了光强度对银杉幼树生长的影响研究。银杉幼树树龄为 13 年，平均树高 1.84m，平均冠幅 1.46m×1.48m。实验中设置 3 种不同的光环境处理：①自然光强（100%）；②用一层黑色尼龙网布搭建遮荫棚，在晴天的中午测定光强为自然光强的 45%（为面积较小的林隙中心光环境）；③用 3 层黑色尼龙网布搭建遮荫棚，在晴天的中午测定光强为自然光强的 3%（为林下光环境）。并分别于当年 7 月和第二年 1 月测定银杉幼树在夏季和冬季的光合作用。

不同季节银杉幼树叶片的光合作用对光强的响应不同。夏季银杉生长旺盛，生长在高光强下的叶片有较高的最大光合速率（P_{nmax}）；随着生长光强的下降，P_{nmax} 显著降低（图 4-1）。光饱和点（LSP）和光补偿点（LCP）也表现出随着

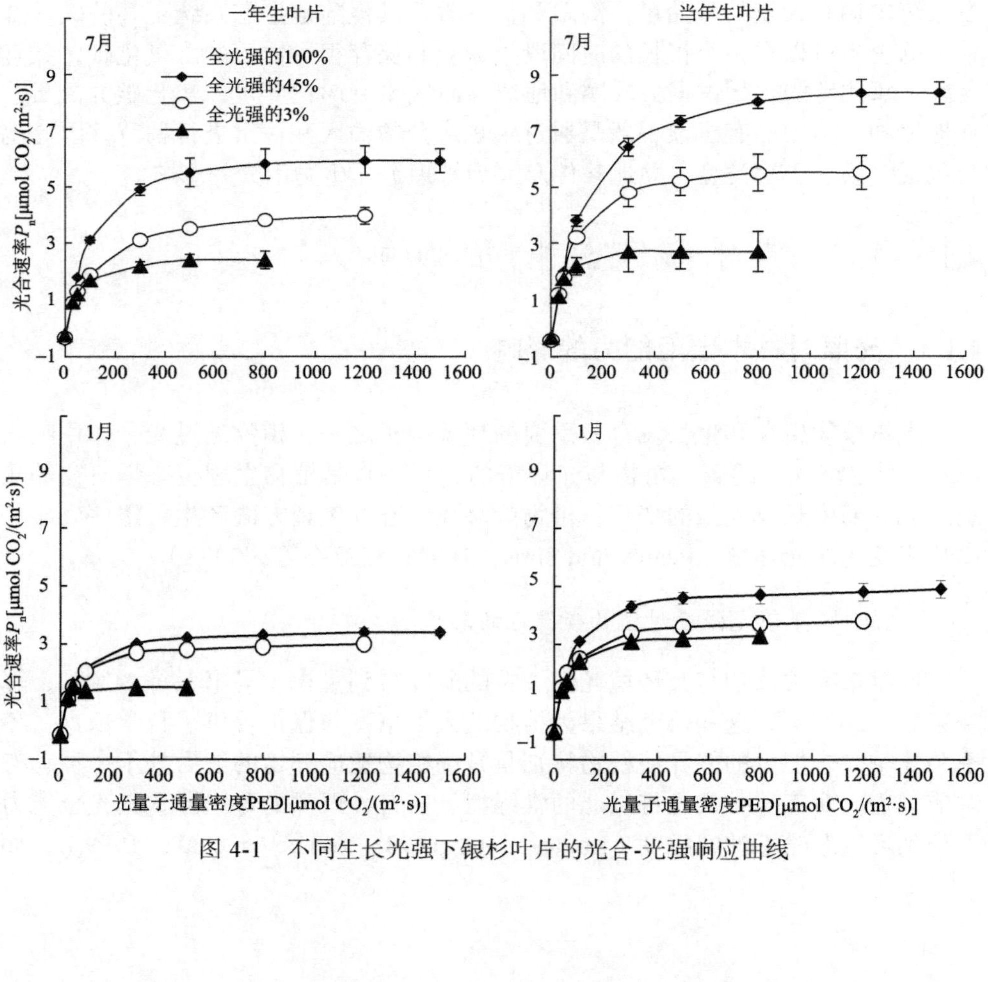

图 4-1　不同生长光强下银杉叶片的光合-光强响应曲线

生长光强度的下降而降低，表明银杉幼树叶片的光合特性对生长的光强变化有较强的可塑性，能够较好地适应强光环境（Strauss-Debenedetti and Bazzaz，1991）。遮荫能够降低银杉幼树叶片的光补偿点，但通过估算，低光强条件下（3%自然光强）在全晴天时，实际的光辐射仅略高于当年生叶片光补偿点的累积时间（约 6h），并且实际光辐射与光饱和区域相差较大。夏季实验数据分析表明，在低光强下叶片全天碳同化总量低，光合产物不足，将会严重影响幼树的正常生长，表现出随着生长光强降低，银杉幼树的新抽梢枝数、新抽梢主枝的长度与直径、主枝叶片的数量等显著下降；由于低光强（3%自然光强）碳同化总量不足，植株生长极弱，甚至出现了因为光合产物不足而导致银杉天然林下幼树死亡的情况。

与夏季不同的是，冬季在高光强条件下无论是当年生叶片还是一年生叶片均出现了弱微光抑制现象，最大光化学效率（F_v/F_m）下降。而采用适度的遮荫有利于银杉幼树抵抗这种轻度的冬季光抑制。适度遮荫有利于温带常绿树种的存活，研究表明虽然落叶阔叶林下的常绿树种冬季受低温光抑制，但由于所接收的光强度增加，其一天碳同化总量要比夏季的大。当年生银杉幼树叶片和一年生叶片无论在不遮荫还是在遮荫条件下，冬季的 P_{nmax} 和羧化效率 CE 均低于相应的夏季值。植物冬季的非光化学猝灭系数（NPQ）值要比夏季的高，主要是因为冬季植物叶片不能够充分利用所吸收的光能，将吸收的多余光能通过非辐射的热耗散途径耗散出去。银杉叶片，特别是当年生叶片和未遮荫的一年生叶片无论是遮荫还是不遮荫的条件下，比叶重（LMA）均是冬季高于夏季。其主要原因有两方面：①冬季 LMA 的提高反映了银杉叶片光合机构的调整，通过增加叶片光利用组分的含量来对抗低温所导致的光合效率下降，从而使叶片光合速率保持在稳定的状态（Muller et al.，2005）；②在低温条件下，特别是夜间低温使呼吸消耗减少，间接增加干物质的积累，这种积累一方面可能与抗冻性提高相关（脯氨酸的积累），另一方面可能与第二年新叶的发生和发育紧密相关（Miyazawa and Kuzawa，2005）。

很多植物都可以通过形态和生理特征的改变来适应光环境的变化（Pearcy and Sims，1994）。树木不同叶龄的叶片在形态和生理上对遮荫的响应不同。叶片发育过程中，当年生叶片通过生理指标的降低和形态特征的相应变化适应遮荫带来的光强降低的环境；而一年生叶片对这种光强降低在生理特征上反应相对迟钝，而且叶片形态变化很小（Oguchi et al.，2003）。较老的叶片由于其结构形成充分并已经固化，叶片的叶面积（LA）和 LMA 变化极小，使其对变化的光环境调整的幅度不大，因此一年生叶片各项生理指标的下降幅度就较小。可能是正处在发育过程中的叶片解剖结构的限制，也可能是由于叶片需要更多的叶绿体来增加最大光合速率，正处在发育过程中的叶片对光强变化的可塑性大，但叶片发育完成后其变化幅度有限（Terashima et al.，2001），光合机构的可塑性较低。

无论是夏季还是冬季，遮荫条件下阳性树种的光合作用均不及没有遮荫条件的。在冬季，尽管遮荫可以减轻光抑制对光合机构的破坏作用，但由于遮荫后使单个叶面积及叶片数量下降，加上遮荫会导致光强降低，树种一天的碳同化量仍低于没有遮荫的条件。

4.1.1.2 光照对植物叶片稳定碳同位素的影响

光照条件的变化可影响植物叶子的气孔导度（G_s）、叶子的向光性和叶绿素在叶中的分布、光合作用羧化酶（RuBPCase 和 PEPCase）的活性及其他与光合作用相关的过程，因而影响植物稳定碳同位素的组成。林植芳等（1995）报道随光照强度减弱，荷木（*Schima saperba*）和黧蒴（*Castanopsis fissa*）的叶中稳定碳同位素组成（$\Delta^{13}C$）降低。林冠顶部叶中的 $\Delta^{13}C$ 高于冠层中下部叶中的 $\Delta^{13}C$，是森林郁闭度不同导致光照水平的差异引起的（Ehleringer et al.，1987）。阴生兰花比阳生兰花的稳定碳同位素组成低的原因也与光强有关（Zimmerman and Ehleringer，1990）。这进一步说明光强是影响植物 $\Delta^{13}C$ 的重要环境因子。另外，光质也会影响植物碳同位素的分馏过程。当今，因人类活动严重破坏平流层的臭氧，其结果使辐射到地表的紫外线强度（主要为 UV-B，280～320nm）增加，从而对生物圈产生很大影响（UNEP，1994）。有报道表明，UV-B 辐射增强，使处理植株的 $\Delta^{13}C$ 大大下降。火炬松（*Pinus taeda*）在增强的 UV-B 作用下针叶中 $\Delta^{13}C$ 比对照降低（Naidu et al.，1993），其原因与光合能力下降有关。Ormrod 等（1997）认为 UV-B 辐射下，拟南芥（*Arabidopsis thaliada*）不同基因型的 $\Delta^{13}C$ 降低是 UV-B 使气孔导度增加、光合作用的器官受到损伤的缘故。

Li 等（2013）利用全光的 100%、60%、30%和 15%对常绿针叶树（*Pinus koraiensis* 和 *Picea koraiensis*）和落叶阔叶树（*Juglans mandshurica*、*Fraxinus mandschurica* 和 *Phellodendron amurense*）5 个树种进行了光照反应研究，测定了叶片的 $\Delta^{13}C$ 变化情况。结果表明，光对 5 个树种的叶面 $\Delta^{13}C$ 具有显著影响。对于 3 种落叶阔叶树种，叶面 $\Delta^{13}C$ 在 100%至 60%光处理下没有显著变化，而从 60%至 15%的光处理下表现为显著增加（图 4-2a）。在不同光照水平时两种常绿针叶树种的叶面 $\Delta^{13}C$ 表现出一定的差异（图 4-2b）。与 100%和 60%处理相比，*Picea koraiensis* 在 30%和 15%的处理中叶片 $\Delta^{13}C$ 显著增高，而 *Pinus koraiensis* 的叶面 $\Delta^{13}C$ 随着光照水平的降低而显著增加（图 4-2b）。

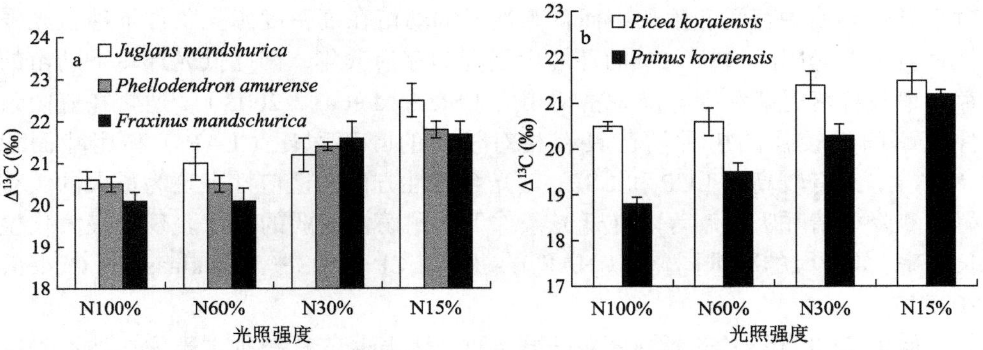

图 4-2 不同光照下阔叶树与常绿针叶树叶片的 $\Delta^{13}C$ 含量

这种结果可能反映出，在较低的光可利用率下，不同的功能型树种可以通过提高其光捕获效率或通过在电子传输和羧化中氮的高投入来提高其光合速率，从而增加其光源效率（Grassi and Bagnaresi，2001；Rozendaal et al.，2006）。研究中所选用的的落叶阔叶树种和常绿针叶树种沿着光梯度在叶面 $\Delta^{13}C$ 和比叶面积（SLA）中显示出相似的变化，表明所有这些物种都可以通过改变它们的叶面形态而增加其光源利用效率，但是这种高效的光利用策略却以降低用水效率为代价（Kloeppel et al.，2000；Anten，2005）。虽然叶面 $\Delta^{13}C$ 对光的反应没有差异，但内在机制可能不同。

4.1.1.3 光照对不同耐荫性幼树苗光合特性及生长的影响

光照是影响植物生长和碳分布的一个重要环境因子。由于森林演替各个阶段群落组成和层冠结构的差异，林下光环境具有多样化的特点。在森林演替的过程中，森林群落垂直结构不断分化，随着森林群落高度、盖度和郁闭度的增加，使林冠下层的光强不断下降，光照强度成为林下幼苗存活、生长的重要限制性因子（Yan et al.，2005）。此外，处于早期阶段的幼树苗要承受食草动物的取食、病原体的入侵及一些物理损伤等其他非生物压力（Piper et al.，2009）；在高密度遮荫条件下，光照强度接近整株植物的光补偿点，因此很小的光辐射强度的变化都能影响树木幼苗自身的碳平衡（Montgomery and Chazdon，2002）。林冠下的树木幼苗总是处于一种不利的碳平衡状态（Cardillo and Bernal，2006）。在这种不利的环境下，幼苗为了能够存活就需要不断权衡生存与生长之间的关系来选择适宜的生活史策略。耐荫性相对较强的树种具有高成活率、低死亡率的特点，而阳性树种具有快速生长、低成活率的特征，这种差异在幼苗或者幼树阶段表现得尤为明显。

在林冠下层的低光环境中幼苗第一年的成活率具有显著的差异（何彦龙等，2007），这可能与幼苗期树种的耐荫性相关。耐荫性较弱的幼苗仅能在阳光相对充足的环境中存活和生长，而耐荫性强的幼苗在高密度遮光条件下甚至光强仅为空旷地光照的 1%～2%的环境中仍能够存活数年，因此低光环境下幼苗的存活率与群落更新和森林演替密切相关（Sanford et al.，2003）。通常在遮荫条件下耐荫性较强的树种幼苗具有相对较低的叶面积比（LAR）和比叶面积（SLA），具有较高的 LCP 和 LSP，其光合特性方面的适应性表现为最大的碳获得量和降低暗呼吸效率等。在低光条件下，耐荫性较弱的幼苗表现为最大化生长速率，如增大的净碳同化率（NAR）或提高 LCP 和 LSP（Veneklaas and Ouden，2005）。

低于 25%自然光的光强度对一些树种（尤其是先锋树种）来说，达不到成年树木光合作用的光饱和点，但也远高于幼苗叶片光合作用达到光饱和点所需的光照水平（Toledo-Aceves and Swaine，2008）。幼苗生长最初的能量可能来自于种子内储存的碳，当幼苗长出光合叶片后才真正开始利用光照获得能量。研究发现当光强增加至 27%自然光以上，幼苗叶片光合作用的最大净光合效率 P_{nmax} 增幅很小（Tumbull，1991）。森林演替后期随着郁闭度加大，林下更新的幼苗就很难获得足够的光照进行光合作用。耐荫性不同的树种幼苗的光合特性差异很大，如低光照条件下麻栎幼苗比化香幼苗具有更大的表观光量子（AQY）和 P_{max}、更低的 LCP 和暗呼吸效率（R_d）。AQY 是植物吸收和转化光辐射能力的指标（Toledo-Aceves and Swaine，2008），而较低的 R_d 和 LCP 被认为是植物适应弱光环境，获得最大碳收益的适应性反应（Pastur et al.，2007）。因此，在低光照条件下耐荫性强的幼苗碳同化率和碳捕获能力更高。在郁闭的森林中，整个生长季林冠下层更新的幼苗随时可能处于不利的光环境中，从植株整体碳收益和损耗考虑，低光照条件下耐荫性较强的幼苗比耐荫性较弱的幼苗具有更高的光合效率和更低的暗呼吸效率，因而能维持更好的低光碳平衡。加之生长季结束后植物叶片凋落造成的碳损失，前者更具有净生长的优势。

在林冠层下处于生长早期的幼树苗由于光环境的不利条件使其光合作用同化的碳非常有限，幼苗将较多的碳分配到根部，这样有助于幼苗在短时间（1～3 周）内提高植株的碳储量，降低死亡率，使其度过不利时期。这种碳分配模式有利于次生林树种幼苗或幼树在演替后期郁闭加大后的低光环境中完成更新（Gill et al.，1998）。需光型的幼苗具有低量和稳定的碳储量，其表现为低的 RMR 及高的 LMR 和 SLA。在这种碳分配模式下，一旦出现光照充足的生长环境，如出现林窗或火烧后幼苗就能够迅速生长，但高的 SLA 和 LMR 会提高草食动物的取食和机械损伤的风险（LAR=LMR×SLA），从而进一步降低苗木的成活率。不同耐荫性树种幼苗的"存活-生长"的权衡生长策略导致在低光环境下不同幼苗种间的巨大差异，这对森林的演替和森林群落中处于不同生态位物种的共存是非常有益的（Gilbert et al.，2006）。

幼苗生长和生物量分配与低光下幼苗生长及生物量分配密切相关。Kitajima（1994）研究低光下 13 种热带雨林树种幼苗的生长特点，认为在短时间内（<1 年期）相对增长率（RGR）与成活率之间呈负相关关系；即使只拿 2 个树种幼苗做比较这种负相关关系也非常显著。一般认为 RGR 受 LAR 和 NAR 的影响，说明在低光环境中，LAR 是影响 RGR 的主要因素，并随着光照的降低作用越来越明显。植物通过叶片的光合同化作用获得维持自身生存、生长所必需的碳，将这些碳分配给叶片进行光合作用以获得更多的能量，分配给根以吸收土壤中的矿物质和水，或者用于构建自身组织和器官（叶、茎、根），或者被储存起来等（Kobe，1997）。Kobe（1997）认为相对于需光型的树种幼苗，耐荫性强的幼苗倾向于分配更多的碳用于储备而不是产生新叶。

为了研究低光环境中不同树种幼苗维持自身碳平衡的生长策略及其对“存活-生长”的权衡机制，探讨鄂东南低丘地区人工造林实践及森林群落演替机制，杨莹等（2010）研究了不同光强度对麻栎和化香幼苗存活率、光合特性、生长和生物量分配的影响。麻栎是鄂东南低丘地区常绿落叶阔叶林和落叶阔叶林的主要优势种，化香则是麻栎的主要伴生种，二者的幼树或幼苗对其所在的群落更新至关重要。虽然麻栎和化香都属于阳性树种，但是由于演替后期林下光环境的异质性和幼苗的可塑性变化，两个树种幼苗耐荫性存在差异。实验选在属亚热带季风性湿润气候的湖北省宜昌市三峡大学温室内进行，在温室中用中性塑料遮荫网将各荫棚的透光率调整至冠层光合有效辐射（PAR）的 3%、6%、12%和 25%（太阳光为 100%），4 个透光率梯度处理模拟亚热带地区落叶阔叶林、针阔混交林的林下、林隙的所有光环境。选择一年生的麻栎和化香幼苗从 5 月中旬至 11 月上旬实验，测定和计算了表观光量子效率（AQY）、最大净光合速率（P_{nmax}）、暗呼吸速率（R_d）、光补偿点（LCP）和达到 90% P_{max} 的光量子通量密度（PFD）的光饱和点（LSP）。研究发现（图 4-3），低光（小于 6%自然光）下麻栎幼苗前 80d 死亡率很低，后期才有死亡植株出现，生长期结束后植株成活率保持在 35%以上；而化香幼苗不能很好地生长，90d 时几乎全部死亡。提高光照强度，两个树种幼苗均能生长良好，表明前者具有较强的耐荫性而后者耐荫性较弱，光照成为幼苗成活和生长的限制性因子。耐荫性较强的麻栎幼苗比耐荫性较弱的化香幼苗具有更高的低光碳同化率和碳捕获能力。在相同光照强度下的两个树种幼苗的 NAR 差异并不大，但化香幼苗的 LAR 是麻栎幼苗的 4.3～5.8 倍，且随着光照强度减弱，相差倍数增大（6%光照水平时相差最高），与 Poorter 和 Kitajima（2007）的研究结果相同。不同耐荫性的幼苗生长及生物量分配方式的差异是植物“存活-生长”权衡后的选择结果，耐荫性弱的化香幼苗具有较高的生长潜力和较弱的自我保护能力，其幼苗将更多的生物量分配给叶部，所以具有较高的叶生物量比（LMR）、叶面积比（LAR）和比叶面积（SLA）（图 4-4）；而耐荫性强的麻栎幼苗具有更高的低光碳储量，能够维持更好的低光碳平衡，以及幼苗较高的根生物量比（RMR），具有竞争优势。耐荫的麻栎幼苗较低的 SLA、LMR 和较高的 RMR，能够有效地避免过剩的生长力，提高植株的碳储量和自我保护能力，在低光环境中比化香幼苗具有更强的生存优势。

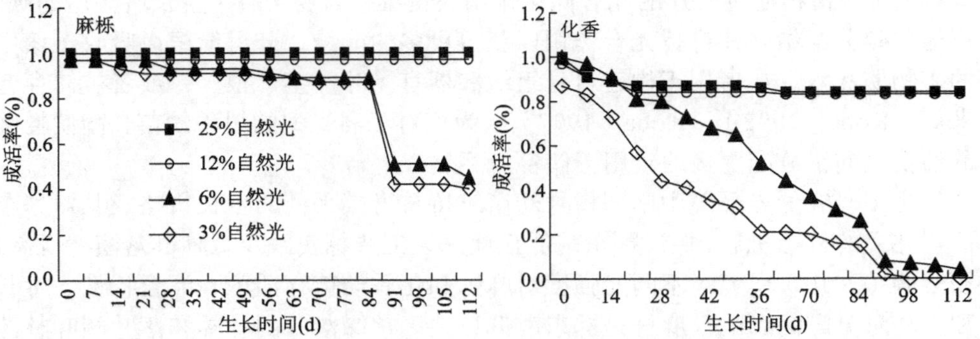

图 4-3　不同生长光强下（25%、12%、6%和 3%自然光）麻栎和化香幼苗成活率周变化

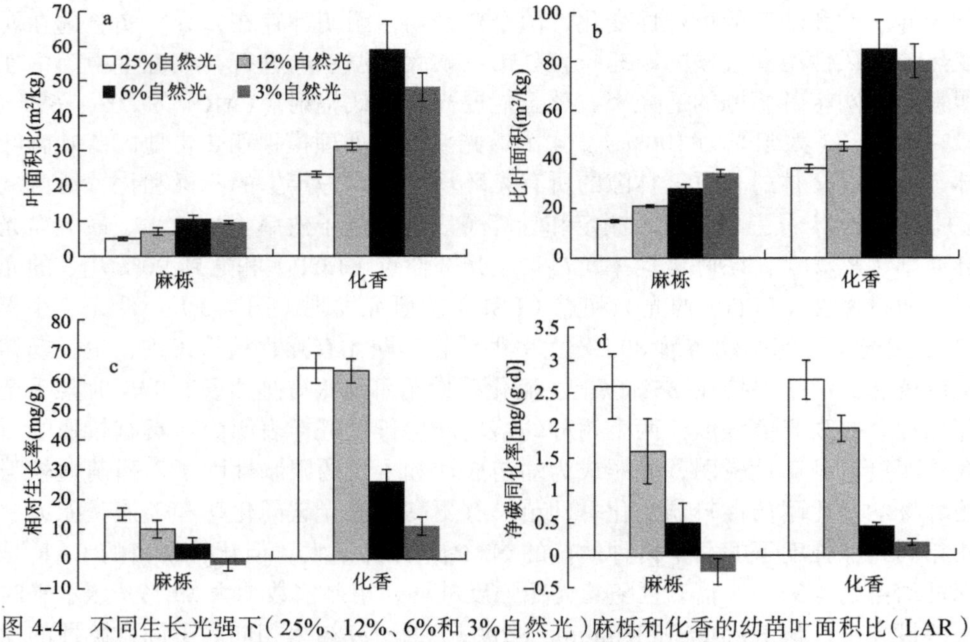

图 4-4　不同生长光强下（25%、12%、6%和 3%自然光）麻栎和化香的幼苗叶面积比（LAR）、比叶面积（SLA）、相对生长率（RGR）和净碳同化率（NAR）

4.1.2 温度对林木碳汇能力的影响

森林碳汇是森林生态系统吸收大气中的二氧化碳并将其固定在植被和土壤中，从而减少大气中二氧化碳浓度的过程，也是目前公认的减少空气中二氧化碳浓度最有效的方法。通过实施造林和再造林及森林管理，减少毁林等活动是增加森林碳汇的直接方法。选择碳汇能力强的树种进行造林时，应考虑环境因素对树种生长及碳汇能力的影响，温度就是其中之一。

植物光合作用与其所处生态环境密切相关，温度是自然界中限制植物光合作用以地理分布最重要的生态因素之一（Guilbault et al.，2012）。在正常温度下，植物可以正常进行光合作用，实现对空气中碳的固定而形成干物质。低温会影响植物生长发育、生理和光合特性，而热带或亚热带地区全年气候较为温暖，因此分布于该区域的植物种类大多缺乏对低温环境的耐受性（王宇涛等，2013）。例如，我国广州属南亚热带季风气候，温度波动幅度较大，冬季常有极端低温的天气，特别是倒春寒，其特点是降温幅度大、降温速度快、降温持续时间长，这将对苗木的抗寒性产生直接的影响；低温胁迫会对树种叶片的光合机构造成一定的伤害，植物叶片对光能的吸收、传递光化学转换及光合电子传递都会受到低温的显著抑制，这必将影响植物的生长。因此，在进行优良树种引进栽培时应当优先考虑其抗寒性。

目前，针对低温胁迫对植物生理影响的研究很多，例如，邵怡若等（2013）通过人工模拟低温环境，从叶绿素、渗透调节物质、抗氧化酶系统和光合特性等方面比较研究了盐肤木（*Rhus chinensis*）、假连翘（*Duranta repens*）、老鸭嘴（*Thunbergia erecta*）、葛藤（*Pueraria lobata*）的耐寒性强弱，结果表明，这 4 种植物的耐寒能力为葛藤>盐肤木>老鸭嘴>假连翘。周建等（2009）通过设置不同低温梯度研究低温胁迫对广玉兰（*Magnolia grandiflora*）幼苗叶片光合及叶绿素荧光特性的影响，结果表明低温胁迫除导致气孔受抑制外，还直接损伤光合机构使 PSⅡ反应中心失活，引起其光能原初捕捉能力和光能同化率减弱，提高了通过热辐射消耗的光能比例，最终导致广玉兰幼苗光合作用能力减弱。广泛应用于植物低温胁迫研究的技术主要有生理生态研究方法（王宇涛等，2013）及叶绿素荧光参数和气体交换参数结合的研究方法（关雅楠等，2013）。叶绿素荧光分析技术可以快速、灵敏和无损伤地研究和探测完整植株在胁迫下光合作用的情况，评价植物光合结构的功能和环境胁迫对植物的影响（Baker，2008）。而利用叶绿素荧光参数和气体交换参数结合的研究方法能够获得植物对环境反应的全貌（Maxwell and Johnson，2000）。

张毅龙等（2014）在广东省林业科学研究院（广州）苗圃内研究了格木、降香黄檀、闽楠、檀香、铁刀木和樟树在低温情况下的生长变化，测定了苗木相对叶绿素含量、气体交换参数和叶绿素荧光参数等指标。这 6 种树种均是热带、亚热带地区常见的阔叶乔木，喜温暖气候，对热量条件要求较高。实验以冬季 12 月至第二年 2 月作为低温胁迫的时间，测定了苗木相对叶绿素含量、净光合速率[P_n, μmol/（m^2·s）]、气孔导度[G_s, mol/（m^2·s）]、蒸腾速率[T_r, mmol/（m^2·s）]、光合有效辐射[PAR, μmol/（m^2·s）]、大气 CO_2 浓度[C_a, μmol/（m^2·s）]、大气温度（T_a，℃）、叶片温度（T_l，℃）、空气相对湿度（RH，%）、初始荧光（F_o）、最大荧光（F_m）、最大 PSⅡ的光能转换效率（F_v/F_m）、光化学猝灭系数（q_P）、非光化学猝灭系数（q_N）和表观量子传递速率（ETR）等，并计算了叶片水分利用效率[WUE, μmol/（m^2·s）]。结果表明，与对照相比，低温胁迫下 6 种珍贵树种苗木净光合速率（P_n）、气孔导度（G_s）和蒸腾速率（T_r）均有不同程度的下降（图 4-5），其中，格木、降香黄檀、闽楠、檀香、铁刀木净光合效率的下降很大程度上来源于非气孔因素抑制，而樟树净光合速率下降可能来源于气孔限制因素。

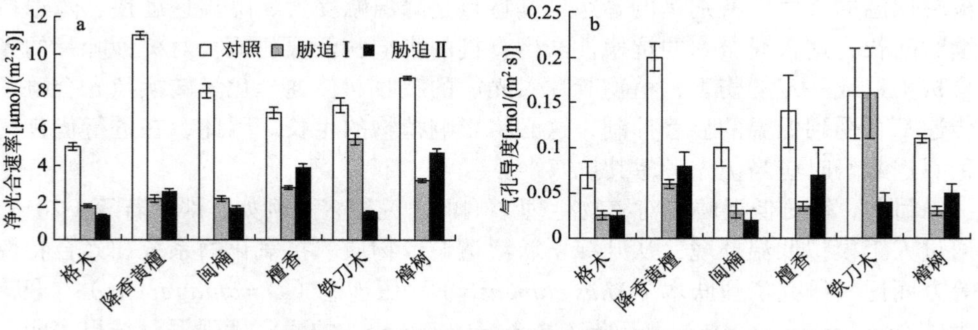

图 4-5 低温胁迫对幼苗叶片净光合速率（P_n）和气孔导度（G_s）的影响

闽楠、檀香和樟树水分利用效率（WUE）呈上升趋势，而格木与降香黄檀 WUE 均有不同程度的降低，表明闽楠、檀香和樟树能较好地协调碳同化和水分耗散。低温胁迫下 6 种珍贵树种 F_m 均有所下降，表明低温可对这些树种苗木叶片 PSⅡ反应中心的电子传递潜力产生明显的抑制，致使以上珍贵树种 PSⅡ的光能转换效率降低（图 4-6）。

降香黄檀、闽楠、檀香、铁刀木和樟树经历 2 次低温胁迫后 q_P 呈现出持续下降的趋势（图 4-7），表明珍贵树种 PSⅡ反应中心的开放程度降低。在两次低温胁迫间格木、降香黄檀、闽楠和铁刀木 q_N 差异不显著（$P>0.05$），表明珍贵树种具有过剩光能耗散机制，保护光合机构免受破坏。相关性分析表明 P_n 与 G_s、T_r、F_v/F_m、q_P、q_N、ETR 和 F_m 存在极显著相关关系（$P<0.01$），表明 G_s、T_r、F_v/F_m、q_P、q_N、ETR 和 F_m 均可作为衡量植物光合能力的参数。隶属函数法分析表明，6 种珍贵树种抗寒能力依次为格木>樟树>闽楠=檀香=铁刀木>降香黄檀。总之，低温胁迫破坏了这 6 种苗木光合结构可能是导致植物光合能力降低的主要原因，且不同植物对低温胁迫的响应程度不同，这是优良抗性树种选择和扩大引种栽培需要考虑的因素。

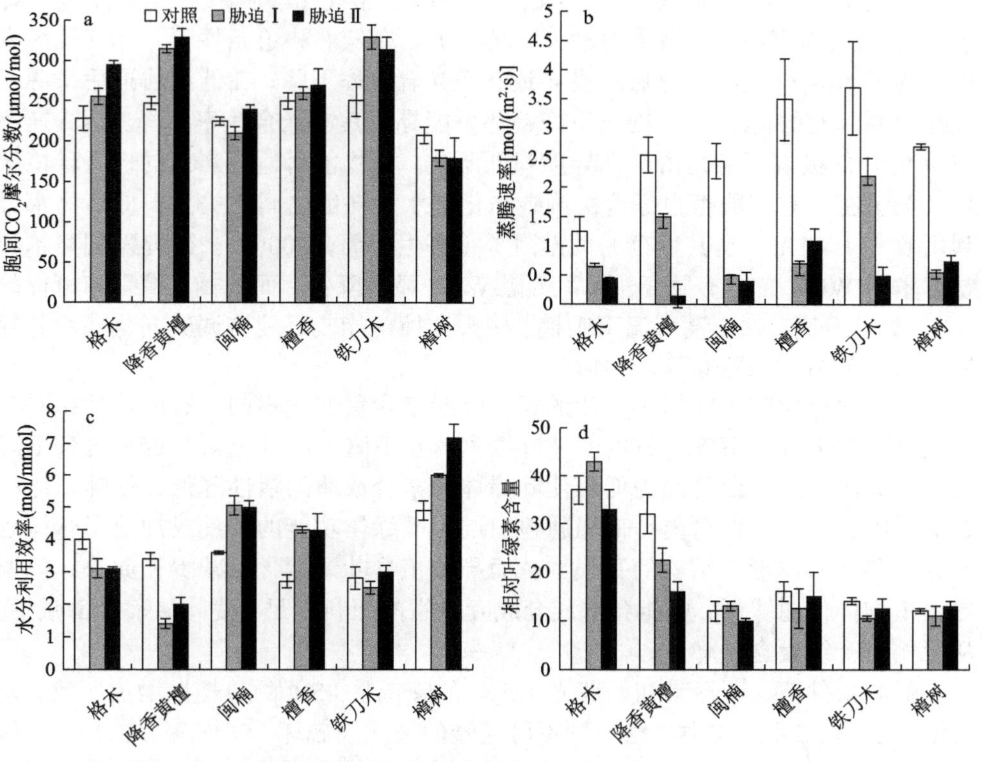

图 4-6　低温胁迫对幼苗叶片胞间 CO_2 摩尔分数（C_i）、蒸腾速率（T_r）、水分利用效率（WUE）和相对叶绿素含量的影响

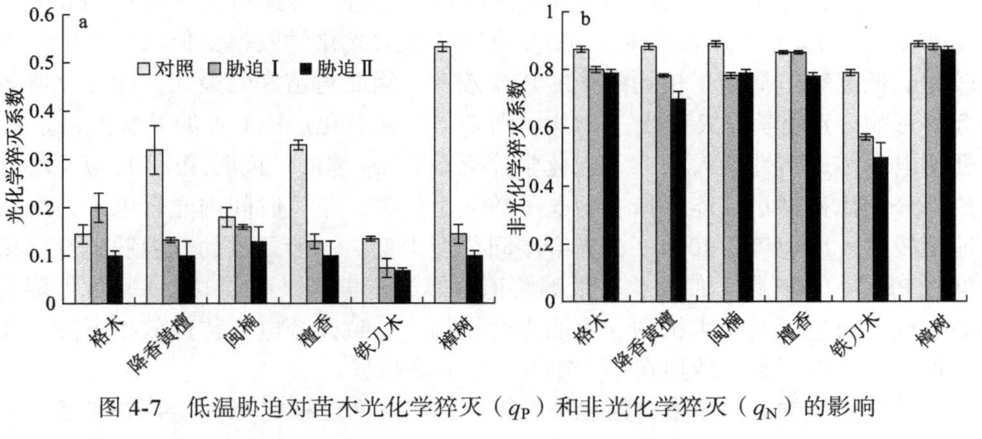

图 4-7　低温胁迫对苗木光化学猝灭（q_P）和非光化学猝灭（q_N）的影响

由于树种自身的生理特性对低温胁迫的表现不同，因此低温对树木光合作用的影响也是多方面的。树木幼苗抗寒性与光合参数 P_n 下降主要有两方面原因，即气孔限制因素和非气孔限制因素。气孔限制因素引起的 P_n 下降主要表现为：气孔导度（G_s）和胞间 CO_2 浓度（C_i）均下降，非气孔限制因素引起的 P_n 下降表现为 G_s 下降而 C_i 升高（刘建等，2007）。在低温胁迫条件下，非气孔因素抑制的树木的 C_i 低温胁迫后升高导致其净光合效率下降，在低温胁迫后来源于气孔限制因素的树木的 C_i 处于下降趋势可能导致其净光合速率下降。蒸腾速率（T_r）的降低极有可能是由气孔导度降低所致。植物能否适应当地的极限环境条件，关键在于它们能否很好地协调碳同化和水分耗散之间的关系，即植物水分利用效率（WUE）是其生存的关键因子（曹生奎等，2009）。研究发现格木和铁刀木的 WUE 变化不显著，降香黄檀 WUE 显著降低，而闽楠、檀香和樟树的 WUE 显著升高，这说明低温下闽楠、檀香和樟树能较好地协调碳同化和水分耗散之间的关系（张毅龙等，2014）。

低温胁迫期间不同树种叶片的相对叶绿素含量变化不同，有的叶片相对叶绿素含量先上升后下降，有的叶片叶绿素含量下降。叶片相对叶绿素含量下降的可能原因：一方面是因为低温使叶绿体色素合成酶的活性降低，使叶绿体的合成受阻；另一方面可能是低温胁迫引起了叶绿体功能的紊乱或加速了叶绿素的分解和叶绿体形态结构的受损，从而导致植物叶绿素含量减少；此外，低温导致植物体代谢缓慢，可能会造成合成叶绿素的原料不足，使叶绿素含量减少，从而相对叶绿素含量降低。

低温条件下，叶绿素初始荧光（F_o）的降低是 PSⅡ的热耗散增加所致，F_o 的增加表明 PSⅡ反应中心已受到不可逆转的失活或破坏（王宁等，2013）。如果苗木在受胁迫前后 F_o 差异显著，说明在低温胁迫条件下其原初光能转化效率降低了，导致了光抑制造成 PSⅡ反应中心失活或伤害；叶绿素最大荧光（F_m）下降则说明树种光合机构的非光化学过程增大，电子传递潜力降低；PSⅡ光化学效率（F_v/F_m）下降表明树木 PSⅡ反应的最大光化学效率受低温胁迫的影响较大。低温胁迫抑制了植物的光能转换效率，因此对苗木的最大光能转化有较大的影响。光化学猝灭系数 q_P 愈大，则 QA^- 重新氧化形成 QA 的量愈大，即 PSⅡ的电子传递活性愈大；PSⅡ光化学猝灭系数 q_P 越低，说明 PSⅡ反应中心开放部分的比例越小，能够传递的电子数量也较少，单位时间内光合电子传递的速度较慢（周建等，2009），光合碳同化能力低。一般严重的低温胁迫会显著抑制 PSⅡ的热耗散，使植物在低温胁迫后非光化学猝灭系数（q_N）呈现下降趋势。低温胁迫还会损害植物叶片的光合机构，导致光合电子传递效率下降，使树种苗木的表观量子传递速率（ETR）呈下降趋势。

温度对植物碳同位素分馏也产生较大影响。西红柿的 $\Delta^{13}C$ 在 17℃条件下生长时比在 32℃时低 3‰，而 C4 植物的 $\Delta^{13}C$ 则不受影响。但也有实验证明 C3 和 C4 植物的碳同位素组成对温度的敏感度较小。CAM（景天酸代谢途径）植物的 $\Delta^{13}C$ 随温度的变化比较大，这是因为温度影响光、暗固定二氧化碳的比例及光呼吸。树木年轮碳同位素的研究结果表明，温度与 $\Delta^{13}C$ 关系较复杂，这可能与树木光合作用及气孔作用所需的最适温度有关。

4.1.3 CO_2 浓度对林木碳汇的影响

目前，全球大气中 CO_2 的聚集物正在不断增长，石化燃料的排放量每年达到了 6.3Pg，意味着每年有 2.7～3.1Pg 碳进入大气中。二氧化碳浓度的不断上升严重影响了地球物理和生物系统的功能，空气中迅速增加的二氧化碳浓度及其潜在的对世界气候的改变是当今全球关注的重大问题之一。

二氧化碳就像肥料一样能刺激植物的生长和促进植物发育。尽管已经有许多相关研究，但预测较高二氧化碳浓度下树木的生长和产量依然是困难的。一些植物在高二氧化碳浓度下显示出光合作用显著增加（净光合速率增加了 50%），但也有许多植物，尤其是一些常绿植物生长在高二氧化碳条件下会启动降低光合速率的机制，减少了光合作用。随着大气中二氧化碳浓度的升高是否会增加单位树木的产量，也因种属、基因型和功能组群的不同而产生不同反应。早期的研究表明快速生长的热带落叶植物与常绿植物相比较对碳的吸收效率不同。急剧生长的热带落叶被子植物随着春天的到来光合速率显著增加，直到夏末叶子老去一直保持高的光合速率。因为热带落叶树木与常绿植物相比存在较多的酚类物质，这种差异的存在降低了落叶植物在较高二氧化碳的条件下光合作用的下调（Herrick and Thomas，2001；Noormets et al.，2001）。

Rasineni 等（2011）在海德拉巴大学的试验田利用石梓来进行高浓度二氧化碳处理试验。在实验室的 2m×2m 的 4 个苗床中分别种植 4 株石梓。树苗种植在实验室 10d 以后进行二氧化碳处理。对照组的二氧化碳处理浓度是 360mol/mol（大气环境），并根据天气变化会在 340～380mol/mol 变动，然后提升二氧化碳浓度使平均二氧化碳浓度维持在 460mol/mol 作为实验组。在设定时间内测量植株的瞬时净光合率（P_n），气孔导度（G_s）和蒸腾速率（T_r）、羧化酶活性、叶绿素荧光、快速荧光效应、单位生物量、地上部分植株的碳含量等指标。结果表明石梓生长在高二氧化碳条件下的绝对生长速率、地上生物量和固碳潜力显著增加，年幼的云南石梓可以显著地积累生物量并且避开因环境变化而调低光合作用速率，这取决于高的库源即二氧化碳含量的增加。在 120d 处理后测量得到瞬时净光合率值提升了 30%、气孔导度减少了 30%、蒸腾速率减少了 25%、瞬时水分利用效率增长了约 46.5%。RuBP 羧化酶活性在 120d 处理中逐渐增长，在 120d 时石梓呈现出显著的较高水平的初始和最高的羧化酶活性。瞬时水分利用效率值和 RuBP 羧化酶初始活性、RuBP 羧化酶的最高活性表现出非常强的关联性。在提升二氧化碳浓度的情况下，PSⅡ原初光能转化效率 F_v/F_m 的比率有轻微的提高（约 13%）。植物生长在大气环境中的单位面积光合机构的比活性参数 ABS/CSm 和 TR0/CSm 值也升高了。在高二氧化碳浓度下生长的植物的 PSⅡ的横断面（ET0/CSm）中的电子传递明显高于对照组，而耗散速率（DI0/CSm）明显更低。

在高二氧化碳浓度下石梓植物株高、基础茎粗、株高日生长量（PHGR）、胸径日生长量（SDGR）都有明显的提高（图 4-8）。在大气二氧化碳条件下植株最高约 210cm，而在高二氧化碳条件下约为 360cm。并且还有更多的分枝生长出来。在高二氧化碳浓度下，叶面积明显增大，根的直径也明显高于对照组。提高二氧化碳可以增加树木的生物量和特殊器官的生物量。树叶、树干及树根的湿重均有显著增加。处理 90d 后实验组植株湿重增加了大约 40%，处理 120d

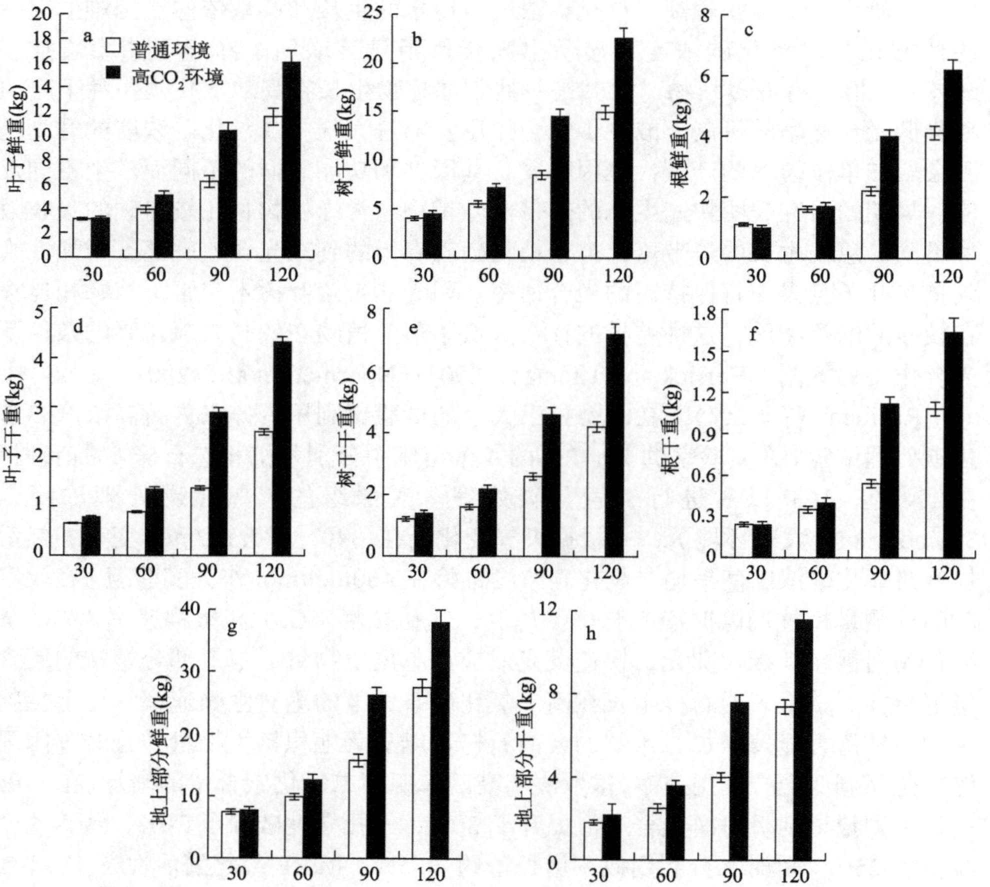

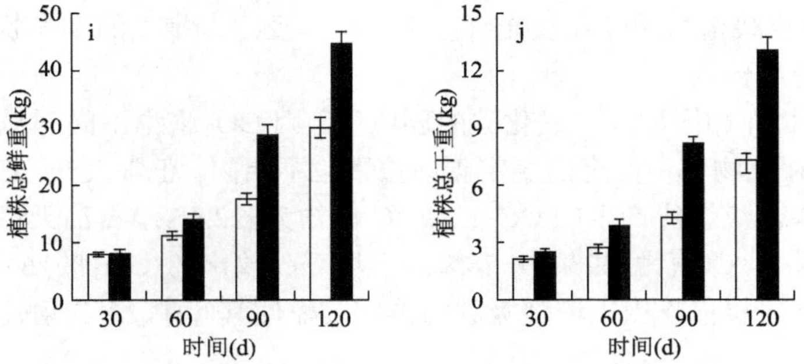

图 4-8 不同 CO_2 浓度处理的石梓不同器官及植株的鲜重和干重

后实验组树干的湿重增加了大约 42%，实验组树根总量增加了大约 40%；处理 90d 时树叶的干重增加了大约 45%。但在处理 30d 时并没有测到树干的干重有显著的增加，而 120d 时是有显著增加的。

在较高的二氧化碳浓度处理下干物质生长速率（AGR）的量有显著的增加（图 4-9）。在 90d 时测得 AGR 量每株大约为 150g/d，比对照高出大约 65%。在 120d 时测得实验组 AGR 为 162g/d，对照组为 90g/d，实验组比对照组增加大约 80%。120d 后实验组的地上生物量（AGB）已经达到大约 1200g/d，比对照组高出大约 49%。实验组 CO_2 固定量也高于对照组，在第 90 天时，测量得到每株大约吸收二氧化碳 1500g/d。在 120d 时每株吸收 2100g/d。而同一时期对照组仅吸收 1000g/d，大约增加了 110%。在 120d 后测得每株多吸收大约 2kg 的二氧化碳。

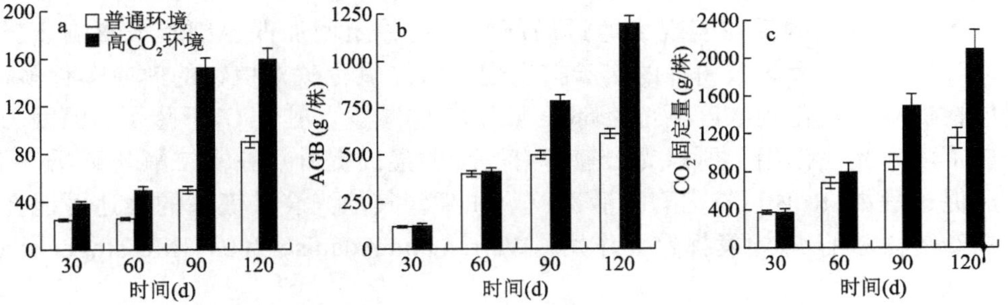

图 4-9 不同 CO_2 浓度处理的石梓 AGR、AGB 和 CO_2 固定量

二氧化碳是光合作用的原料。低浓度的 CO_2 是光合作用的限制因子。这时，植物细胞因 CO_2 供应不足来不及分馏重碳同位素，从而使叶片 $\Delta^{13}C$ 值增大。胞间 CO_2 浓度（C_i）和周围大气二氧化碳浓度（C_a）的比值（C_i/C_a）是反映植物气孔的开张程度、光合作用强度及其他过程的重要参数。叶片 $\Delta^{13}C$ 与 C_i 呈负相关关系，与 C_a 呈正相关关系。因此在大气 CO_2 浓度一定时，$\Delta^{13}C$ 值可以反

映 C_i，进而反映植物的气孔及光合生理状况。反之，植物的生长状况可以在叶片 $\Delta^{13}C$ 中得到体现。

即使生长在相同浓度二氧化碳的环境里，因 CO_2 来源不同，$\Delta^{13}C$ 值也是不同的，所以在植物体中固定的稳定碳同位素也不相同。正常大气 CO_2 的 $\Delta^{13}C$ 平均值为-7.8‰，煤燃烧产生的 CO_2 的 $\Delta^{13}C$ 值约为-22.4‰，石油天然气燃烧所产生的 CO_2 的 $\Delta^{13}C$ 值为-32‰～-28‰。土壤呼吸放出的 CO_2 的 $\Delta^{13}C$ 值估计为-19‰。森林底层植物因土壤呼吸碳的再固定而使其叶中 $\Delta^{13}C$ 值比冠顶低就是例证。

大气中二氧化碳浓度增加和气候变化使人们增强了对碳池大小的兴趣，尤其是通过在热带地区种植速生树种的方法。研究表明（Rasineni et al., 2011）石梓是一种有效的固碳树种，其对二氧化碳浓度的升高显示了正效应。在高浓度的二氧化碳中，云南石梓的茎高提升了 42%～52%，也有研究报道可对某些草本植物采用提升二氧化碳浓度进行短暂的生长刺激。然而，是什么生理作用刺激了这种增长，现在我们了解得还很少。在生长季节提升二氧化碳浓度，固氮植物的 P_n 值有明显的升高。在两个生长季节中，减少气孔导度（G_s）和蒸腾速率（T_r），光合速率（P_n）被保持在一个很高的值。高二氧化碳浓度下，在 P_n 提升的同时，T_r 的下降导致了叶水平 WUE_i 的下降。植物与之生长的环境之间的二氧化碳交换主要是通过气孔，G_s 是二氧化碳吸收过程中主要的限制因素，特别是植物在高二氧化碳浓度下生长的时候。气孔导度主要取决于气孔密度和气孔开度。对温带树种的研究发现在高二氧化碳浓度下气孔密度显示明显的下降。当环境中二氧化碳浓度高于大气环境中二氧化碳浓度时，植物对二氧化碳浓度的反应表现为通过局部的气孔关闭增加保卫细胞来影响蒸腾速率。近年来，大多数树种的实验都发现尽管二氧化碳对植物的效应多种多样，但在提高二氧化碳浓度下最终都表现出 G_s 的减少。尽管 G_s 下降了，但因为加速了内部光合作用，所以光合速率有一个明显的提升。在高二氧化碳条件下，酶促过程如 RuBP 羧化酶的活性调节和某些其他光合关键酶的表达可能在影响幼龄树木的 P_n 中发挥重要作用（Warren and Adams, 2004; Messinger et al., 2006）。

在高二氧化碳浓度诱导下，光合速率主要取决于关键酶的表达。在高二氧化碳浓度条件下树种光合速率的增加取决于有效的 RuBP 羧化酶活性。然而，一部分树种不能在高二氧化碳含量中保持高光合速率是因为它们在此条件下重新调整了它们的光合机制来平衡可利用资源的比率。对于生长在热带的树种，入射光源和其通过光化学薄膜的转化对光合速率有重大影响。在高自然光源下提升二氧化碳浓度可能也提供了一个较大的电子转移量，或者减少光合效率，增加一个敏感的光抑制作用。在高二氧化碳浓度下树木更好的光合作用能力也取决于增加 PSⅡ光化学效率（F_v/F_m）与光合条件下有效的电子传递速率。改变二氧化碳在大气中的浓度导致了光能通过光合作用薄膜过程的改变，也通过大量的电子传递或者通过减少光合效率导致一个敏感的光抑制作用的发生。了解碳吸收和 PSⅡ光合作用之间的关系对于理解生理环境是如何影响植物生长，同时鉴定有效光合效率使树种进行更好的碳储量是很重要的。

在较高二氧化碳条件下，植株生长能力并不仅仅决定于光合作用的能力，还与植株具有的或者发展出来的巨大的接收方式有关。有些植物在较高二氧化碳条件下会发育更多的侧枝来更好地利用资源。在较高的二氧化碳条件下，增加生物量的积累能力也暗示着需要更多的糖类，与之相连的光合作用速率也相应得升高了，储藏器官碳利用率的增加导致生物量的增加。在较高二氧化碳浓度条件下植物生长和生产率的增强表明生物量的持续增加。因为幼年植株快速生长模式使之在高二氧化碳浓度下的光合作用容量不会降低。其次，高代谢速率和有效沉降能力是植株在高二氧化碳浓度下光合速率高的原因之一。高的二氧化碳条件显著地增加了植株各种生长指标，包括植株高、分枝的数量、节间、运输距离、总的生物量。这显示着植株对碳的沉积能力远大于消耗能力。光合作用碳的获取和生物量的增加成正比，显示出增加光合作用将会使植株积累更多的碳和生物量（Rasineni et al.，2011）。

4.2 土壤因素对林木碳汇能力的影响

4.2.1 立地条件对林木碳汇能力的影响

立地条件包括树木生长的地貌、气候、土壤、水文、生物等各种外部环境条件，有林地的森林分类与经营方式、方法都需考虑其立地质量。造林地的立地条件对造林树种的选择、人工林的生长发育和产量、质量都起着决定性的作用，不同立地条件的造林地上必须采用不同的造林技术措施。因此，立地条件直接影响森林（碳汇林）的生长情况，对林木的碳汇能力的影响也很大。研究表明，立地条件（坡向、坡位、土壤等）对人工林的生长具有重要影响（郭建明等，2011；Toit，2008）。

4.2.1.1 立地条件影响林分的树种组成

研究证明树木初级生产力在不同立地类型中的差异比那些由不同的初始树种组成更为显著。立地类型的差异引起土壤中氮可用性的不同，决定了森林的树种组成，从而对森林地上部分碳储量产生影响。竞争树种比例的改变依赖于立地的生产能力。例如，松树是一个不太需要营养的品种，在贫瘠立地条件竞争具有优势；而在营养丰富的立地，松树与云杉或桦木无法竞争。因此，在营养丰富的立地条件上树种由松树转向其他树种是最快和最容易的。调查也发现，在营养丰富的立地条件下云杉或桦木较多，而在相对贫瘠的立地条件下较少存在对营养要求较高的云杉或桦木。在混合桦木松林中，对于贫瘠的立地条件，松树比例增加时土壤的营养含量也随之提高；在肥沃的立地条件下，松树的比例却显著下降。在桦木云杉混合立地上，不同初始组成中云杉比例都会增加，肥沃立地增幅最大，贫瘠立地增长最少。在松树云杉混合立地，贫瘠立地松树比例增加普遍，肥沃立地云杉增加其所占的比例。在有 3 个树种的混交林中，松树是最有竞争力的树种，随着树木生长，在贫瘠立地会增加其比例，而云杉的比例没有改变或减少；相反，在肥沃的立地，松树的比例减少，而云杉的比例增加，桦木最终被这两种树种取代（Shanin et al.，2014）。

树种组成对森林生产力的影响显著，尤其是针叶树种混交林中增加的茎干产量与纯松树和云杉林立地相比材积增加 10%～15%（Tillgren et al.，1994）。在中等立地条件下云杉松树混交林，云杉的外部竞争比内部竞争强，表现出积极的混合效应。在不同立地条件下，达到最大茎产量增加值的桦木密度在与云杉和松树混交的林分中是不同的。Légaré 等（2004）的研究表明，如果白杨比例低于 40%，混合落叶林对黑云杉起了积极的作用，使黑云杉生长量达到最大；在自然的松桦混交幼龄林立地，松树和桦木相同比例时林地生产力最大，在成熟林立地中，生产力随桦木比例增加而有所减少。

Shanin 等（2014）使用基于个体模型 EFIMOD 方法模拟了 3 种不同立地条件下树种组成的变化情况。结果显示（表 4-1），在连续的立地环境变化过程中树种组成发生了重大变化。不同树种的性能依赖于树种的初始比例及立地的养分等条件。

在贫瘠的立地条件下，在混合桦木松树林中松树比例增加，松树的占比达到了最低的初始比例的 3 倍（10%）。在较肥沃的立地，松树的比例下降，最显著的情况下松树有 10%的下降。一般情况下，在最肥沃的立地上松树密度降速最高（表 4-1）。

在混合桦木云杉立地，云杉在所有立地和所有的初始比例上都比桦木高。在不同的初始组成中，以桦木为主的立地上云杉增加的比例是最大的。在不同立地类型，云杉比例在肥沃立地增幅最大，贫瘠立地增长最少（表 4-1）。

在混合松树云杉立地，在贫瘠立地松树普遍增加其比例，在肥沃立地则云杉增加其所占的比例。相比于中等立地，云杉在肥沃立地中比例增加更高。在上述两种情况下的贫瘠立地，云杉的比例相对于松树增加更多。

表 4-1 利用 Monte Carlo 模拟不同立地条件树种组成变化趋势

树种组成	土壤肥力（kg/m²）		
	贫瘠立地	中等立地	肥沃立地
松树部分			
90%桦木 10%松树	3.269±1.173	0.109±0.033	0.134±0.032
70%桦木 30%松树	2.019±0.501	0.421±0.124	0.14±0.033
50%桦木 50%松树	1.577±0.532	0.494±0.146	0.238±0.085
30%桦木 70%松树	1.19±0.416	0.955±0.277	0.231±0.069
10%桦木 90%松树	1.027±0.259	0.996±0.288	0.444±0.102
云杉部分			
90%桦木 10%云杉	3.299±0.806	18.912±5.788	21.197±5.295
70%桦木 30%云杉	1.822±0.482	5.911±1.749	5.824±1.823
50%桦木 50%云杉	1.383±0.446	3.091±0.966	3.075±1.03
30%桦木 70%云杉	1.06±0.271	1.906±0.553	1.921±0.638
10%桦木 90%云杉	0.905±0.253	1.239±0.356	1.236±0.307
云杉部分			
90%松树 10%云杉	0.766±0.269	1.373±0.427	5.14±1.72
70%松树 30%云杉	1.166±0.377	1.704±0.526	6.825±2.61
50%松树 50%云杉	0.729±0.198	2.345±0.676	5.068±1.273
30%松树 70%云杉	0.862±0.222	2.3±0.657	3.115±0.883
10%松树 90%云杉	0.974±0.306	1.371±0.392	1.57±0.46
松树部分			
20%桦木 20%松树 40%云杉	1.208±0.386	3.544±1.023	4.287±1.156
20%桦木 40%松树 20%云杉	0.16±0.041	3.431±0.999	10.46±2.89
40%桦木 20%松树 20%云杉	0.926±0.215	5.85±1.721	10.553±3.036
云杉部分			
25%桦木 25%松树 50%云杉	1.676±0.577	0.101±0.031	0.125±0.034
25%桦木 50%松树 25%云杉	1.633±0.598	0.923±0.28	0.312±0.098
50%桦木 25%松树 25%云杉	2.662±0.868	0.467±0.145	0.103±0.035

在 3 个树种的混交林中，松树是最有竞争力的树种，在贫瘠立地增加其比例，而云杉的比例并没有改变或减少。相反，在肥沃的立地，松树的比例减少，而云杉的比例增加。这一趋势通常是在最肥沃的立地（表 4-1）更为显著。桦木在模拟推演后期几乎完全被取代。

4.2.1.2 立地条件影响土壤氮的含量

不同立地条件影响植物的物种差异和生态结构，从而对不同立地条件的土壤有机碳库和氮产生影响。近期的研究显示，坡向和坡位对毛竹林和水曲柳生态系统碳储量及分配模式具有显著影响（范叶青等，2012）。因此，立地条件对地上的森林碳储量和地表及地下的土壤碳池都有非常大的影响。

立地的生产力由长时间不因树种改变而发生重大变化的土壤因素所控制，已知在贫瘠、中等和肥沃立地的速效氮含量差异是显著的。研究表明（Shanin et al., 2014），不同立地类型氮的变化比不同初始物种组成要高（一般不超过 8%），如混合桦木和松树立地土壤中大量矿物质氮（NH_4^+和 NO_3^-）在贫瘠立地随着松树比例的增加而增加。混合桦木云杉立地的速效氮含量随云杉的密度提高。不同立地条件遭受水蚀和风蚀的程度是不同的，从而造成土壤有机碳和养分损失不同。例如，在松树生长立地上，松树凋落物为土壤提供了有机碳和总氮的来源，同时也降低了风和水的侵蚀，从而缓冲土壤有机碳和总氮的损失。但是，在上坡的风蚀和水蚀很可能比在中下坡密集，导致上坡凋落物比中下坡要低得多。现场调查发现，在山上斜坡很少发现树木的凋落物，而下斜坡树木凋落物却积累很多。其结果是，在自然条件下山上的斜坡很难提高和保持土壤有机碳和总氮量，但在中下山坡却非常容易。这样就造成山上坡土壤有机碳和总氮量显著下降，而中下山坡的有机碳和总氮量显著提高。因此，同一树种在不同坡位对土壤有机碳和总氮量的影响归因于坡位生态过程的变异。

Shanin 等（2014）基于个体模型 EFIMOD 方法的研究表明，在混合桦木松木立地，土壤中大量矿物质氮（NH_4^+和 NO_3^-）在贫瘠立地随着松树比例的增加而增加。在较肥沃的立地，除了在含有 90%松树的初始比例具有相对较低的值外，所有初始比例都类似。在混合桦木云杉立地，速效氮的含量随云杉的密度而提高。在混合松树云杉林的立地中任何初始树种比例下速效氮的含量是相似的，在最肥沃立地速效氮的含量会随着增加云杉初始比例而降低。3 树种混交林显示土壤中可用氮平均量没有显著差异。在纯林立地，贫瘠立地的松树和其他立地的云杉速效氮的含量最高。

不同立地类型中氮的差异（20%）比不同初始物种组成差异要高（一般不超过 8%）。可用的氮含量平均值分别为贫瘠立地 0.0081kg/（m^2·年），中等立地 0.0098kg/（m^2·年），肥沃立地 0.0118kg/（m^2·年）（图 4-10）。

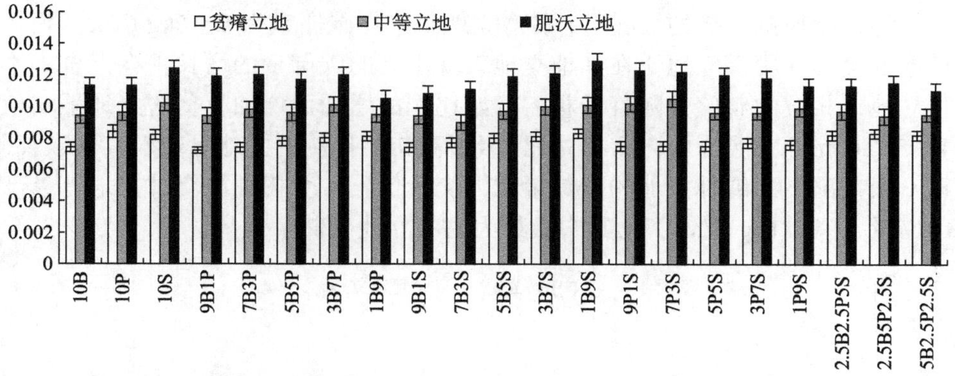

图 4-10 利用 Monte Carlo 模拟出的林分后期可用氮均值

横坐标轴表示初始物种组成，B 表示桦木、S 表示云杉、P 表示松树，阿拉伯数字是它们的比例因子；下同

4.2.1.3 立地条件对林分碳储量的影响

因为不同的树种在特定生境中影响其生长的主要生态因子存在差异，所以不同的立地条件对不同树种的碳储量影响不同。在江淮分水岭贫瘠易旱区，麻栎人工林受土壤水分影响最大，坡向和土壤石砾对麻栎碳储量及碳储量在树木各器官的分配均有显著影响。阴坡树木碳储量显著高于阳坡林分，土壤石砾低的立地树木碳储量显著高于土壤石砾高的立地（成向荣等，2012b）。对水曲柳和沙棘林分的研究也表明，坡向对林地生产力有显著影响，阴坡林分的生长量和生物量均显著高于阳坡（王向荣等，2011；魏宇昆等，2004）。这些研究均认为阴坡林地生产力较高与土壤水分和肥力条件密切相关。毛竹适生区普遍降水量较高，坡向对光照的影响可能要大于土壤水分，这也导致强阳性的毛竹在阳坡具有较高的生产力，阳坡植被碳储量、土壤碳储量和生态系统碳储量均显著高于阴坡（范叶青等，2012）。

立地生物量碳储量反映净初级生产力（NPP），并强烈影响立地生产力能力。松树和云杉已知有不同的生态位；松树通常情况下生长在典型的营养较差的立地，而浅根性云杉生长在湿润肥沃的栖息地。此外，它们还存在光环境的差异；与云杉相比松树有较短冠长和更大的叶面积分布（Lagergren and Lindroth，2002；Morén et al.，2000）。因此，当在一个常见的立地生长时，它们的互补生态位可能会提高资源的利用效率（Morin et al.，2011）。

Shanin 等（2014）研究表明，林分碳储量不受初始物种组成影响，表现出从贫瘠到肥沃立地平均碳储量增加的总体趋势，林分生物质碳储量在中等立地和肥沃立地分别比贫瘠立地高 10%～20%和 20%～30%（图 4-11）。在贫瘠立地有高比例松树的松树云杉林和桦木、松树、云杉混交林有最高的林分生物质碳储量（9～14kg C/m^2）。在混合桦木松树林中，最高的碳储量被发现在这两个树种初始比例相等的情况下，贫瘠立地年平均碳储量为 5～6kg C/m^2。松树和桦木混交林在肥沃立地比在其他立地表现出高的碳储量的增长。在混合桦木云杉立地，相应的碳储量随着云杉的初始比例的增加而增加，贫瘠立地平均值为 4～5kg C/m^2。在混合松树云杉立地，云杉高初始比例的立地呈现较高的碳存量。在一般情况下，纯林立地的碳储量比混交林低，3 个树种混交林立地有最高的碳储量（9～11kg C/m^2），其中云杉为主的立地碳储量最高。

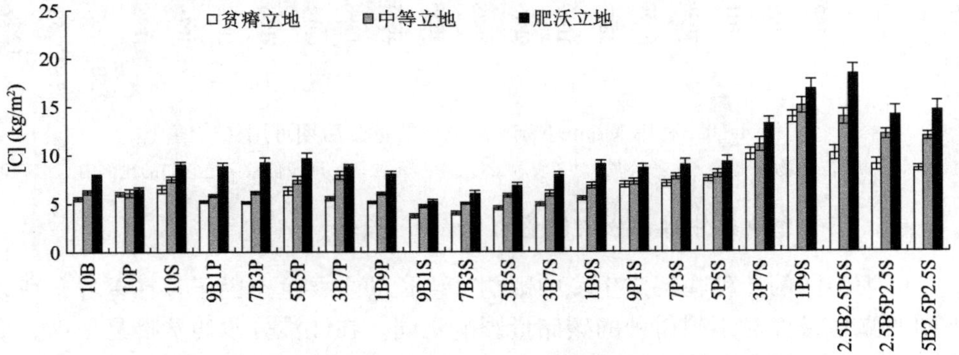

图 4-11　利用 Monte Carlo 模拟出的后期林分碳储量均值

土壤中碳储量的增加取决于立地营养情况、物种组成和森林的地面与矿质土壤碳之间的重新分配。物种组成不同则林下地面碳储量显著不同。在松树比例大的混交林立地会有最大的碳储量增长，这可能是因为落叶树和针叶树凋落物的分解比率不同，同时松树凋落物与云杉相比其馏分中氮含量较低。这两个因素导致森林地面的碳储量增加，尤其在肥沃的立地条件下更显著。松树桦木混交林凋落物加速分解和进一步的腐殖化，由矿物土壤中有机物质的增加可以看出。

立地生物量碳储量反映净初级生产力（NPP），并强烈地受立地的质量影响。在针叶林中树种组成强烈影响立地生物量，低比例的长寿命的松树和耐荫的云杉组成的林分具有很高的生物量，主要就是由于它们有互补的生态位。这一结果表明，落叶针叶林具有较强的碳储存能力，是减缓气候变化最有效的林分类型。

4.2.1.4　立地条件对林分碳分配的影响

立地条件还影响着林分的碳密度分配。通过坡向和土壤石砾对麻栎（*Quercus acutissima*）人工林系统碳密度及其空间分布研究发现，阴坡（SHS）树木碳密度显著高于阳坡（SUS）（P<0.05），土壤石砾低的立地（SUS）树木碳密度显著高于土壤石砾高的立地（SUS）（P<0.05）。不同立地条件下麻栎

各器官碳密度分配均为树干>根>枝>叶。林木分配较多的碳同化物供给树干生长，土壤石砾高的立地上林木分配较多的碳同化物供给根系和枝的生长。凋落物碳密度在阳坡和阴坡之间没有显著差异（$P>0.05$），而土壤石砾高的立地上阴坡则显著低于阳坡（$P<0.05$）。整个剖面（0～50cm）土壤有机碳密度阴坡显著高于阳坡和土壤石砾高的立地（$P<0.05$），阳坡和土壤石砾高的立地之间没有显著差异（$P>0.05$）。麻栎人工林系统总碳密度大小为阴坡（146.9t/hm^2）>阳坡（116.9t/hm^2）>土壤石砾高的立地（102.6t/hm^2），阴坡显著高于其他 2 种立地条件（$P<0.05$），阳坡与土壤石砾高的立地之间没有显著差异（$P>0.05$）。3 种立地条件下均为土壤碳密度>树木碳密度>凋落物碳密度，凋落物碳密度占林分总碳密度的比例仅为 2.1%～3.6%。阳坡和阴坡土壤碳密度占林分总碳密度的比例低于土壤石砾高的立地，而树木碳密度占林分总碳密度比例则相反。由此可见，在江淮山丘区，土壤石砾较低的阴坡（SHS）最有利于麻栎人工林碳储量的累积，相对于土壤石砾高（SUS）的立地，较低的土壤石砾（SUS）更有利于树木碳储量的增加。

4.2.1.5 立地条件（不同林型）对土壤微生物量碳变化的影响

土壤微生物群落的大小和组成直接受土壤物理化学因素（土壤温度、土壤水分、土壤 pH、土壤孔隙度和土壤容重）和底物数量和质量（Calderón et al.，2001）的影响，其间接由植被组成确定（Lalor et al.，2007）。因此，土壤微生物特性可用作潜在指标，以确定森林管理实践对土壤的影响（Högberg and Read，2006）。

微生物群落结构影响微生物利用土壤有机质（SOM）的有效性和利用机制（Monson et al.，2006；Balser and Wixon，2009），微生物群落结构的变化可能会影响 SOM 分解速率和二氧化碳生产。Söderberg 等（2004）报道，当易分解的碳化合物如糖、氨基酸被利用时，革兰氏阴性细菌的分布与根的分布和生物量增加相关，这主要是因为根和真菌菌丝体是连锁的（Marilley and Aragno，1999）。结果为，当营养物质的可利用性较低时，利用 SOM 的微生物分解能力可能很强烈，使新鲜碳的生成超过新的 SOM 的形成，最终导致 SOM 的减少和矿物质营养的释放。相反，当可溶性营养丰富时，分解 SOM 的微生物活动减少，从而导致 SOM 中营养物质更多螯合（Fontaine et al.，2011）。

土壤中的碳储量的增加取决于立地生产力能力、物种组成和森林的地面矿质土壤碳之间不同的重新分配。土壤呼吸是一个受生物因素和非生物因素共同影响的复杂过程，坡向除了影响土壤温度外，还可能影响土壤微生物的组成和数量，进而导致土壤呼吸出现差异。在不同的条件下，土壤呼吸受立地影响表现不同。阴坡土壤呼吸速率低于阳坡，可能与阴坡土壤温度相对较低有关（成向荣等，2012b）；李志刚和侯扶江（2010）在草地生态系统的研究表明，阴坡土壤呼吸速率高于阳坡，主要与阴坡具有较好的土壤水分条件和较高的地下生物量有关。

Huang 等（2014）研究了 8 年生的纯桉树种植园（PP）和桉树与相思树（固氮树种）混合树种植园（MP）的土壤微生物生物量，采用磷脂脂肪酸（PLFA）度量单一群体土壤微生物生物量；两个种植园内都有一部分林地进行了切沟处理。研究结果表明：与 PP 相比，混合固氮树种的 MP 对微生物生物量有显著影响，PLFA 总量增加 13.1%（图 4-12a）。细菌 PLFA、放线菌 PLFA 和丛枝菌根真菌 PLFA（分别为细菌生物量、放线菌生物量和丛枝菌根生物量指标）在 MP 中显著高于 PP（P <0.05）（图 4-12a～d）。然而，腐生真菌 PLFA（腐生真菌生物量的指标）在 MP 中显著低于 PP（图 4-12e、f）。无论种植园类型如何，所有的微生物 PLFA 在沟槽地块中都比在未切割的地块中低（图 4-12a～f）。

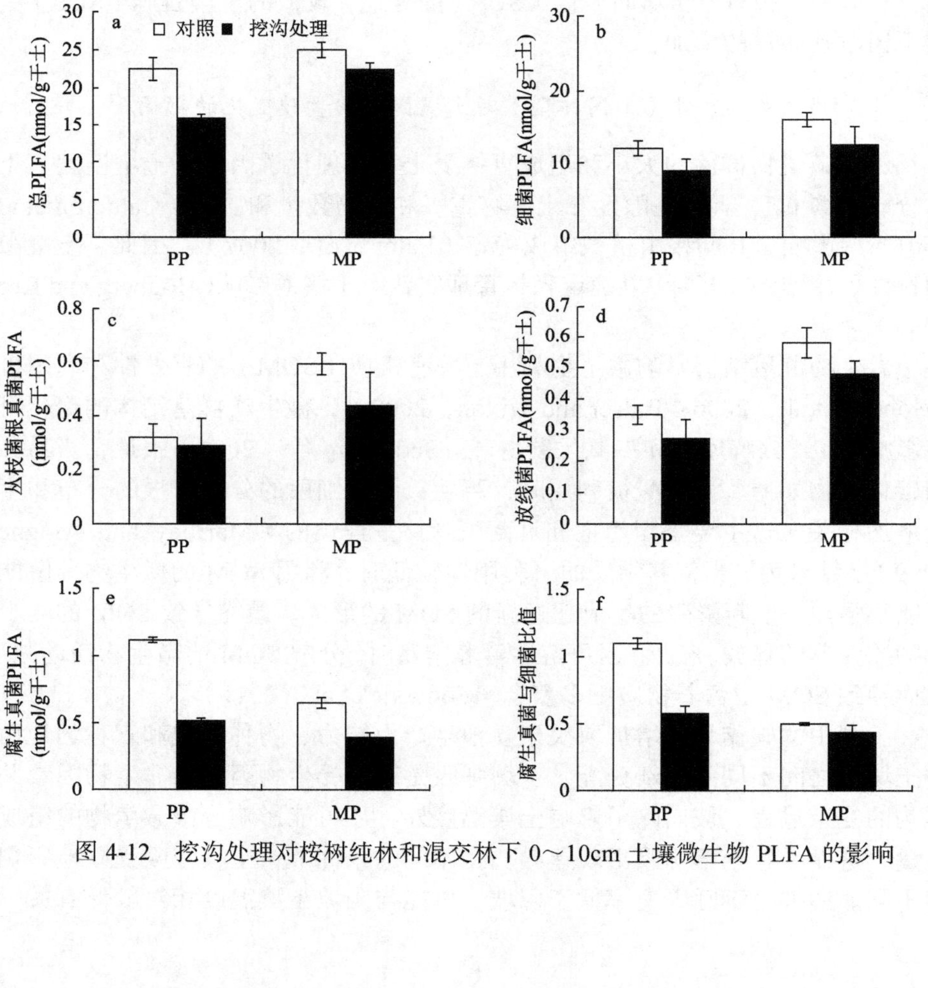

图 4-12　挖沟处理对桉树纯林和混交林下 0～10cm 土壤微生物 PLFA 的影响

4.2.2 土壤营养条件对林木碳汇能力的影响

一般认为土壤肥力的提高有利于树木的生长，从而提高树木的碳储量和凋落物进入土壤，形成土壤有机碳，增加森林碳库和土壤碳库的含量。许多欧洲的森林都改变了以往无计划和无节制的砍伐措施，通过增加树木生长季节、提高氮用量、改善森林管理及二氧化碳的富集效应等增加林木生长量以提高森林的储碳能力（Farrell et al.，2000）。在许多国家，每年森林的增量超过之前的采伐量（Spiecke，1996），因此林龄越长的林分拥有越来越多的地上生物量变得非常普遍。

4.2.2.1 土壤氮含量对林木碳汇的影响

目前氮肥对树木碳汇能力的影响研究较多。研究表明，土壤氮肥促进树木的生长，从而以凋落物和根际沉积形式储存碳到土壤中；但也有实验表明增加氮肥减少了根生物量的产生。当无机氮输入土壤后会抑制土壤中的微生物活性和木质素降解酶的活性，延缓陈年凋落物和难降解有机质的分解效率。氮肥能够刺激树木增加生物量的形成，但对土壤碳库的影响比较复杂。它能够刺激微生物分解有机质，导致土壤的净碳损失，并可能导致氮氧化物的形成（Mosier et al.，1998；Brumme and Beese，2013）。利用放射性碳 ^{13}C 示踪测试表明，氮添加提高了陈年凋落物和难降解的腐殖质在土壤中的比重，从长远来看这可能会显著影响土壤碳库的储存量（Berg and Meentemeyer，2002；Hagedorn et al.，2003；Neff et al.，2002；Franklin et al.，2003）。

氮肥施加对土壤碳库具有很大影响，这主要取决于后期的土壤处理。瑞典研究者对一个成熟松林施肥，施氮率增加了 1 倍，在 20 年中森林地面的碳库每公顷增加了 5～9t C。这主要是因为增加施用氮肥量大大加快了林木的生长速度，在林木生长过程中产生了大量的凋落物，并且氮肥的施用降低了凋落物的分解，从而增加了土壤碳库。在造林过程中通过施肥大幅提高森林土壤碳储量是可行的，但在具体应用过程中，由于位点特异性等还没有被大范围的应用（Canary et al.，2000；Chen et al.，2000）。

以往的研究数据证实森林生产力、固碳和氮供应之间存在相互作用。在北欧，氮沉积速率较小，碳储量也小，氮很大一部分被保留在植被中，使森林的生产率得以提高。相比之下，在中欧和东欧固碳和氮沉降都较高。氮有效性的增加能够导致森林更高的生长效率，直到林木生长受到限制，从而促使更多的碳储量（Vries et al.，2003）。

温带森林生态系统包含全球大约 10%的土壤碳储量，并且大部分北半球中纬度地区的陆地固定碳发生在季节性山地森林生态系统中。Rodriguez 等（2014）

以纽约地区卡茨基尔山的主要树种糖槭、美国山毛榉、黄桦、东铁杉、北部红橡木为研究对象，通过施用硝酸铵的方式研究树种组成和氮添加对该地区硬木森林生态系统养分循环和碳储量的影响。研究发现，氮处理对有机层样本的呼吸速率产生了影响，土壤中不稳定碳的积累发生了变化；氮的添加减少了有机物的分解率，显著增加了土壤存储碳，最终积累更多更稳定的土壤碳。

4.2.2.2　氮对碳沉积的作用

氮沉积和大气中二氧化碳量的增加是人为的两个最大的环境干扰，人类活动持续地改变碳和氮循环周期，研究氮和碳储存在地下的耦合作用，确定对土壤中碳氮循环和存储的控制对于建立精确的生物地球化学模型和未来气候变化情景的预测至关重要。

一般认为，施氮会通过对地上植物的生长和凋落物的产生影响森林的碳储量。研究已发现氮影响温带森林土壤中碳循环的各个方面。氮通过减少凋落物的分解、土壤呼吸和微生物生物量来增加碳储量。氮对碳循环的影响可能是短暂的，或高度异质性，但还没有研究显示施氮对土壤碳储量存在显著影响。

土壤中轻馏分和重馏分是指带有不同碳质量的土壤有机物组分。大多数土块和矿质样品中的碳是重馏分，轻馏分只占被发现土块的3%和土壤碳的20%。这一结果证明土壤有机质和矿质碳大多数被绑定在矿物的表面，形成有机质颗粒。增加氮的投入可能不成比例地增加了不稳定性碳的流失和土壤碳组分的储存及其稳定性，其组分包括高度复杂或抗逆性的有机物（Sollins and Bowden，2009）。土壤中轻馏分是部分降解的无机物，比重馏分更可能被分解。大多数的土壤在氮添加时表现出轻馏分增加的趋势。氮处理地块中轻馏分的积累可能是由于氮诱发植物凋落物输入的增加和轻馏分分解的减少，氮的添加抑制酚氧化酶活性从而导致某种抑制异养呼吸作用的发生，使树木凋落物的分解速度放慢，土壤中木质素增加；也可能是氮增加使有机物化学稳定性发生改变、微生物生物量降低，或者微生物群落改变等原因，使凋落物得以保留更长时间（Berg and Matzner，1997）。

添加氮后土壤中微生物对凋落物的分解速率常数和呼吸速率都受到抑制（Swanston et al.，2004），减少了土壤有机质的分解速率，从而提高了土壤有机碳的含量。但是，尽管 Lovett 等（2013）发现氮添加后，单位面积的林地质量和碳的显著增加，却没有观测到单位面积总质量中潜在的可矿化的碳相应增加（COA）。因此，氮的增加是增加了林下不稳定碳库，而不是稳定的矿物碳库。

Lovett 等（2013）对 Catskill 林区的枫树（maple）、铁杉（hemlock）、山毛榉（beech）、桦树（birch）和橡树（oak）5 种树木纯林进行了施氮肥处

理，自 1997 年开始，每年（6 月、7 月、8 月和 11 月）4 次将 NH_2NO_3 的颗粒肥施入氮处理的森林地块中，氮总量相当于 50kg/（hm^2·年）。2010 年 10～12 月分别采集了 5 种树木施氮和对照处理林下土壤样品，分析土壤中碳和氮的含量。结果（表 4-2）发现，除了 Hemlock 和 Oak 两个树种林下矿质层土壤中施氮处理的碳含量低于对照组，其他的树种林下矿质层土壤和所有树种林下有机质层土壤中的碳含量经施氮处理后都高于对照组。经施氮处理后，所有树种有机质层土壤的 C/N 都高于对照组，树种 Beech 和 Oak 矿质层土壤的 C/N 高于对照组，其他 3 个树种的矿质层土壤中的 C/N 低于对照组（Alexandra et al.，2014）。

表 4-2　施用氮肥对不同树种林下土壤碳含量、氮含量和 C/N 的影响

土层	指标	处理	树种				
			枫树	铁杉	山毛榉	桦树	橡树
有机质层	碳含量(%)	对照	26.7（3.6）	34.4（4.5）	36.5（4.1）	38.8（2.6）	28.8（1.8）
		施氮肥	31.1（3.9）	36.1（2.7）	42.8（2.4）	44.0（1.4）	33.4（3.3）
	氮含量(%)	对照	1.68（0.19）	1.55（0.19）	1.99（0.18）	2.00（0.14）	1.57（0.15）
		施氮肥	1.94（0.22）	1.61（0.16）	1.91（0.15）	2.23（0.09）	1.59（0.07）
	C/N	对照	15.8（0.6）	22.0（0.7）	18.2（0.8）	19.5（0.9）	18.8（1.0）
		施氮肥	16.0（0.7）	22.7（0.9）	23.0（2.2）	19.8（0.8）	20.7（1.3）
矿质层	碳含量(%)	对照	3.33（0.32）	4.17（0.72）	3.71（0.44）	3.20（0.36）	4.39（0.23）
		施氮肥	4.60（1.18）	3.61（0.73）	4.54（0.29）	3.40（1.38）	4.27（0.29）
	氮含量(%)	对照	0.28（0.04）	0.23（0.04）	0.24（0.02）	0.18（0.02）	0.29（0.03）
		施氮肥	0.39（0.11）	0.20（0.04）	0.26（0.01）	0.19（0.07）	0.27（0.02）
	C/N	对照	12.2（0.5）	18.8（1.3）	15.3（1.0）	18.2（0.7）	15.4（1.0）
		施氮肥	12.0（0.6）	18.4（1.0）	17.4（1.1）	17.2（1.1）	15.9（1.1）

4.2.2.3　氮对树木碳分配的影响

植物对营养供给能做出很敏感的反应，尤其是氮素营养（Forde and Lorenzo，2002）。植物主要通过根系从土壤中吸收氮素，并进一步转运到其他器官，同时，植物对氮素的吸收也影响根系的生长（Maillard et al.，2001）。氮素的供应状况明显影响植物对碳同化物质的分配格局。在低氮条件下，树木中的碳倾向于向根系重分配（Schoettle et al.，1994；Nadelhoffer and Raich，1992；Fahey and Hughes，1994）；少量提高氮素的供应水平，能够刺激植物根系的生长（Hawkins et al.，1998），但对地上部分的刺激作用更明显。如果氮、磷养分供应过量则可能对树木生长产生抑制作用。

植物的生长过程中，矿质养分的供应不仅影响生物量的大小，而且不同的营养供应水平还与生物量的分配有关。Pregitzer 等（1997）研究了树木根系分化与根系碳、氮分配与积累的关系，他认为，树木的根系通常可分为 4～6 级，不同级别的根系对碳和氮的积累与分配存在着差异。植物根系的碳、氮积累与分配，直接影响植物地上部分的生长，进而影响植物的生产力。

李海霞等（2013）在温室条件下以中美山杨幼苗为试验材料进行砂培试验，采用 4 种不同氮素浓度处理（1mmol/L、4mmol/L、8mmol/L、16mmol/L）和 4 种不同磷素浓度处理（0.12mmol/L、0.500mmol/L、1.000mmol/L、2.000mmol/L）幼苗，测定了幼苗根、茎、叶的生物量及光合作用、碳氮积累和分配。结果表明（图 4-13），地上生物量的最大值均出现在氮、磷供应适中的浓度（8mmol/L 和 1.000mmol/L），或低或高的供氮、磷范围内，生物量均有所减少。而地下生物量均出现在氮、磷供应偏低的浓度（4mmol/L 和 0.500mmol/L）。许多研究认为，植物生长在不受限制的稳定环境中，植物地上与地下部生长存在相对的平衡关系，矿质养分受限时，光合物质的分配有利于地下生长（肖文发和徐德应，1999）。

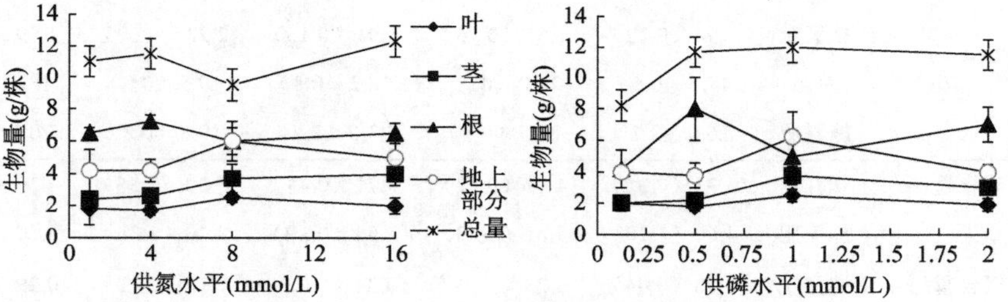

图 4-13 不同氮、磷浓度下幼苗生物量变化

植物根系中碳的积累与分配主要取决于茎中的碳向根系中的转运量（Farrar and Jones，2000），而茎所能转运的碳量的多少又与植物的光合作用关系密切。根系中，碳的积累量的增加导致根生长加快，并最终表现在生物量的增高上。因此，可以设想，在碳的转运过程中是通过主根向各级根转运，主根中应该有较高的碳含量。植物对氮素的获取途径主要是通过根系从土壤中摄取，因此，植物根系吸收氮素的多少对植物地上部分的生长有一定的影响，并与地上部分氮素的积累和转运有直接关系（那守海等，2007）。土壤中的养分改变，可以导致细根的一系列生理和生态改变（Aerts and Iii，1999）。细根的这一系列变化对陆地生态系统养分循环有重要意义（West et al.，2004；Chastain et al.，2006）。

4.2.2.4 磷对林木碳汇的影响

磷既是植物体内许多重要有机化合物的组分，同时又以多种方式参与植物体内的各种代谢过程（陆景陵，2003）。在呼吸代谢、糖分代谢、酶促反应和生理生化调节过程中起着至关重要的作用（Abelson，1999）。土壤中磷与氮对树木生长都有显著的影响，磷的浓度又影响着树木体内氮的积累，也影响着树木碳的储存。

李海霞等（2013）利用 4 种不同磷素浓度（0.125mmol/L、0.5mmol/L、1.0mmol/L、2.0mmol/L）进行温室内红松幼苗砂培试验，测定了红松幼苗根、茎、叶的生物量，以及叶绿素含量、氮含量碳氮积累和分配，研究了不同磷水平对红松幼苗生长的影响机制。结果发现（表 4-3），随着施磷量的提高，红松苗木总生物量、地上、地下生物量也显著提高，均在正常供磷水平下达到最大值，不同浓度磷处理彼此间差异达极显著水平（P=0.001）。P1.0 处理苗木的总生物量分别比 P0.125、P0.5 和 P2.0 处理增加了 106.42%、9.04%和 34.97%。不同磷素供应水平，红松幼苗的茎和叶中氮的含量在 0.125～1.0mmol/L 基本是线性增加的，超过 1.0mmol/L 供磷水平，氮浓度开始下降，氮积累量也表现出同样的规律，说明适量的磷素供应有利于红松幼苗地上部分氮的积累。在低磷供应下，红松根系中的氮浓度并不是最低的，说明当供磷水平较低时，幼苗减少向地上部供应氮的比例来维持根系的生长，以扩大其吸收范围和利用空间。

表 4-3 不同供磷水平下红松幼苗生物量测定结果 （单位：g）

处理	叶	茎	地上总量	根	总干重
P0.125	0.74±0.31	0.46±0.22	1.19±0.53	0.68±0.15	1.87±0.67
P0.5	1.14±0.81	0.81±0.56	1.96±1.33	1.58±1.03	3.54±2.96
P1.0	1.67±0.45	0.68±0.06	2.35±0.44	1.51±0.27	3.86±0.70
P2.0	1.01±0.54	0.74±0.45	1.75±0.99	1.11±0.36	2.86±1.34

总的来看，红松幼苗叶的碳积累量最大，根次之，茎最少（图 4-14）。在不同供磷水平下，红松幼苗不同器官的碳积累量之间存在差异（P<0.05）。根和叶表现出相似的规律，在正常供磷（1.0mmol/L）水平下出现最大的积累量，分别为每株 570.37mg 和 674.95mg，超过常量供磷，碳积累量开始下降。说明适量的磷素供应有利于根和叶碳积累量的提高。茎在 P0.5 水平下达最大，为每株 350.82mg，比正常供磷增加了 23.86%。不同供磷水平与红松幼苗根、茎、叶的含碳率相关性不大。红松幼苗茎的含碳率最高，叶次之，根最低（图 4-14）。低磷供应下，根的含碳率是最低的，但茎和叶的含碳率偏低。根的含碳率在正常供磷水平下达最高，茎在高磷下最大，叶则在 P0.5 水平达到最大。植物根系中碳的积累与分配主要取决于茎中的碳向根系中的转运量（Farrar and Jones，2000），而茎所能转运的碳量的多少又与植物的光合作用关系密切。

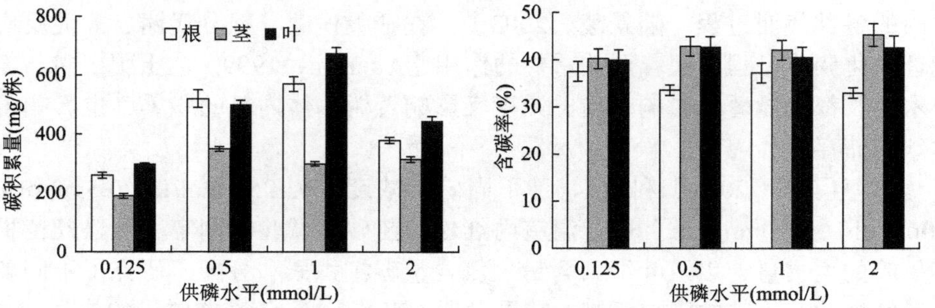

图 4-14 不同磷水平对红松幼苗各器官碳积累量和含碳率的影响

在自然条件下，土壤中的矿质营养有限或有效性较低，通常限制树木的生长发育。适量的氮磷供应有助于树木的生长，或高或低的供氮供磷都可能对树木的生长产生抑制作用，从而对树木碳储量产生影响。

4.2.3 原状土与非原状土对土壤碳库的影响

土壤固碳问题已成为全球变化与地球科学研究领域的前沿和热点问题。全球有 1.5×10^{18}～2.5×10^{18}g 碳以有机质形态储存于土壤中，是陆地植被碳库（0.5×10^{18}～0.6×10^{18}g）的 2～3 倍，是大气碳库（0.75×10^{18}g）的 2 倍（Kumar et al.，2006）。因此，土壤碳库是陆地生态系统碳库中最大的储库，其储量的微小幅度变化，都会强烈（加强或削弱）影响大气 CO_2 浓度，从而影响全球气候变化（Rustad et al.，2000）。增加并稳定土壤有机碳是全球大气 CO_2 固定、缓减温室效应的有效措施之一。陆地生态系统碳循环处于全球碳循环的中心位置（Lal，2008）。土壤自养微生物通过各种固碳途径（卡尔文循环、厌氧乙酰辅酶 A、琥珀酰辅酶 A 途径等）将 CO_2 同化为土壤有机质参与土壤的碳循环过程（Ge et al.，2013；Hart et al.，2013）。史然等（2013）研究表明，稻田土壤自养微生物碳同化速率为 0.08～0.15g/（$m^2\cdot d$）。因此，土壤自养微生物同化碳是大气-土壤系统碳循环的重要组成部分，也是土壤有机碳的重要来源（Ge et al.，2013）。

原状土是指没有物理成分和化学成分改变的未扰动的土壤，其保持相对天然的结构和含水率；非原状土是指受到干扰，破坏了自然结构和状态的土壤。原状土与非原状土中自养微生物均具有客观的 CO_2 同化能力（Ge et al.，2013；史然等，2013），不管是原状土还是非原状土，稻田土壤的碳同化能力（^{14}C-SOC）均显著高于旱地土壤，这可能与稻田土壤长期处于淹水状态，碳同化功能微生物数量、碳同化关键酶（1,5-二磷酸核酮糖羧化/加氧酶 Rubisco）显著高于旱地土壤有关（Yuan et al.，2012）。据估算经过 110d 处理，非原状土的碳同化速率为原状土的 2 倍左右，这说明土壤受扰动，可能提高了自养微生物的活性（Klironomos，2002），增强了土壤自养微生物 CO_2 的同化能力。

Degrood 等（2005）研究表明，非原状土的微生物数量及种群多样性均显著高于原状土。因此，研究非原状土的植物栽培可能会高估土壤自养微生物的 CO_2 同化能力及其潜力。“新碳”（如自养微生物同化碳）进入土壤后，其在土壤中的转化过程与其稳定性有关（Kuzyakov and Gavrichkova，2010；Yevdokimov et al.，2006）。Liang 等（2002）通过 ^{13}C 稳定性同位素的研究表明水溶性有机碳（DOC）和微生物碳（MBC）是“新碳”的主要去向。而作为农田土壤“新碳”输入方式之一的“自养微生物同化碳”输入土壤后，也向其活性炭库 DOC 和 MBC 转化。

吴昊等（2014）采用 ^{14}C 连续标记示踪技术，选取亚热带区 4 种典型土壤（两种水稻土 P1、P2，两种旱地土 U1、U2）进行室内模拟培养，探讨了原状土与非原状土对农田土壤自养微生物碳同化能力及其对土壤碳库活性组分的影响。经研究发现连续标记处理 110d 后，不同类型土壤 ^{14}C-SOC 含量表现出显著性差异（$P<0.05$），表现为 P1>P2>U1>U2；原状土与非原状土之间 ^{14}C-SOC 含量差异也达显著性水平（$P<0.05$）；根据估算，在本试验条件下，表层土壤（0～17cm）土壤微生物碳同化速率为：原状土 0.007～0.050g/（m^2·d），非原状土 0.015～0.148g/（m^2·d）；供试土壤原状土与非原状土平均碳同化速率分别为 0.03g/（m^2·d）和 0.07g/（m^2·d）（图 4-15）。非原状土中 SOC 同化速率大约是原状土中 SOC 同化速率的 2.1～2.8 倍，说明土壤受到扰动可能加剧自养微生物的活性，增强土壤自养微生物的 CO_2 同化能力。相关分析表明，土壤自养微生物同化碳与其微生物截留碳呈极显著正相关。土壤自养微生物同化碳的输入对土壤活性炭组分的 DOC、MBC 含量变化影响较大，而对土壤有机碳（SOC）影响较小。

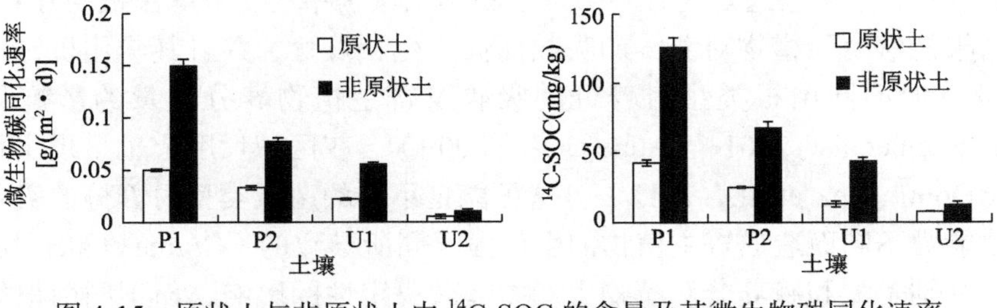

图 4-15　原状土与非原状土中 ^{14}C-SOC 的含量及其微生物碳同化速率

自养微生物同化碳的输入对土壤 DOC、MBC 含量变化影响较大（聂三安等，2012）。自养微生物数量较多的土壤其微生物碳同化能力及其转化量明显高于自养微生物量少的土壤，其土壤的细菌数量、群落及功能的多样性较高，促进了微生物对土壤新碳的利用（Yuan et al.，2012），从而导致自养微生物同化碳向 ^{14}C-DOC 和 ^{14}C-MBC 的转化量及其更新率增高。因此，在未来的碳循环研究中应该充分认识自养微生物同化碳对土壤活性炭库（DOC、MBC）的贡献，将自养微生物的 CO_2 同化过程纳入自然生态系统碳循环研究中。

4.2.4 土壤微生物对植物碳汇能力的影响

4.2.4.1 菌根对森林储碳能力的影响

菌根是一类土壤真菌与植物根系形成的互惠共生体，通常菌根可分为外生菌根（ecto mycorrhiza，ECM）、兰科菌根（orchid mycorrhiza，ORM）、水晶兰类菌根（monotropoid mycorrhiza，MTM）、丛枝菌根（arbuscular mycorrhiza，AM）、浆果莓类菌根（arbutoid mycorrhiza，ABM）、内外生菌根（ectendo-mycorrhiza，EEM）和欧石楠类或杜鹃花类菌根（ericoid mycorrhiza，ERM）等 7 种类型。这 7 种菌根广泛、交叉地分布于各种生态环境中，并与地球上 97%以上的植物形成共生体（Smith and David，2008）。菌根在森林生态系统中发挥着重要作用，它能够影响植物的生长发育和植物生产力（Heijden et al.，1998），促进寄主植物对养分的吸收利用，增强植物的抗逆性（刘润进，2007），同时又是森林净初级生产力的重要组分（Smith and David，2008）。

在森林生态系统中，菌根对净初级生产力的贡献是非常巨大的。其能够参与碳、氮循环，影响森林生态系统对气候变化的响应。研究表明（Vargaset al.，2010），由于菌根类型的不同，森林生态系统呼吸通量对降水和温度变化的响应也存在着显著的差异。Högberg 等（2001）利用环割技术研究了菌根对森林土壤 CO_2 通量的影响,结果表明菌根对土壤总 CO_2 通量的贡献至少在 50%以上。因此，在研究土壤碳通量时，必须以植物和土壤为中心，考虑菌根的呼吸作用。

菌根能够增强植物对养分的吸收而促进生长发育，并且其作用机制也越来越明确，但不同菌根类型对养分的吸收及寄主植物养分含量的影响却不同（Cornelissen et al.，2001；Craine et al.，2009），在区域尺度上也呈现出相同的规律（Domínguez et al.，2012）。这可能是不同的菌根类型对养分的吸收种类或吸收能力不同而造成寄主植物的生产力不同所导致的（Craine et al.，2009）。养分，特别是氮和磷养分对植物生产力起着决定性的影响，而不同菌根类型对养分的吸收能力是有差异的，例如，ECM 主要是促进植物对氮素的吸收（Read，1991），AM 则主要促进植物对磷素的吸收（Smith and David，2008），木本植物的 AM+ECM 则能利用更多形态的氮素（Pate et al.，2006）。这一结果可能是由植物特性与不同菌根类型树种的分布地域不同造成的，因为 AM 菌根类型的森林主要分布于热带雨林和热带季雨林区，而 ECM 和 AM+ECM 则主要分布于寒带或温带的针叶或阔叶林区（Read，1991）。而研究表明，热带雨林的净初级生产力要高于针叶林（Luyssaert et al.，2007；朴世龙等，2001）。Cornelissen 等（2001）以隶属于英国的 4 种菌根类型的 83 种植物为材料，研究了菌根类型对其相对生长量和植株养分含量的影响，结果表明，测定指标都随菌根类型的不同而存在着较大的差异（图 4-16）。AM 菌根能够提高植物的生产力（Heijden et al.，1998；Kapulnik et al.，2011；Klironomos et al.，2000），AM 菌根植物的生长量最大，显著高于其他菌根类型的植物，含有 AM 菌根的林分 NPP 要显著高于非 AM 菌根的林分。不同类型菌根对林木地上和地下 NPP 的影响是不同的，AM 表现为同时促进地上和地下 NPP，而 ECM 和 EEM 的菌根类型则对地上 NPP 的促进作用要好于地下，这可能是它们与植物根系形成共生体的结构不同所造成的，AM 菌根是侵入细根细胞内部形成共生，而 ECM 和 EEM 则是在根的表面形成一层致密的菌丝套（Smith and David，2008），可能与菌丝套的形成阻止了细根发生有关（Cornelissen et al.，2001）。

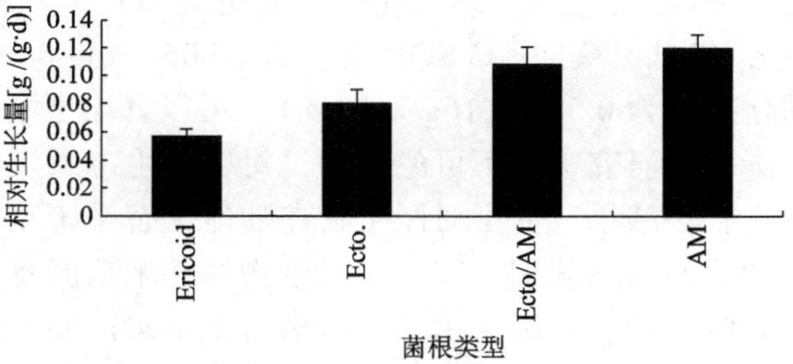

图 4-16　不同菌根类型对植物的生长影响

通过分析不同菌根类型对地上主干、枝和树叶的净初级生产力可以看出，AM 类型的菌根对叶的净初级生产力贡献要显著高于其他 5 种菌根类型的贡献，而 ECM 和 ECM+EEM 则对主干和树枝净初级生产力的促进作用更明显，这与 Cornelissen 等（2001）对木本植物各组分生物量的研究结果一致。造成不同类型菌根对各组分净初级生产力贡献差异的原因可能与不同类型菌根对土壤养分种类及形态的利用不同（Smith and David，2008；Pate et al.，2006；朴世龙等，2001），以及与寄主植物的特性及分布地点的土壤特性有关。地下粗根与细根净初级生产力也随菌根类型的不同而变化，AM 对细根的贡献要远远大于对粗根的贡献，这也可能是以上原因所致，但 AM+ECM 却是对粗根的贡献率较大。

4.2.4.2　自养微生物在土壤碳库中的作用

目前，在应对气候变化的策略中，利用生态系统同化大气中 CO_2 的生物固碳方法来增强碳固定是最经济、有效的途径。生物固碳是通过植物或微生物的碳同化途径，将 CO_2 转化成有机物质，以提高生态系统的碳吸收和储存能力（Boyle and Morgan，2011）。同化 CO_2 的生物主要是植物和自养微生物。然而，在生物同化大气 CO_2 过程的研究中，目前大部分都集中在植被固碳及其对土壤有机碳累积的贡献上。而自养微生物广泛分布于不同的生态系统中，具有很强的环境适应能力，可以在多种环境条件下如火山、海洋深处、极地湖泊等植物无法生存的生境中参与 CO_2 的同化。Cannon 等（2001）指出，水体/海洋吸收固定大气 CO_2 的 40%是由自养微生物同化完成的，自养微生物是水体/海洋生态系统的初级生产者。因而，从整个生物圈的物质和能量流角度来研究自养微生物的 CO_2 同化功能及其同化碳的转化对于完善碳循环理论具有重要意义。

史然等（2013）选取亚热带地区 4 种典型水稻土耕作层（0～20cm）土壤，测定水溶性有机碳（DOC）和微生物碳（MBC）。剩余土壤均匀地喷施 NaH_2PO_4 和 KCl 混合液，在密闭系统模拟培养，应用 ^{14}C 连续标记示踪技术，探讨了土壤自养微生物同化碳向土壤碳库的输入过程和机制及其对土壤碳库活性组分的影响。结果表明（图 4-17）土壤自养微生物具有可观的 CO_2 同化能力。^{14}C-CO_2 连续标记 110d 后，供试土壤的 ^{14}C-SOC 含量为 69.06～133.81mg/kg。据估算，土壤微生物碳同化速率为 0.08～0.16g/（m^2·d）。可以看出土壤微生物碳同化量在全球陆地生态碳平衡研究中是不可忽视的，对提高生态系统的碳吸收和储存能力有着重要意义。该结果改变了对微生物在陆地生态系统碳循环中仅担负有机质分解、矿化功能的长期认识，丰富了微生物的基本功能及其在土壤碳循环中作用的认识。新输入的自养微生物同化碳参与土壤碳循环，影响土壤活性炭组分的变化。

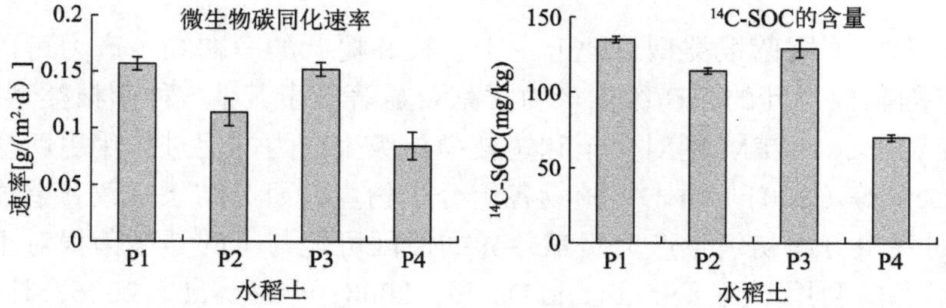

图 4-17　^{14}C-CO_2 连续标记 110d 后，土壤中 ^{14}C-SOC 含量及其土壤微生物碳同化速率

土壤微生物具有吸收同化二氧化碳的巨大潜力。Dong 和 Layzell（2001）发现豆科植物根瘤附近 CO_2 浓度呈现负增长趋势，推测可能根瘤菌参与了 CO_2 同化过程，而这种固碳作用超过了微生物的呼吸作用。经过高浓度 H_2 处理的根际土壤中氢氧化能自养菌是主要的固碳细菌类群。Miltner 等（2005）通过 ^{14}C-CO_2 示踪实验发现，黑暗条件处理 6 周后，土壤中 ^{14}C-SOC 占培养前土壤总 SOC 的

0.05%左右，并推测土壤（黑暗条件下）非光合碳同化过程主要是由好氧异养微生物主导。在光照条件下，土壤微生物碳同化主要为自养过程，而参与该过程的微生物包括光能和化能自养菌及藻类，而非异养微生物。

土壤 DOC 和 MBC 是土壤碳库中新碳的主要归宿，与土壤呼吸释放 CO_2、CH_4 有着密切的关系；进入土壤的同化碳（新碳）在土壤碳库中的矿化、转化与其稳定性有关，因此在固碳中有十分重要的作用。水溶性有机碳（DOC）和微生物碳（MBC）是新碳的主要去处（Liang et al.，2002）。DOC 是易被土壤微生物吸收利用的有机碳组分，10%～56%的土壤 DOC 具有生物有效性，外源有机底物所含 DOC 的生物有效性更高，30%～95%的 DOC 组分可在 3 个月内被土壤微生物消耗掉（Mcdowell et al.，2006）。土壤微生物对 DOC 作用的持续时间不长，其中小分子 DOC 的周转时间只有数十个小时（Ti-Da et al.，2010）。

4.3 人为因素

对森林生态系统的碳储量的研究显示，中国森林植被的碳汇功能主要来自于人工林的贡献（徐新良等，2007）。随着人工林面积和蓄积量的持续增加，人工林在全球碳循环中占据了越来越重要的位置。许多研究证实，人工林的经营管理对森林生态系统碳动态有重要影响（Jandl et al.，2007；Kim et al.，2009）。

4.3.1 施肥和营林管理对林木碳储量的影响

全球二氧化碳排放量的增加与全球性的乱砍滥伐密切相关。在过去的 140 年中森林面积已经减少了将近 20%，乱砍滥伐在全部人为的二氧化碳的排放中占 20%。通过植树造林固定更多的 CO_2，杜绝乱砍滥伐改善生态环境是减少二氧化碳排放的必要手段。但对于经济不发达地区，保持从林木获得经济收入是维持生活的必要条件。通过施肥等人为措施促进林木生长，并获得适当的林业经济收入是保持林木碳汇能力和经济收入的可行措施。

Semwal 等（2013）研究了喜马拉雅山脉的多用途林的经营对林木碳储量的影响。1991 年 7 月，在农业废弃地和高度退化的林业用地上种植了 10 种多用途树种：*Albizia lebbeck*、*Alnus nepalensis*、*Boehmaria rugulosa*、*Celtis australis*、*Dalbergia sissoo*、*Ficus glomerata*、*Grewia optiva*、*Prunus cerasoides*、*Pyrus pashia*、*Sapium sebiferum*，种植过程中施用农家肥。管理过程中建造一个水槽来减缓干旱期废弃农用地上作物的生长压力；与高度退化的林地相比，废弃农业用地的土壤体积密度较低，有机碳、氮总量、可交换钾钙镁元素较高，而二者的土壤质地和持水能力相似。在废弃农业用地修复梯田，并在树木间隔种植一年生的粮食作物，提供农场粪肥（开始的 5 年每年每公顷 40t，6～10 年每年每公顷 20t）；退化农业用地上的树木在冬季从第 6 年以后进行剪枝。定期测定不同树种的存活率、生长量和碳储量（以生物量的 50%计算）。

结果表明与在高度退化林地上仅种植树木相比，在提供灌溉和肥料的废弃农业用地上的农林间作系统中树木生长更好。生长 20 年后，*C. australis*、*B. rugulosa*、*G. optiva* 和 *F. glomerata* 更适宜在改善土壤水分和营养的废弃农业用地中种植；*A. lebbeck*、*S. sebiferum* 和 *P. pashia* 适合在没有改良并高度退化的森林用地中生长；*A. nepalensis* 和 *P. cerasoides* 两种情况都可以。在废弃农业用地中，*F. glomerata* 和 *P. cerasoides* 未发生任何死亡，*A. lebbeck*、*C. australis*、*B. rugulosa* 和 *G. optiva* 仅在最初 3 年有死亡，*A. nepalensis*、*D. sissoo*、*S. sebiferum* 和 *P. pashia* 在最初的 3 年和后来的 7 年都出现了死亡现象。在高度退化林业用地中，所有的物种在最初 3 年间均存在死亡率。在高度退化林业用地中生长的树种死亡率要比在废弃的农业用地上的高，尤其是 *B. rugulosa*、*G. optiva* 和 *F. glomerata*。在废弃农业用地上植物的平均存活率为 87%，在高度退化林业用地上为 51%，再继续生存 20 年后，前者每公顷有 970 株树，后者每公顷有 564 株树（表 4-4）。废弃农业用地上树木平均的存活率为 81%，而高度退化的林地存活率为 51%。地点和树种的影响随着时间推移趋于减小。

表 4-4　在农业废弃地与高度退化林地上不同树种的存活量（单位：株/hm^2）

品种	废弃农业用地				高度退化林业用地	
	1 年	37 年	15 年	20 年	1 年	3～20 年
A. lebbeck	86	83	83	83	66	60
A. nepalensis	95	94	94	91	56	51
B. rugulosa	107	105	105	105	46	39
C. australis	101	97	97	97	65	63
D. sissoo	110	97	97	94	71	64
F. glomerata	110	110	110	110	52	48
G. optiva	110	107	107	107	46	43
P. cerasoides	110	110	110	110	74	72
P. pashia	102	100	93	83	69	69
S. sebiferum	95	94	94	90	56	55

对树木的地上生物量测定发现，15 年时两种立地的 *A. nepalensis* 及在废弃农业用地上的 *S. sebiferum* 和 *P. pashia* 的生物量没有明显的变化（$P>0.05$）。20 年时在高度退化林业用地上的其他树种的生物量呈线性增长；然而，在废弃农业用地上，这些树种在后 15 年时的生物量累计速率急速下降。20 年时，*B.*

rugulosa、*G. optiva*、*C. australis*、*F. glomerata* 和 *P. cerasoides* 在废弃农业用地上林木的生物量分别是高度退化林业用地上的 5.7 倍、3.2 倍、2.3 倍、1.6 倍和 1.5 倍；废弃农业地上 *A. nepalensis* 和 *D. sissoo* 的生物量明显增多（$P<0.05$）；*A. lebbeck* 的生物量减少，但是在 5 年时它们之间的差异不明显（$P>0.05$）。在 5 年时废弃农业用地上 *P. pashia* 的生物量与高度退化林业用地上的相比明显较高（$P<0.05$），但是到 20 年时立地间的影响就变得不明显（$P>0.05$）。废弃农业用地上的 *S. sebiferum* 与高度退化林业用地上相比，5 年时积累了大量的生物量，但是从那以后废弃农业用地上林木的生物量远低于高度退化林业用地的林木生物量（图 4-18）。

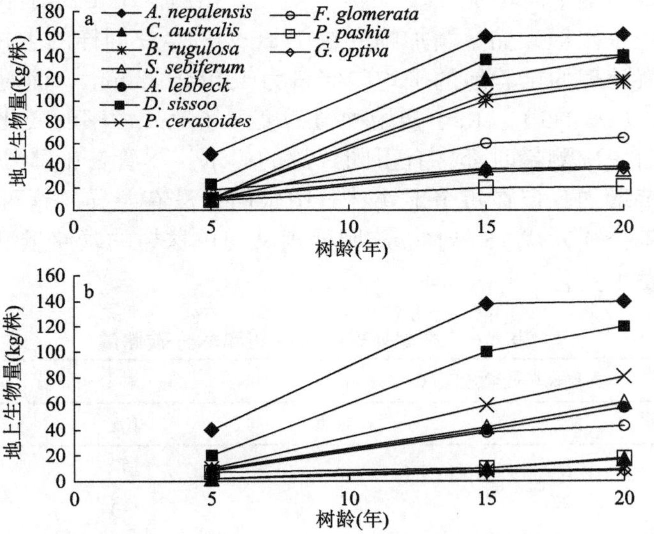

图 4-18 在废弃农业用地（a）和高度退化林业用地（b）种植后不同树种地上生物量均值

砍伐废弃农业用地立地的所有树木评估生物量，*F. glomerata*、*B. rugulosa*、*A. nepalensis* 和 *G. optiva* 的枝干生物量中是最高的（83～96kg/株），然后是 *C. australis*（54kg/株），*S. sebiferum*、*P. cerasoides*、*D. sissoo* 和 *A. lebbeck*（36～43kg/株）及 *P. pashia*（16kg/株）。薪材产量从 *A. nepalensis* 和 *F. glomerata* 的 102kg/株到 *P. pashia* 的 25kg/株。

在 20 年生长中，废弃农业用地上的树木和作物的混合系统与高度退化的林业用地相比除了支持树木更好的生长，还提供了更多的可利用生物量。两个地点有相同的总的碳累积速率（每年每公顷 2.3～3.5t），包括植被、废物和土壤。20 年间，虽然在废弃农业用地上进行施肥、灌溉等措施增加了林木的生产力，但由于从树木上获得饲料，加上对农作物的收获均减少该地块的碳储量。而在高度退化林业用地上，施肥输入的碳恰好等同于该地块通过收获饲料草带走的碳输出，加之通气、水分和营养贫瘠导致土壤生物活动较少，减少了土壤中二氧化碳的释放量，并且由于没有相应的林木抚育措施，因此土壤碳积累较多。

Shryock 等（2014）研究了施肥和不施肥对林木碳储量的影响，5 个试验地点于 1987～1992 年建立在华盛顿和俄勒冈州，在每个试验地点选择了两个 0.2hm^2 的试验地，林地树种为道格拉斯冷杉。在试验地建立后，每个地点的一个地块被随机选择施用 224kg/hm^2 的标准氮肥，随后每 4 年施用一次，施肥试验总时长为 16 年，试验于 2009 年结束。试验中，每 4 年测定一次活树木的胸径，通过测量活树木的胸径，测算出树木的生物量，再按照 0.5098 的系数推算出树木的碳储量。研究结果表明：在最后一次测量计算后表明，施肥处理林木比对照林木碳储量平均增加 2kg/（株・年），相当于施肥使林木每年的生长量增加 10%，但是土壤碳储量增加幅度在 1%～21%。在同样的生长周期内，5 个试验地的施氮处理的试验地的平均碳储量为 130Mg C/hm^2，而对照组碳储量为 124Mg C/hm^2（表 4-5）。由于初始种植密度和场地死亡率的变化，每个地块在第一次和最后一次测量时都含有不同数量的树木。尽管在施氮处理地块中每株树碳含量显著增加，但在每个地块林分中碳储量没有差异。这可能是因为在施肥地块平均每公顷砍伐 15 株树，施肥处理又使单株树的碳储量增加，从而林分碳储量没有发生变化。

表 4-5　施肥处理的单株树和林分碳储量

地点	单株树碳储量[kg C/（株·年）]		林分碳储量（Mg C/hm^2）	
	施肥	对照	施肥	对照
OR	25	23	152	135
RR	22	20	113	124
SC	31	25	166	156
SS	23	22	104	110
TP	25	25	108	89
均值	25	23	129	123
P 值	0.04		0.35	

在太平洋西北地区大约只有 70%的道格拉斯冷杉对施用氮肥有反应（Hanley et al.，2006），这种反应往往取决于植物可利用氮的限制（Edmonds and Hsiang，1987）。森林地层 C/N 值一直是与施用化肥响应最广泛相关的土壤变量（Edmonds and Hsiang，1987；Hanft，2012）。在上述研究中单株树碳储量增加(>8%)的 4 个地点的森林地层 C/N 值均大于 30，而施肥生长响应最少(1%)的地区（TwinPeaks）拥有最低的林地 C/N 值（25），这表明在该地区氮的矿化和循环没有被抑制。

4.3.2　短轮伐期对林木碳汇的影响

与传统森林管理相反，短循环生产系统采用密集种植和快速增长的木本植物在短时间内产生巨大的干物质产品。在过去的 10 年中，人们对燃烧矿物燃料对全球气候系统影响的担忧不断加剧，也提高了人们对于短周期林业的关注度。在这个二氧化碳储存过程中探讨快速生长的短循环树种对于增加大气中二氧化碳浓度的反应被认为是相当重要的。

杨树人工林是江汉平原最主要的森林类型，目前该地区杨树人工林已达到 30 万 hm^2，杨树产业已成为江汉平原的经济支柱之一。近几十年来，由于经济发展、人口增加对木材的需求量大大增加，人工林的培育只能采取短轮伐期和连栽的经营措施，导致现有的杨树人工林发生了不同程度的地力衰退和林分生产力下降等现象（崔鸿侠等，2011）。

崔鸿侠等（2011）对江汉平原地区湖北省石首市连栽的 1 代和 2 代杨树人工林林分及土壤碳储量进行初步研究表明（表 4-6）：1 代和 2 代杨树林分生物量分别为 61.65t/hm^2 和 49.26t/hm^2，2 代林较 1 代林分生物量下降 20.10%；1 代和 2 代杨树人工林林分碳储量分别为 30.83t C/hm^2 和 24.63t C/hm^2，2 代林较 1 代林分碳储量下降 20.11%。土壤碳储量（0～20cm）分别为 39.29t C/hm^2 和 29.09t C/hm^2，2 代林较 1 代林土壤碳储量下降 25.96%；1 代和 2 代杨树人工林总碳储量分别为 70.12t C/hm^2 和 53.72t C/hm^2，2 代林较 1 代林总碳储量下降 23.39%。由此可见，杨树人工林连栽导致林分生物量、林分碳储量、林地土壤有机碳含量和土壤碳储量均有不同程度下降，也是造成杨树人工林林分生产力下降和地力衰退的重要因素。土壤有机碳储量与土壤氮、钾、磷等养分指标和土壤酶活性指标均有良好的正相关性，其中与速效钾、磷酸酶、脲酶和蔗糖酶的相关性达到显著水平，与全氮和速效氮相关性达到极显著水平。因此，可以用土壤有机碳储量作为江汉平原杨树人工林土壤肥力的反映指标。

表 4-6　1 代和 2 代杨树地上和地下生物量及碳储量

代数	地上			地下		总碳储量（t C/hm^2）
	单木生物量（kg）	林分生物量（t/hm^2）	林分碳储量（t C/hm^2）	土壤有机碳含量（g C/kg）	土壤碳储量（t C/hm^2）	
1	123.3	61.65	30.83	14.24	39.29	70.12
2	98.52	49.26	24.63	10.06	29.09	53.72

4.3.3　间伐对林木碳汇能力的影响

随着人工林面积和蓄积量的持续增加，人工林在全球碳循环中占据了越来越重要的位置。而加强人工林的经营与管理是实现和促进其碳汇功能的重要手段（Waterworth and Richards，2008）。间伐作为一种重要的营林技术措施，可通过调控林分密度促进林木生长，同时对林内环境也有重要影响。不同立地条件、间伐方式、间伐强度及间伐后持续时间等均影响森林生态系统碳储量大小和组分分配（王慧和郭晋平，2008）。因此，加强人工林经营管理对森林碳汇功能的影响研究，对促进我国碳汇人工林的发展十分必要。

短期研究发现，间伐减小了林分密度，导致林分生产力下降。但间伐改善了林内光照环境，促进了林下植被发育，可以部分弥补间伐移出木带走的碳储量。长期研究表明，不同间伐强度下的树高、胸径和生物量均高于未间伐林分，通过间伐可以显著增加林分树干生物量和总生物量，相应增加树木碳储量（成向荣等，2012a；Horner et al.，2010）。在高密度林分中，树木个体生长受冠幅的限制，使得供给树木生长的光合同化物减少（Lundqvist，1994）。由于树种、立地条件、间伐模式等差异，不同时间的试验结果并不一致。因此，仍需加强间伐对树木碳储量长期影响过程的研究。

4.3.3.1 间伐强度对森林碳储量的影响

林分中随着树木个体的生长，其生长空间不断减小，间伐有效改善了林木生长环境，促进了间伐后林分碳累积。在没有间伐的林分中，随着林木生长个体间的竞争将进一步加剧，总树木碳储量增加速率减缓；而间伐处理的林分碳储量增加较快。因此，在适宜的轮伐期内，间伐不会导致树木碳储量的降低。

成向荣等（2012a）对江淮山地麻栎人工林进行间伐试验，间伐强度分别为15%（T15）、30%（T30）和50%（T50）（以林分密度计），同时以未间伐样地为对照（CK），测定和计算林分生物量、树木碳密度、凋落物及土壤碳密度、土壤呼吸等，分析不同间伐处理5年后麻栎林分的碳密度及其空间分布特征。结果表明：与对照（CK）相比，间伐15%（T15）、间伐30%（T30）和间伐50%（T50）处理的树木碳密度分别增加了9.1%、29.6%和28.4%，其中T30和T50处理显著高于T15处理和CK；不同间伐处理树木碳密度在各器官的分配特征均为树干>根系>树枝>树皮>树叶（表4-7）。随着间伐强度的增加，林地凋落物碳密度逐渐降低，T15、T30和T50处理凋落物碳密度分别比CK降低了0.9t C/hm^2、1.5t C/hm^{2}和1.7t C/hm^2，但不同间伐处理之间差异没有达到显著性水平（图4-19）。土壤（0～50cm）碳密度（表4-8）略有增加，31～50cm土层T30和T50处理碳密度显著高于T15和CK。整个剖面（0～50cm）T15、T30和T50处理的土壤碳密度分别比CK增加了0.7t C/hm^2、5.2t C/hm^{2}和4.1tC/hm^2，但土壤碳密度在间伐与未间伐处理之间均未达到显著差异。林分总碳密度大小为T30>T50>T15>CK，总碳密度分别比CK增加了16.3t C/hm^2、14.5t C/hm^{2}和

3.6t C/hm^2，但间伐与未间伐处理之间没有显著差异。在江淮山地丘陵区，间伐有利于麻栎人工林碳密度的增加，其中以间伐30%最适宜林分碳储量的累积。

表 4-7 不同间伐强度麻栎各器官碳密度 （单位：t C/hm^2）

间伐处理	树干	树枝	树叶	树皮	根系	总和
CK	28.2±0.9a	4.4±0.5ab	1.9±0.5a	1.8±0.5a	6.5±0.7a	42.9±1.5a
T15	32.7±0.6ab	3.6±0.3a	1.7±0.2a	1.7±0.4a	7.1±0.3a	46.8±0.3a
T30	38.5±0.7b	4.5±0.3ab	2.0±0.1a	2.1±0.3a	8.4±0.3a	55.6±0.9b
T50	36.9±0.5b	5.1±0.2b	2.2±0.1a	3.4±0.2b	7.4±0.6a	55.1±0.5b

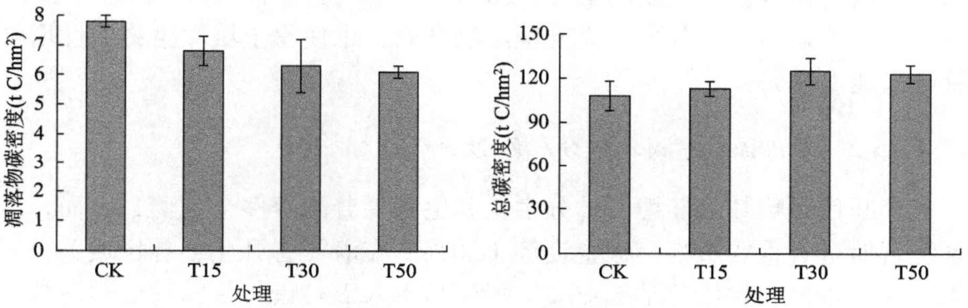

图 4-19 不同间伐强度下麻栎林地凋落物的碳密度和总碳密度

表 4-8 不同间伐强度下麻栎林的土壤碳密度 （单位：t C/hm^2）

间伐处理	土层（cm）			
	0～15	16～30	31～50	0～50
CK	27.2±0.8a	15.3±0.6a	14.3±0.5a	56.8±1.6a
T15	52.7±0.8a	18.4±0.5b	13.3±0.3a	57.5±1.3a
T30	25.4±0.5a	18.2±0.4b	18.4±0.7b	62.0±1.2a
T50	26.0±0.9a	17.5±0.5b	17.4±0.6b	60.9±1.9a

间伐后林分密度减小，增加了林冠开阔度，地面温度升高，因而会加快枯枝落叶的分解，减少凋落物量（王祖华等，2011），凋落物碳储量随间伐强度的增加而减少（Jandl et al.，2007）。Campbell 等（2009）试验表明，黄松（*Pinus ponderosa*）间伐后凋落物生物量降低，也有研究表明间伐对土壤有机碳储量没有显著影响（Nilsen and Strand，2008；Kim et al.，2009）。不同间伐处理间土壤有机碳主要来源于地表凋落物，林木根系对土壤有机碳影响较小，因此导致其土壤碳储量变异较小。对间伐后长期研究表明，随着林木生长，研究区间伐后林分凋落物可能会增加，其原因是间伐后树木树叶的生长量高于未间伐林分的树木。虽然间伐残留的林木根系分解会增加土壤有机质含量，但随间伐时间延长，根系残余物对土壤有机质的影响减弱（Nilsen and Strand，2008），随间

伐强度增大，人工林的土壤有机质含量逐渐升高（于海群等，2008）。在林内伐去直径小于2cm的林木，5年后土壤有机碳储量高于未间伐林地(Vargas et al.，2009)。

土壤呼吸是一个受生物因素和非生物因素共同影响的复杂过程。间伐改变了林分冠层结构、土壤温度、土壤湿度、根系密度及土壤性质，进而影响土壤呼吸的变化。不同间伐处理下土壤呼吸与土壤温度、根系生物量、林木生物量、林分总生物量和土壤有机碳含量均呈正相关（韩广轩和周广胜，2009），与土壤水分含量和凋落物生物量呈负相关。不同间伐处理的土壤水分含量和凋落物生物量并没有显著差异（成向荣等，2012a）。这表明间伐后林分生产力增加，促进了光合产物向地下分配，而土壤温度升高，也使得土壤微生物活性增强，土壤呼吸速率增大。

4.3.3.2 间伐强度对树木碳分配的影响

抚育间伐影响林内环境、林分生长和生物量分配等多个方面，因而，对森林系统碳储量有重要影响。徐金良等（2014）在浙江省开化县林场城关分场小桥头林区杉木大径材培育基地对 22 年生杉木人工林进行了间伐处理对林木碳储量影响的研究。设置了 3 种间伐处理（对照、中度和强度间伐）。第 1 次间伐：强度间伐处理为 33%（以林分密度计），中度间伐为 20%，对照不间伐。第 2 次间伐：在第 1 次间伐的基础上强度间伐 18%、中度间伐为 16%，对照间伐 15%，测定和计算乔木层碳储量、林下植被层碳储量、凋落物层碳储量和土壤碳储量。结果表明：树干碳储量的比例随间伐强度增大而增加，树枝、叶和根碳储量的比例则略有降低，由此可见，间伐有利于树干碳储量的累积。中度和强度间伐处理杉木人工林乔木层碳储量随间伐强度增加而减小，碳储量分别为对照的 88.6%和 83.1%。第 1 次间伐后 2 年乔木层碳储量显著减少，第 2 次间伐后 8 年，间伐处理乔木层碳储量恢复速率较快，强度间伐乔木层碳储量增量接近对照。杉木人工林系统总碳储量随间伐强度增加而减小，强度和中度间伐处理总碳储量分别为对照的 91.2%和 92.3%，但 3 种间伐处理间总碳储量差异不显著（表 4-9）。不同间伐处理总碳储量组成中，均以乔木层碳储量所占比例最高，大于 50%，其次为土壤层（41.2%～45.8%），凋落物层为 2.1%～2.3%，林下植被层占系统总碳储量的比例小于 0.6%。这表明试验区 22 年生杉木人工林系统总碳储量仍以乔木层碳储量累积为主，随间伐强度增大乔木层碳储量所占比例逐渐降低，土壤层所占比例升高。尽管间伐（尤其是强度间伐）减少了乔木层碳储量，但林分总碳储量在不同间伐处理间差异不显著。可见，杉木人工林间伐 15 年后不会导致生态系统总碳储量的降低。林下植被层、凋落物层和土壤层碳储量在不同间伐处理间差异不显著。对照、中度和强度间伐杉木人工林系统总碳储量分别为 169.34t C/hm^2、156.25t C/hm^2 和 154.47t C/hm^2，不同间伐处理间差异不显著。可见，试验区杉木人工林间伐 15 年后不会导致生态系统总碳储量降低。

表 4-9 不同间伐处理 22 年生杉木人工林系统总碳储量（单位：t C/hm^2）

处理	乔木层	林下植被层	凋落物层	土壤层
CK	95.43±7.49a	0.54±0.18a	3.63±0.36a	69.74±5.33a
中度间伐	84.55±6.84ab	0.60±0.26a	3.53±0.46a	67.57±2.05a
强度间伐	79.34±4.81b	0.82±0.10a	3.61±0.13a	70.70±1.89a

间伐改善林木生长空间，促进了保留木树高和胸径的快速生长，因此，间伐有利于树干碳储量的累积。同一林龄，随间伐强度增加，树干碳储量的比例升高，树枝、叶和根碳储量的比例略有降低。随林龄增加，不同间伐处理树木各器官碳储量呈递增趋势。树木各器官碳储量为茎干>根>枝>叶。随间伐强度增加，树干碳储量占整个树木碳储量的比例逐渐增大，而树枝和树叶碳储量所占比例逐渐降低，树根碳储量所占比例相对稳定。

Ruiz-Peinado 等（2013）研究发现，间伐（>10 年）对土壤有机碳储量没有显著影响。不同时长的间伐处理后，土壤有机碳的主要来源（林下植被、地表凋落物和林木根系）在不同间伐处理间差异不显著，这可能是导致土壤碳储量在各间伐处理间变异较小的主要原因。此外，间伐残留的林木根系分解会增加土壤有机质含量，但随间伐时间延长，根系残余物对土壤有机质的影响逐渐减弱（Nilsen and Strand，2008）。间伐增加了土壤有机碳储量，可能是间伐后土壤温度和湿度升高，加快了凋落物的分解并进入土壤层。同时，间伐去除林木的根系也增加了土壤层的碳储量。例如，Vargas 等（2009）指出，伐去林内直径<2cm 的林木，5 年后土壤有机碳储量高于未间伐林地。油松（*Pinus tabuliformis*）人工林间伐 3 年后，土壤有机质含量随间伐强度增大逐渐升高（于海群等，2008）。目前，多数研究关注间伐后短期内碳储量和碳释放的变化，间伐对森林生态系统碳储量的长期影响研究较少。

4.3.4 不同管理模式对林木碳汇能力的影响

森林生态系统是陆地生态系统的重要组成部分，增加森林的覆盖度或选择年碳积累量大的树种造林可以减少大气中 CO_2 的浓度。因此，在对人工林经营过程中，采用不同的经营管理模式对林木碳汇及林分的碳储量都会产生影响。

周国模等（2006）在浙江省临安市青山镇分别选取集约经营和粗放经营两类竹林，设置两种管理模式毛竹林标准地各一块，定期伐倒毛竹测算新竹和老竹的生物量、林下植被生物量和碳含量等，比较两种类型的毛竹林碳储量的差异和一年生毛竹碳积累的动态变化。结果表明，一年生毛竹碳积累量在 10 月前随时间推移呈直线增加，此后碳积累量的增加趋缓；集约经营和粗放经营下一年生毛竹碳积累量在 6 个月内分别为 10.11t C/hm^2 和 5.61t C/hm^2，且碳积累主要集中在竹干，占总碳储量的 71.6%～78.0%；集约经营和粗放经营毛竹林下凋落物的碳储量分别为 1.173t C/（hm^2·年）和 2.156t C/（hm^2·年）；集约经营毛竹林年固碳量为 12.750t C/（hm^2·年），是粗放经营毛竹林的 1.56 倍。同时，该研究表明，与杉木人工林、热带山地雨林和马尾松林相比，毛竹林具有更大的固定 CO_2 的能力，毛竹林 1 年中碳固定量是杉木林、热带雨林和马尾松林的 2～4 倍。因此，可以认为，毛竹林是森林植被中固碳效果最好的林木之一。

一般采用集约经营的方式可以使单位面积林木株数增加，使其固碳能力也显著提高，林分固碳总量高于粗放经营的林分。但是，集约经营使林分中的碳素分布发生了改变，如集约经营林分林下植被稀少，凋落物减少，这是否会引起生物多样性改变有待于进一步研究。粗放经营林下凋落物分解速率比集约经营的要快（曹群根等，1997）。造成这两者之间分解速率的差异有两方面原因：一是不同管理模式林下温度和水分条件的差异。粗放经营的林下水分比较充足，温度适宜，因而有利于凋落物的分解。二是凋落物组成不同，集约经营的林下凋落物比较单一，化学组分比较难分解；而粗放经营林下的凋落物除了主营林木的落叶还有其他一些树种和杂草的叶子等，化学成分比较丰富，有利于微生物分解。

参考文献

曹群根，傅懋毅，李正才. 1997. 毛竹林凋落叶分解失重及养分累积归还模式. 林业科学研究, 10(3): 303-308.

曹生奎，冯起，司建华，等. 2009. 植物叶片水分利用效率研究综述. 生态学报, 29(7): 3882-3892.

成向荣，虞木奎，葛乐，等. 2012a. 不同间伐强度下麻栎人工林碳密度及其空间分布. 应用生态学报, 23(5): 1175-1180.

成向荣，虞木奎，吴统贵，等. 2012b. 立地条件对麻栎人工林碳储量的影响. 生态环境学报, 10: 1674-1677.

崔鸿侠，胡兴宜，潘磊. 2011. 连栽杨树人工林碳储量变化. 湖北林业科技, 6: 7-9.

范叶青，周国模，施拥军，等. 2012. 坡向坡位对毛竹林生物量与碳储量的影响. 浙江农林大学学报, 29(3): 321-327.

关雅楠，黄正来，张文静，等. 2013. 低温胁迫对不同基因型小麦品种光合性能的影响. 应用生态学报, 24(7): 121-125.

郭建明，郑博福，胡理乐，等. 2011. 井冈山两种典型森林土壤有机碳密度及其影响因素的比较. 生态环境学报, 20(12): 1836-1840.

郭晓荣，曹坤芳，许再富. 2004. 热带雨林不同生态习性树种幼苗光合作用和抗氧化酶对生长光环境的反应. 应用生态学报, 15(3): 377-381.

韩广轩，周广胜. 2009. 土壤呼吸作用时空动态变化及其影响机制研究与展望. 植物生态学报, 33(1): 197-205.

何彦龙，王满堂，杜国祯. 2007. 不同光照处理下青藏高原克隆植物黄帚橐吾种子大小对其幼苗生长的影响. 生态学报, 27(8): 3091-3098.

李海霞，李正华，戴伟男，等. 2013. 氮磷水平对中美山杨幼苗碳氮积累与分配的影响. 西南林业大学学报, 33(3): 8-14.

李志刚，侯扶江. 2010. 黄土高原不同地形封育草地的土壤呼吸日动态与影响因子分析. 草业学报，19(1): 42-49.

林植芳，林桂珠，孔国辉，等. 1995. 生长光强对亚热带自然林两种木本植物稳定碳同位素比、细胞间 CO_2 浓度和水分利用效率的影响. 热带亚热带植物学报, 2: 77-82.

刘建，叶露，周坚，等. 2007. 夜间低温对 2 种桉树幼苗光合特性的影响. 西北植物学报, 27(10): 2024-2028.

刘润进. 2007. 菌根学. 北京：科学出版社.

陆景陵. 2003. 植物营养学. 北京：中国农业大学出版社.

马书荣，阎秀峰，陈伯林，等. 2000. 遮光条件下裂叶沙参和泡沙参气孔行为的对比研究. 植物研究，20(1): 63-68.

那守海，郝铁钢，阎秀峰. 2007. 供氮水平对落叶松根系碳、氮积累与分配的影响. 东北林业大学学报，35(11): 17-19.

聂三安，周萍，葛体达，等. 2012. 水稻光合同化碳向土壤有机碳库输入的定量研究：^{14}C 连续标记法. 环境科学, 33(4): 1346-1351.

朴世龙，方精云，郭庆华. 2001. 1982-1999 年我国植被净第一性生产力及其时空变化. 北京大学学报(自然科学版), 37(4): 563-569.

邵怡若，许建新，薛立，等. 2013. 低温胁迫时间对 4 种幼苗生理生化及光合特性的影响. 生态学报，33(14): 4237-4247.

史然，陈晓娟，吴小红，等. 2013. 土壤自养微生物同化碳向土壤有机碳库输入的定量研究：^{14}C 连续标记法. 环境科学, 34(7): 2809-2814.

王慧，郭晋平. 2008. 我国森林抚育间伐研究进展. 山西林业科技, 2: 29-32.

王宁，袁美丽，苏金乐. 2013. 几种樟树叶片结构比较分析及其与抗寒性评价的研究. 西北林学院学报，28(4): 43-49.

王向荣，孙海龙，余鑫，等. 2011. 坡向和坡位对水曲柳中龄林生长的影响. 山西农业大学学报(自然科学版), 31(1): 30-34.

王宇涛，李春妹，李韶山. 2013. 华南地区 3 种具有不同入侵性的近缘植物对低温胁迫的敏感性. 生态学报, 33(18): 5509-5515.

王祖华，刘红梅，王晓杰，等. 2011. 经营措施对森林生态系统碳储量影响的研究进展. 西北农林科技大学学报(自然科学版), 1: 83-88.

魏宇昆，梁宗锁，崔浪军，等. 2004. 黄土高原不同立地条件下沙棘的生产力与水分关系研究. 应用生态学报, 15(2): 195-200.

吴昊，简燕，葛体达，等. 2014. 原状土与非原状土对土壤自养微生物碳同化能力的影响. 生态学杂志，33(6): 1694-1699.

肖文发，徐德应, 1999. 森林能量利用与产量形成的生理生态基础. 北京：中国林业出版社: 34-39.

徐金良，毛玉明，成向荣，等. 2014. 间伐对杉木人工林碳储量的长期影响. 应用生态学报, 25(7): 1898-1904.

徐新良，曹明奎，李克让. 2007. 中国森林生态系统植被碳储量时空动态变化研究. 地理科学进展, 26(6): 1-10.

杨莹，王传华，刘艳红. 2010. 光照对鄂东南 2 种落叶阔叶树种幼苗生长、光合特性和生物量分配的影响. 生态学报, 30(22): 6082-6090.

于海群，刘勇，李国雷，等. 2008. 油松幼龄人工林土壤质量对间伐强度的响应. 水土保持通报, 28(3): 65-70.

张旺锋，樊大勇，谢宗强，等. 2005. 濒危植物银杉幼树对生长光强的季节性光合响应. 生物多样性，13(5): 387-397.

张亚杰，冯玉龙，冯志立，等. 2003. 绒毛番龙眼对生长光强的形态和生理适应. 植物生理与分子生物学学报, 29(3): 206-214.

张毅龙，张卫强，甘先华. 2014. 低温胁迫对 6 种珍贵树种苗木光合荧光特性的影响. 生态环境学报，5: 777-784.

周国模，吴家森，姜培坤. 2006. 不同管理模式对毛竹林碳储量的影响. 北京林业大学学报, 28(6): 51-55.

周建，杨立峰，郝峰鸽，等. 2009. 低温胁迫对广玉兰幼苗光合及叶绿素荧光特性的影响. 西北植物学报, 29(1): 136-142.

Abelson P H. 1999. A potential phosphate crisis. Science, 283(5410): 2015.

Aerts R, Iii F S C. 1999. The mineral nutrition of wild plants revisited: A re-evaluation of processes and patterns. Advances in Ecological Research, 30(08): 1-67.

Alexandra R, Gary M L, Kathleen C W, et al. 2014. Lability of C in temperate forest soils: Assessing the role of nitrogen addition and tree species composition. Soil Biology & Biochemistry, 77(77): 129-140.

Anten N P R. 2005. Optimal photosynthetic characteristics of individual plants in vegetation stands and implications for species coexistence. Ann. Bot., 95: 710-730.

Awada T, Radoglou K, Fotelli M N, et al. 2003. Ecophysiology of seedlings of three Mediterranean pine species in contrasting light regimes. Tree Physiology, 23(1): 33-41.

Baker N R. 2008. Chlorophyll fluorescence: a probe of photosynthesis *in vivo*. Annual Review of Plant Biology, 59(1): 89-113.

Balser T, Devinl W. 2009. Investigating biological control over soil carbon temperature sensitivity. Global Change Biology, 15(12): 2935-2949.

Berg B, Matzner E. 1997. Effect of N deposition on decomposition of plant litter and soil organic matter in forest systems. Environmental Reviews, 5(1): 1-25.

Berg B, Meentemeyer V. 2002. Litter quality in a north European transect versus carbon storage potential. Plant & Soil, 242(1): 83-92.

Boyle N R, Morgan J A. 2011. Computation of metabolic fluxes and efficiencies for biological carbon dioxide fixation. Metabolic Engineering, 13(2): 150-158.

Brumme R, Beese F. 2013. Effects of liming and nitrogen fertilization on emissions of CO_2 and N_2O from a temperate forest. Free Radical Biology & Medicine, 65(4): 607-619.

Calderón F J, Jackson L E, Scow K M, et al. 2001. Short-term dynamics of nitrogen, microbial activity, and phospholipid fatty acids after tillage. Soil Science Society of America Journal, 65: 118e126.

Campbell J, Alberti G, Martin J, et al. 2009. Carbon dynamics of a ponderosa pine plantation following a thinning treatment in the northern Sierra Nevada. Forest Ecology & Management, 257(2): 453-463.

Canary J D, Harrison R B, Compton J E, et al. 2000. Additional carbon sequestration following repeated urea fertilization of second-growth Douglas-fir stands in western Washington. Forest Ecology & Management, 138(1): 225-232.

Cannon G C, Bradburne C E, Aldrich H C, et al, 2001. Microcompartments in Prokaryotes: Carboxysomes and Related Polyhedra. Applied & Environmental Microbiology, 67(12): 5351-5361.

Cardillo E, Bernal C J. 2006. Morphological response and growth of cork oak(*Quercus suber* L.)seedlings at different shade levels. Forest Ecology & Management, 222(1-3): 296-301.

Chastain R A, Currie W S, Townsend P A. 2006. Carbon sequestration and nutrient cycling implications of the evergreen understory layer in Appalachian forests. Forest Ecology & Management, 231(1-3): 63-77.

Chen W, Chen J M, Price D T, et al. 2000. Carbon offset potentials of four alternative forest management strategies in Canada: A simulation study. Mitigation & Adaptation Strategies for Global Change, 5(2): 143-169.

Close D C, Beadle C L, Hovenden M J. 2001. Cold-induced photoinhibition and foliar pigment dynamics of *Eucalyptus nitens* seedlings during establishment. Australian Journal of Plant Physiology, 28(11): 1133-1141.

Cornelissen J, Aerts R, Cerabolini B, et al. 2001. Carbon cycling traits of plant species are linked with mycorrhizal strategy. Oecologia, 129(4): 611-619.

Craine J M, Elmore A J, Aidar M P M, et al. 2009. Global patterns of foliar nitrogen isotopes and their relationships with climate, mycorrhizal fungi, foliar nutrient concentrations, and nitrogen availability. New Phytologist, 183(4): 980-992.

Degrood S H, Claassen V P, Scow K M. 2005. Microbial community composition on native and drastically disturbed serpentine soils. Soil Biology & Biochemistry, 37(8): 1427-1435.

Domínguez M T, Aponte C, Pérez-Ramos I M, et al. 2012. Relationships between leaf morphological traits, nutrient concentrations and isotopic signatures for Mediterranean woody plant species and communities. Plant & Soil, 357(1-2): 407-424.

Dong Z, Layzell D B. 2001. H_2 oxidation, O_2 uptake and CO_2 fixation in hydrogen treated soils. Plant & Soil, 229(1): 1-12.

Edmonds R L, Hsiang T. 1989. Predicting douglas fir growth and response to nitrogen fertilization in Western Oregon. Soil Science Society of America Journal, 53(5): 1552-1560.

Ehleringer J R, Lin Z F, Field C B, et al. 1987. Leaf carbon isotope ratios of plants from a subtropical monsoon forest. Oecologia, 72(1): 109-114.

Fahey T J, Hughes J W. 1994. Fine root dynamics in a northern hardwood forest ecosystem, Hubbard Brook Experimental Forest, NH. Journal of Ecology, 82(3): 533-548.

Farrar J F, Jones D L. 2000. The control of carbon acquisition by roots. New Phytologist, 147(1): 43-53.

Farrell E P, Führer E, Ryan D, et al. 2000. European forest ecosystems: building the future on the legacy of the past. Forest Ecology & Management, 132(1): 5-20.

Fontaine S, Henault C, Aamor A, et al. 2011. Fungi mediate long term sequestration of carbon and nitrogen in soil throughout their priming effect. Soil Biology & Biochemistry, 43: 86-96.

Forde B, Lorenzo H. 2002. The nutritional control of root development // Powlson D S, Bateman G L, Davies K G. Interactions in the Root Environment: An Integrated Approach. Netherlands: Springer: 51-68.

Franklin O, Högberg P, Ekblad A, et al. 2003. Pine forest floor carbon accumulation in response to N and PK additions: Bomb ^{14}C modelling and respiration studies. Ecosystems, 6(7): 644-658.

Ge T D, Huang D F, Roberts P, et al. 2010. Dynamics of nitrogen speciation in horticultural soils in suburbs of Shanghai, China. Pedosphere, 20(2): 261-272.

Ge T, Wu X, Chen X, et al. 2013. Microbial phototrophic fixation of atmospheric CO_2, in China subtropical upland and paddy soils. Geochimica Et Cosmochimica Acta, 113(4): 70-78.

Ge T, Yuan H, Zhu H, et al. 2012. Biological carbon assimilation and dynamics in a flooded rice-soil system. Soil Biology & Biochemistry, 48(4): 39-46.

Gilbert B, Wright S J, Muller-Landau H C, et al. 2006. Life history trade-offs in tropical trees and lianas. Ecology, 87(5): 1281-1288.

Gill D S, Amthor J S, Bormann F H. 1998. Leaf phenology, photosynthesis, and the persistence of saplings and shrubs in a mature northern hardwood forest. Tree Physiology, 18(5): 281-289.

Grassi G, Bagnaresi U. 2001. Foliar morphological and physiological plasticity in *Picea abies* and *Abies alba*saplings along a natural light gradient. Tree Physiol, 21: 959-967.

Guilbault K R, Brown C S, Friedman J M, et al. 2012. The influence of chilling requirement on the southern distribution limit of exotic Russian olive (*Elaeagnus angustifolia*) in western North America. Biological Invasions, 14(8): 1711-1724.

Hagedorn F, Spinnler D, Bundt M, et al. 2003. The input and fate of new C in two forest soils under elevated CO_2. Global Change Biology, 9(6): 862-872.

Hanft K L. 2012. The effects of biogeoclimatic properties on water and nitrogen availability and douglas-fir growth and fertilizer response in the Pacific Northwest. Dissertations & Theses-Gradworks.

Hanley D P, Chappell H N, Nadelhoffer E H. 2006. Fertilizing Coastal Douglas-fir Forests. Washington State Univ. Ext. Pub. EB1800.

Hart K M, Oppenheimer S F, Moran B W, et al. 2013. CO_2 uptake by a soil microcosm. Soil Biology & Biochemistry,

57(3): 615-624.

Hawkins B J, Henry G, Kiiskila S B. 1998. Biomass and nutrient allocation in Douglas-fir and amabilis fir seedlings: influence of growth rate and nutrition. Tree Physiology, 18(12): 803-810.

Heijden M G A V D, Klironomos J N, Ursic M, et al. 1998. Mycorrhizal fungal diversity determines plant biodiversity, ecosystem variability and productivity. Nature, 396(6706): 69-72.

Herrick J D, Thomas R B. 2001. No photosynthetic down-regulation in sweetgum trees (*Liquidambar styraciflua* L.) after three years of CO_2, enrichment at the Duke Forest FACE experiment. Plant Cell & Environment, 24(1): 53-64.

Högberg P, Nordgren A, Buchmann N, et al. 2001. Large-scale forest girdling shows that current photosynthesis drives soil respiration. Nature, 411(6839): 789-792.

Högberg P, Read D J. 2006. Towards a more plant physiological perspective on soil ecology. Trends in Ecology & Evolution, 21: 548-554.

Horner G J, Baker P J, Nally R M, et al. 2010. Forest structure, habitat and carbon benefits from thinning floodplain forests: Managing early stand density makes a difference. Forest Ecology & Management, 259(3): 286-293.

Huang X M, Liu S R, Wang H, et al. 2014. Changes of soil microbial biomass carbon and community composition through mixing nitrogen-fixing species with *Eucalyptus urophylla*, in subtropical China. Soil Biology & Biochemistry, 73(6): 42-48.

Jandl R, Lindner M, Vesterdal L, et al. 2007. How strongly can forest management influence soil carbon sequestration?Geoderma, 137(3-4): 253-268.

Kapulnik Y, Tsror L, Zipori I, et al. 2011. Effect of AMF application on growth, productivity and susceptibility to Verticillium wilt of olives grown under desert conditions. Symbiosis, 52(2): 103-111.

Kim C, Son Y, Lee W K, et al. 2009. Influences of forest tending works on carbon distribution and cycling in a *Pinus densiflora* S. et Z. stand in Korea. Forest Ecology & Management, 66(257): 1420-1426.

Kitajima K. 1994. Relative importance of photosynthetic traits and allocation patterns as correlates of seedling shade tolerance of 13 tropical trees. Oecologia, 98(3-4): 419-428.

Klironomos J N, Mccune J, Hart M, et al. 2000. The influence of arbuscular mycorrhizae on the relationship between plant diversity and productivity. Ecology Letters, 3(2): 137-141.

Klironomos J N. 2002. Feedback with soil biota contributes to plant rarity and invasiveness in communities. Nature, 417(6884): 67-70.

Kloeppel B D, Gower S T, Vogel JG, et al. 2000. Leaf-level resource use for evergreen and deciduous conifers along a resource availability gradient. Functional Ecology, 14: 281-292.

Kobe R K. 1997. Carbohydrate allocation to storage as a basis of interspecific variation in sapling survivorship and growth. Oikos, 80(2): 226-233.

Kumar R, Pandey S, Pandey A. 2006. Plant roots and carbon sequestration. Current Science, 91(7): 885-890.

Kuzyakov Y, Gavrichkova O. 2010. REVIEW: Time lag between photosynthesis and carbon dioxide efflux from soil: a review of mechanisms and controls. Global Change Biology, 16(12): 3386-3406.

Lagergren F, Lindroth A. 2002. Transpiration response to soil moisture in pine and spruce trees in Sweden. Agricultural & Forest Meteorology, 112(2): 67-85.

Lal R. 2008. Carbon sequestration. Philosophical Transactions of the Royal Society of London, 363(1492): 815-830.

Lalor B M, Cookson W R, Murphy D V. 2007. Comparison of two methods that assess soil community level physiological profiles in a forest ecosystem. Soil Biology & Biochemistry, 39: 454-462.

Légaré S, Paré D, Bergeron Y. 2004. The responses of black spruce growth to an increased proportion of aspen in mixed stands. Canadian Journal of Forest Research, 34(34): 405-416.

Li M, Zhu J, Zhang M. 2013. Foliar carbon isotope discrimination and related traits along light gradients in two different functional-type tree species. European Journal of Forest Research, 132(5): 815-824.

Liang B C, Wang X L, Ma B L. 2002. Maize root-induced change in soil organic carbon pools. Soil Science Society of America Journal, 66(3): 845-847.

Logan B A, Grace S C, Iii W A, et al. 1998. Seasonal differences in xanthophyll cycle characteristics and antioxidants in *Mahonia repens*, growing in different light environments. Oecologia, 116(2): 9-17.

Lovett G M, Arthur M A, Weathers K C, et al. 2013. Nitrogen addition increases carbon storage in soils, but not in trees, in an Eastern U. S. Deciduous Forest. Ecosystems, 16(6): 980-1001.

Lundqvist L. 1994. Growth and competition in partially cut sub-alpine Norway spruce forests in northern Sweden. Forest Ecology & Management, 65(2-3): 115-122.

Luyssaert S, Inglima I, Jung M, et al. 2007. CO_2 balance of boreal, temperate, and tropical forests derived from a global database. Global Change Biology, 13(12): 2509-2537.

Maillard P, Guehl J M, Muller J F, et al. 2001. Interactive effects of elevated CO_2 concentration and nitrogen supply on partitioning of newly fixed ^{13}C and ^{15}N between shoot and roots of pedunculate oak seedlings (*Quercus robur*). Tree Physiology, 21(2-3): 163-172.

Marilley L, Aragno M. 1999. Phylogenetic diversity of bacterial communities differing in degree of proximity of *Lolium perenne* and *Trifolium repens* roots. Applied Soil Ecology, 13: 127-136.

Maxwell K, Johnson G N. 2000. Chlorophyll fluorescence—a practical guide. Journal of Experimental Botany, 51(345): 659-668.

Mcdowell W H, Zsolnay A, Aitkenhead-Peterson J A, et al. 2006. A comparison of methods to determine the biodegradable dissolved organic carbon from different terrestrial sources. Soil Biology & Biochemistry, 38(7): 1933-1942.

Messinger S M, Buckley T N, Mott K A. 2006. Evidence for involvement of photosynthetic processes in the stomatal response to CO_2. Plant Physiology, 140(2): 771-778.

Miltner A, Kopinke F D, Kindler R, et al. 2005. Non-phototrophic CO_2 fixation by soil microorganisms. Plant & Soil, 269(1): 193-203 .

Miyazawa Y, Kikuzawa K. 2005. Winter photosynthesis by saplings of evergreen broad-leaved trees in a deciduous temperate forest. New Phytologist, 165(3): 857-866.

Monson R K, Lipson D L, Burns S P, et al. 2006. Winter forest soil respiration controlled by climate and microbial community composition. Nature, 439(7077): 711-714.

Montgomery R, Chazdon R. 2002. Light gradient partitioning by tropical tree seedlings in the absence of canopy gaps. Oecologia, 131(131): 165-174.

Morén A S, Lindroth A, Flower-Ellis J, et al. 2000. Branch transpiration of pine and spruce scaled to tree and canopy using needle biomass distributions. Trees, 14(7): 384-397.

Morin X, Fahse L, Scherer-Lorenzen M, et al. 2011. Tree species richness promotes productivity in temperate forests through strong complementarity between species. Ecology Letters, 14(12): 1211-9.

Mosier A, Kroeze C, Nevison C, et al. 1998. Closing the global N_2O budget: nitrous oxide emissions through the agricultural nitrogen cycle. Nutrient Cycling in Agroecosystems, 52(2): 225-248.

Muller O, Hikosaka K, Hirose T. 2005. Seasonal changes in light and temperature affect the balance between light harvesting and light utilisation components of photosynthesis in an evergreen understory shrub. Oecologia, 143(4): 501-508.

Munnébosch S, Jubanymarí T, Alegre L. 2003. Enhanced photo- and antioxidative protection, and hydrogen peroxide accumulation in drought-stressed *Cistus clusii* and *Cistus albidus* plants. Tree Physiology, 23(1): 1-12.

Nadelhoffer K J, Raich J W. 1992. Fine root production estimates and belowground carbon allocation in forest ecosystems. Ecology, 73(4): 214-222.

Naidu S L, Sullivan J H, Teramura A H, et al. 1993. The effects of UV-B radiation on photosynthesis of different aged needles in field-grown loblolly pine (*Pinus taeda*). Tree Physiology, 12(2): 151-162.

Neff J C, Townsend A R, Gleixner G, et al. 2002. Variable effects of nitrogen additions on the stability and turnover of soil carbon. Nature, 419(6910): 915-917.

Nilsen P, Strand L T. 2008. Thinning intensity effects on carbon and nitrogen stores and fluxes in a Norway spruce [*Picea abies* (L.) Karst.] stand after 33 years. Forest Ecology & Management, 256(3): 201-208.

Noormets A, Mcdonald E P, Dickson R E, et al. 2001. The effect of elevated carbon dioxide and ozone on leaf- and branch-level photosynthesis and potential plant-level carbon gain in aspen. Trees, 15(5): 262-270.

Oguchi R, Hikosaka K, Hirose T. 2003. Does the photosynthetic light-acclimation need change in leaf anatomy?Plant Cell & Environment, 26(4): 505-512.

Ormrod D P, Schmidt A M, Livingston N J. 1997. Effect of UV-B radiation on the shoot dry matter production and stable carbon isotope composition of two *Arabidopsis thaliana*, genotypes. Physiologia Plantarum, 101(3): 497-502.

Pastur G M, Lencinas M V, Peri P L, et al. 2007. Photosynthetic plasticity of *Nothofagus pumilio*, seedlings to light intensity and soil moisture. Forest Ecology & Management, 243(2-3): 274-282.

Pate J S, Stewart G R, Unkovich M. 2006. N natural abundance of plant and soil components of a Banksia woodland ecosystem in relation to nitrate utilization, life form, mycorrhizal status and N_2-fixing abilities of component species . Plant Cell & Environment, 16(4): 365-373.

Pearcy R W, Sims D A. 1994. Photosynthetic acclimation to changing light environments: scaling from the leaf to the whole plant. Exploitation of Environmental Heterogeneity by Plants: 145-174.

Piper F I, Reyes-Díaz M, Corcuera L J, et al. 2009. Carbohydrate storage, survival, and growth of two evergreen *Nothofagus*, species in two contrasting light environments. Ecological Research, 24(6): 1233-1241.

Poorter L, Kitajima K. 2007. Carbohydrate storage and light requirements of tropical moist and dry forest tree species. Ecology, 88(4): 1000-1011.

Pregitzer K S, Kubiske M E, Yu C K, et al. 1997. Relationships among root branch order, carbon, and nitrogen in four temperate species. Oecologia, 111(3): 302-308.

Rasineni G K, Guha A, Reddy A R. 2011. Responses of Gmelina arborea, a tropical deciduous tree species, to elevated atmospheric CO_2: Growth, biomass productivity and carbon sequestration efficacy. Plant Science, 181(4): 428-438.

Read D J. 1991. Mycorrhizas in ecosystems. Cellular & Molecular Life Sciences Cmls., 47(4): 376-391.

Rodriguez A, Lovett G M, Weathers K C, et al. 2014. Lability of C in temperate forest soils: Assessing the role of nitrogen addition and tree species composition. Soil Biology & Biochemistry, 77(77): 129-140.

Rozendaal D M A, Hurtado V H, Poorter L. 2006. Plasticity in leaf traits of 38 tropical tree species in response to light: relationships with light demand and adult stature. Functional Ecology, 20: 207-216.

Ruiz-Peinado R, Bravo-Oviedo A, López-Senespleda E, et al. 2013. Do thinnings influence biomass and soil carbon stocks in Mediterranean maritime pinewoods? European Journal of Forest Research, 132(2): 253-262.

Rustad L E, Huntington T G, Boone R D. 2000. Controls on soil respiration: Implications for climate change. Biogeochemistry, 48(1): 1-6.

Sanford N L, Harrington R A, Fownes J H. 2003. Survival and growth of native and alien woody seedlings in open and understory environments. Forest Ecology & Management, 183(1-3): 377-385.

Schoettle A W, Fahey T J, Shoettle A W. 1994. Foliage and fine root longevity of pines. Ecological Bulletins, 43(43): 136-153.

Semwal R L, Nautiyal S, Maikhuri R K, et al. 2013. Growth and carbon stocks of multipurpose tree species plantations in degraded lands in Central Himalaya, India. Forest Ecology & Management, 310(1): 450-459.

Shanin V, Komarov A, Mäkipää R. 2014. Tree species composition affects productivity and carbon dynamics of different site types in boreal forests. European Journal of Forest Research, 133(2): 1-14.

Shryock B, Littke K, Ciol M, et al. 2014. The effects of urea fertilization on carbon sequestration in Douglas-fir plantations of the coastal Pacific Northwest. Forest Ecology & Management, 318(3): 341-348.

Smith S E, David R F. 2008. Mycorrhizal Symbiosis. Third Edition. New York: Elsevier Ltd.

Söderberg K H, Probanza A, Jumpponen A, et al. 2004. The microbial community in the rhizosphere determined by community-level physiological profiles (CLPP) and direct soil- and cfu-PLFA techniques. Applied Soil Ecology, 25(2): 135-145.

Sollins P, Bowden R D. 2009. Sequential density fractionation across soils of contrasting mineralogy: Evidence for both microbial- and mineral-controlled soil organic matter stabilization. Biogeochemistry, 96(1): 209-231.

Spiecker H. 1996. Growth trends in European forests: studies from 12 countries. Water Air & Soil Pollution, 116(1-2): 33-46.

Strauss-Debenedetti S, Bazzaz F A. 1991. Plasticity and acclimation to light in tropical Moraceae of different sucessional positions. Oecologia, 87(87): 377-387.

Swanston C, Homann P S, Caldwell B A, et al. 2004. Long-term effects of elevated nitrogen on forest soil organic matter stability. Biogeochemistry, 70(2): 229-252.

Terashima I, Miyazawa S I, Hanba Y T. 2001. Why are sun leaves thicker than shade leaves?—Consideration based on analyses of CO_2 diffusion in the leaf. Journal of Plant Research, 114(1): 93-105.

Tillgren P, Bo J A H, Kanström L, et al. 1994. Productivity of mixed stands of *Pinus sylvestris* and *Picea abies*. Scandinavian Journal of Forest Research, 9(2): 143-153.

Toit B D. 2008. Effects of site management on growth, biomass partitioning and light use efficiency in a young stand of *Eucalyptus grandis*, in South Africa. Forest Ecology & Management, 255(7): 2324-2336.

Toledo-Aceves T, Swaine M D. 2008. Biomass allocation and photosynthetic responses of lianas and pioneer tree seedlings to light. Acta Oecologica, 34(1): 38-49.

Turnbull M H. 1991. The effect of light quantity and quality during development on the photosynthetic characteristics of six Australian rainforest tree species. Oecologia, 87(1): 110-117.

Vargas R, Allen E B, Allen M F. 2009. Effects of vegetation thinning on above-and belowground carbon in a seasonally dry tropical forest in Mexico. Biotropica, 41(3): 302-311.

Vargas R, Baldocchi D D, Querejeta J I, et al. 2010. Ecosystem CO_2 fluxes of arbuscular and ectomycorrhizal dominated vegetation types are differentially influenced by precipitation and temperature. New Phytologist, 185(1): 226-236.

Veneklaas E J, Ouden F D. 2005. Dynamics of non-structural carbohydrates in two *Ficus*, species after transfer to deep shade. Environmental & Experimental Botany, 54(2): 148-154.

Verhoeven A S, Iii W W A, Demmig-Adams B. 1999. The xanthophyll cycle and acclimation of *Pinus ponderosa* and *Malva neglecta* to winter stress. Oecologia, 118(3): 277-287.

Vries W D, Reinds G J, Reinds G J, et al. 2003. Intensive monitoring of forest ecosystems in Europe 2: Atmospheric deposition and its impacts on soil solution chemistry. Forest Ecology & Management, 174(1): 77-95.

Warren C R, Adams M A. 2004. Evergreen trees do not maximize instantaneous photosynthesis. Trends in Plant Science, 9(9): 270-274.

Waterworth R M, Richards G P. 2008. Implementing Australian forest management practices into a full carbon accounting model. Forest Ecology & Management, 255(7): 2434-2443.

West J B, Espeleta J F, Donovan L A. 2004. Fine root production and turnover across a complex edaphic gradient of a *Pinus palustris-Aristida stricta*, savanna ecosystem. Forest Ecology & Management, 189(1-3): 397-406.

Yan D S, Ling L X, Min L H. 2005. A comparison of light environmental characteristics for evergreen broad-leaved forest communities from different successional stages in Tiantong National Forest Park. Acta Ecologica Sinica, 25(11): 2862-2867.

Yevdokimov I, Ruser R, Buegger F, et al. 2006. Microbial immobilisation of ^{13}C rhizodeposits in rhizosphere and root-free soil under continuous ^{13}C labelling of oats. Soil Biology & Biochemistry, 38(6): 1202-1211.

Yuan H, Ge T, Chen C, et al. 2012. Microbial autotrophy plays a significant role in the sequestration of soil carbon. Applied & Environmental Microbiology,78(7): 2328-2336.

Zimmerman J K, Ehleringer J R. 1990. Carbon isotope ratios are correlated with irradiance levels in the Panamanian orchid *Catasetum viridiflavum*. Oecologia, 83(2): 247-249.

5 碳汇树种的选择与繁育技术

5.1 林木选择育种策略与技术路线

林木选择育种是指在林木种内群体中按一定目标选出部分个体或群体加以繁殖，以改良林木群体品质的育种方法。其遗传学基础是利用树种种内群体中基因分化与重组产生的变异，通过选择及分离繁殖建立与原始群体有不同基因频率的新群体。森林树种多属异花授粉植物，有广阔的自然分布范围，绝大多数树种处在野生、半野生状态，种内变异大，因而通过选择育种获得改良的潜力也大，是林木遗传改良的主要手段。

一个高世代的林木选择育种策略主要包括以下几个方面（图 5-1）。

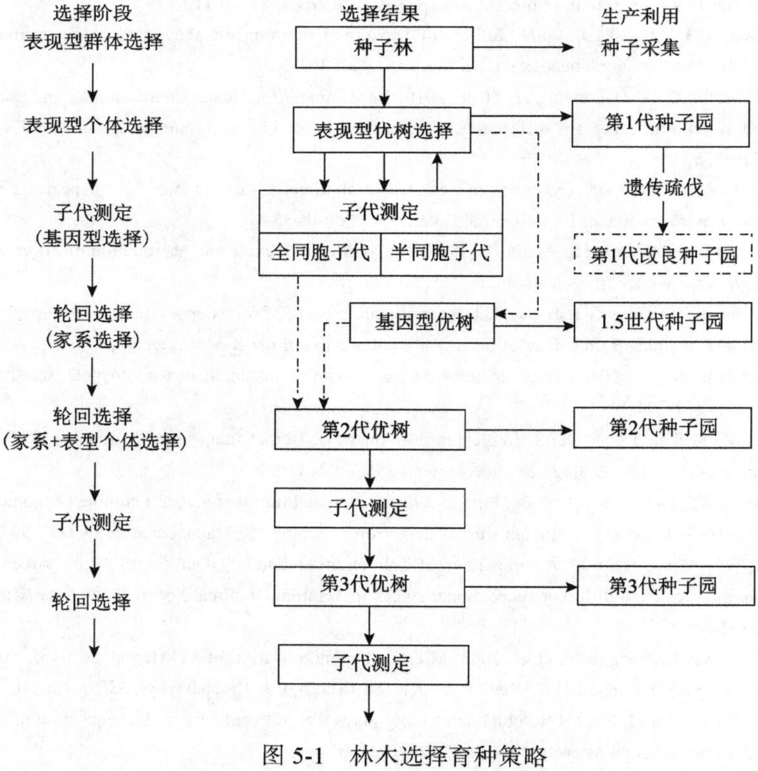

图 5-1 林木选择育种策略

①群体与个体选择：种源选择、林分选择、个体选择。②遗传测定：子代

测定（全同胞子代测定和半同胞子代测定），无性系测定。③种子园：第 1 世代种子园（改良代种子园，1.5 世代种子园），高世代种子园（第 2、第 3 等高世代种子园）。

5.2　选择育种

5.2.1　选择的基本方法

选择方式较多，如根据选择个体谱系是否清楚，分为单株选择和混合选择；根据是否进行遗传测定，分为表型选择和遗传型选择；根据树种繁殖方式的不同，分为家系选择、家系内选择、配合选择和无性系选择；按选择性状的多少分为单一性状选择和多性状选择；按选择育种的世代进行分类，可分为轮回选择与改良代选择等。主要的方法介绍如下。

5.2.1.1　单株选择法和混合选择法

（1）单株选择法

从群体中挑选优良个体，分别采种或采条，单独繁殖、单独鉴定的选择，称为单株选择。这种选择属于遗传型选择。单株选择又分为一次单株选择和多次单株选择。选择次数的多少决定于单株选择区域内当选个体后代的性状是否一致，若一次选择的后代不发生性状分离，则不需要再进行多次单株选择。

单株选择的特点：①亲代与子代的谱系清楚，所选单株可根据其子代表现对亲本进行再选择；②单株选择可能会导致有利的基因丢失；③适用于遗传力较低的性状。

（2）混合选择法

从群体中按表型进行的选择，且对选择出来的个体不分单株，混合采集种子或穗条，进行繁殖或造林，在选择上不考虑上下代及与其他亲属的关系，称为混合选择。这种选择属于表型选择。混合选择可以只进行一次，也可以连续进行多次。次数的决定取决于混合选择区域内植株在性状上是否与育种目标一致。

混合选择的特点：①即使是连续的混合选择也不会形成连续的近亲交配，不会出现选择对象生活力衰退的现象；②混合选择法无法了解亲代与子代之间的谱系交配系统，因为已经根据子代植株的性状表现淘汰掉性状不良的亲本；③适用于遗传力较高的性状。

5.2.1.2　表型选择与遗传型选择

表型选择又称为混合选择，仅根据单株树木的表现型值进行选择，而不考虑前后代或其他亲属关系。对于遗传力较高的性状进行选择时，采用这种方法较好。在天然林或未经改良的人工林选择优树建立初级种子园时，一般采用这个方法。

遗传型选择是根据子代平均表现来推断亲本遗传上的优良的选择，是子代测定后进行的选择，具有良好的配合力。这种经子代测定证实遗传上优良的优树称为精选树，这种选择方式又称为后向选择法。这种选择方法常在初级无性系种子园中留优去劣进行疏伐时应用。

5.2.1.3　家系选择、家系内选择、配合选择及无性系选择

（1）家系选择

把家系作为一个单位，依据家系内个体的表型值计算家系平均值，对家系进行选择。当性状的遗传力较低时，由于个体的表型不能充分反映遗传型，使用家系选择更为适合。家系平均值是以大量个体作为基础，而个体的环境方差能够在平均值中相互抵消，因此，家系表型平均值比较接近于遗传型平均值的估量。但是家系选择可能导致群体遗传基础变窄。

（2）家系内选择

是根据家系内个体表型值距该家系平均表型值的离差选择个体，保留家系内优良的个体，家系平均值的权重为零。由于家系内选择只淘汰部分单株，因此能够延缓近交的发生，该种方法与家系选择配合使用是多世代改良中常用的选择方式。

（3）配合选择

在优良家系中选择优良单株，将家系平均表型值及家系内个体表型值结合起来分析的选择方法。要根据家系值及个体表型值对家系内的所有个体做出评估。性状遗传力的大小对家系平均值和个体表型值的权重有影响。当性状遗传力低时，家系平均值给予较大的权重；反之，给予个体较高的权重。

配合选择是多世代育种中的重要选择方法，从子代测定林中挑选优良家系内的优良个体作为下一代选育的亲本，这种选择方式为向前选择。而通过子代测定选择优良家系中的优良个体，根据优良个体的信息对其亲本进行的选择又称为反向选择。

（4）无性系选择

通过无性系测定，选出优良无性系的过程。无性系选择既利用了植株的加性效应，又利用了植株的显性效应和上位效应，因此，增益大、方法简便。能够进行无性繁殖的树种，可以通过选用优良的无性系以达到改良的目的。但是

随着选择强度的提高，遗传基础变得越来越窄，不利于适应性和稳定性。

5.2.1.4 轮回选择与改良代选择

（1）轮回选择

轮回选择是林木改良过程中常使用的选择方法，就是从群体中选择个体作为亲本，杂交产生新的子代群体，再从子代群体中选择下一轮（世代）的亲本，如此反复的选择育种的过程。

轮回选择的遗传效应如图 5-2 所示。

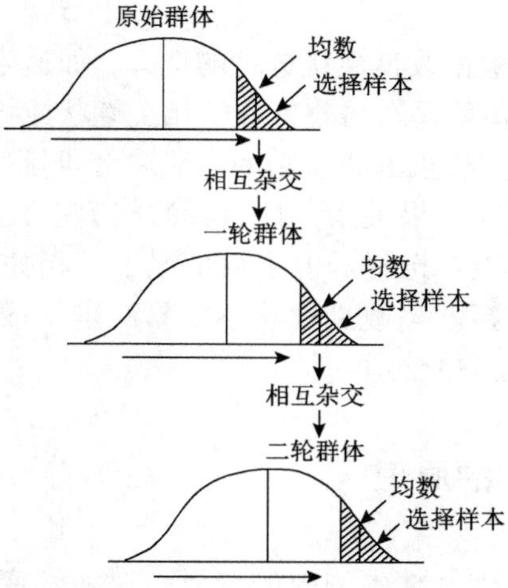

图 5-2 轮回选择的遗传效应

（2）改良代选择

亲本通过交配遗传测定，从子代亲本中选出最优良的个体，作为下一世代的亲本，如此逐代选择交配下去，使目标性状逐代得到改良。

5.2.1.5 单一性状选择和多性状选择

在林木实际的改良中，通常不是仅仅针对某一特定性状进行改良，往往要求同时改良几个性状。因此，需要使用多个性状选择的方法。

（1）单项选择法

对所要改良的性状依次地进行选择，每次仅选择一种性状，凡达到预期的要求时，再开始选择另一种性状。以这样的方式将性状逐一进行选择，但是选择过程需要花费较长的时间。

（2）独立淘汰选择法

对所需改良的性状同时进行选择，每个性状设置一个最低标准，必须在各个性状上都达到最低标准的单株才能入选，否则就不能入选。该选择法在林木改良中被广泛使用。但也存在因某个性状没有达到标准，而将其他性状优良的个体淘汰的可能。

（3）指数选择法

把所有有价值的性状信息综合成一个指数值，按数值的高低选择亲本。还要考虑给予每个性状相应权重。恰当地确定经济权重很难，如果经济权重确定不当，会导致性状选择无效。

5.2.1.6　直接选择与间接选择

直接选择就是直接根据改良性状进行的选择，如速生性选择，选择群体中生长高大的个体。间接选择就是对与改良性状相关性状或指标的选择，如抗病虫性选择，根据叶片中特殊抗病虫的化合物的组成和含量挑选抗性较强的个体等。

只有当两个性状存在因果关系，且两者的相关系数（r）趋近于 1 时，间接选择的增益才能接近于直接选择。但多数情况下，相关系数 $r \leqslant 0.5$，间接选择的增益一般低于直接选择。当改良性状不容易测定，或需要较长的时期才能得到结果时，采用间接选择更合适。

5.2.2　林木选择育种的原理

林木选择育种的基础是林木种内的变异，对林木变异的选择主要包括以下几种。

（1）自然选择

i. 自然异交引起的基因重组

植株在种植过程中由于不同程度地发生自然异交，导致原家系、无性系的基因频率和基因型频率发生改变，这种变异是可遗传的。

ii. 自然突变

由于自然条件或种植条件的改变，基因发生突变，或者由植株和种子内部的生理生化的变化引起自发突变，使植物群体内出现新的类型。

iii. 个体本身存在剩余遗传变异

有些植株在刚推广时，部分性状并未达到真正地纯合，而在之后的生长过程中就可能出现分离现象。

（2）人工选择

人工选择是人们根据目标需求进行的选择，使林木具有符合人们需要的性状，而不关注这些性状对生物本身是否有利。

5.2.3 林木选择育种的工作程序

在林木改良中，选育过程如下。

（1）混合选择

根据育种目标选择符合要求的优良变异单株，淘汰不合格的单株，将优良的单株混合脱粒，以供下一步试验的使用。

（2）比较试验

将选择的优良单株混合脱粒后的种子与原品种种子分别种植于相邻的小区，通过比较鉴定目标性状是否比原品种优良。

（3）繁殖推广

经比较试验后，即可进行大量繁殖，并在原品种种植地区进行推广。

5.2.4 遗传力与遗传增益

5.2.4.1 遗传力

遗传力是用来测量一个群体内某种性状因遗传引起的变异在表型变异中所占的比重。可以判断性状变异传递给后代的可能程度。遗传力是选择育种中确定选种方法、估算遗传增益的重要参数。遗传力分为广义遗传力和狭义遗传力两种，之后又从选择反应的角度提出了现实遗传力的概念。

（1）广义遗传力

广义遗传力（H^2）是指群体中总的遗传变量（V_G）与表型变量（V_P）的比值。公式为

$$H^2=V_G/V_P=(V_A+V_{NA})/(V_A+V_{NA}+V_E) \quad (5\text{-}1)$$

广义遗传力包括加性效应（V_A）和非加性效应（V_{NA}）两个变量。通过广义遗传力可以了解该性状的变异主要来自遗传因素还是环境影响（V_E）。

（2）狭义遗传力

狭义遗传力（h^2）是基因加性效应变量（V_A）与表现型变量（V_P）的比值。公式为

$$h^2=V_A/V_P=V_A/(V_A+V_{NA}+V_E) \quad (5\text{-}2)$$

通常情况下，狭义遗传力小于广义遗传力。只有当不存在非加性效应的情况下，狭义遗传力才可能等于广义遗传力。

（3）现实遗传力

现实遗传力是指对数量性状进行选择时，通过在亲代获得的选择效果中，

在子代能得到的选择反应大小所占的比值，称为现实遗传力（h_R^2）。它是选择响应（R）与选择差之比（S），公式为

$$h_R^2=R/S \quad (5\text{-}3)$$

5.2.4.2 遗传增益

被选亲本的表型平均值与原来群体的表型平均值的差值称为选择差（S）。入选亲本的子代平均表现值与被选择亲本群体平均型值间的离差称为选择响应（R）。

一般来说，入选亲本个体的选择差越大，其后代获得的改良程度（即选择响应）也越大。此外，选择响应还受到遗传力的制约。公式为

$$R=h^2S \quad (5\text{-}4)$$

当 h^2=1.0 时，子代平均值与亲代相同，说明上一代选择的性状能全部遗传给下一代，选择全部有效。当 h^2=0 时，说明选择完全无效。通常，当 h^2=0.5 时，则亲代的选择差在子代群体中获得部分体现，选择工作有效。

选择差是有单位的。将选择差除以亲本群体的标准差（σ_P），所得的值即选择强度（i）。选择强度可以度量入选群体平均值相当于多少个亲本群体标准差。公式为

$$i=S/\sigma_P \quad (5\text{-}5)$$

根据上面的分析，将 $S=i\sigma_P$ 代入 $R=h^2S$，选择响应的公式可写为

$$R=ih^2\sigma_P \quad (5\text{-}6)$$

根据 $h^2=\sigma_A^2/\sigma_P^2$，则有

$$R=ih\sigma_A \quad (5\text{-}7)$$

将选择响应除以亲本群体的平均值（X），所得的百分率，称为遗传增益（ΔG）。公式为

$$\Delta G=R/X=(ih^2\sigma_P)/X=(ih\sigma_A)/X \quad (5\text{-}8)$$

5.2.4.3 影响选择效果的主要因素

（1）减少环境差异，增加遗传力

遗传力大小与环境变量有关。如果环境变量减小，遗传力相应增大，选择响应也增大，则选择效果提高。在纯林、同龄林中，由于整地、株行距等环境条件较一致，减小了环境方差，入选单株与林分平均值的差异主要为遗传差异。而在天然林中，树木的差异主要是由环境差异造成的。因此，在进行子代测定

时，对环境条件进行控制，减少环境差异带来的影响。

（2）降低入选率，加大选择差

选择差是入选株数与群体总株数的函数，两者之间的关系以标准差作为单位。当入选率越小时，选择差越大，但两者不是直线相关关系。在实际情况中，入选率不能降太低，家系选择和家系内选择控制在 1～2.5 个标准差；人工林选优一般具有 2～3 个标准差；但在苗圃中选择超级苗时，选择差需要达到 3～4 个标准差。

（3）性状数量对选择效果的影响

通常单个性状的直接选择效果较好，如果选择性状数目较多，选择效果会相应降低。

5.3 碳汇树种的繁育方法

在自然条件下，生物可以通过自然变异选育出优良的品种，但由于自然条件下诱发的变异多呈现范围窄、突变率低、没有方向性等的特点，人类可利用的变异数量很少，大部分多适合于植物本身的生物学要求。因此，需要通过人工的方法创造出符合人类需要的变异类型及新品种的选育。杂交育种是创造新的遗传型的一种育种方式，目前，在林木育种中应用较普遍。无性系选育是林木繁育的另一种方式，他是建立在无性繁殖技术基础上的一种遗传改良方法。此外，无性繁育通过利用加性效应、显性效应和上位效应，有利于获得较大的遗传增益。

5.3.1 杂交育种

杂交是指不同树种或同一树种不同种源、家系、无性系间的交配。杂交育种是指通过不同树种或品种间杂交创造新变异，并对杂种后代进行培育、选择产生新物种或品种的方法。杂交育种在林木育种中应用十分普遍。

5.3.1.1 人工杂交和天然杂种

（1）人工杂交

人工杂交是通过综合双亲的优良性状，利用杂种优势，提高树种的性状表现，增加林木的生长、品质和抗逆性。通常亲缘关系较远、生态地理和生理特性等差异较大的种间杂交，可能产生较大改良。林木杂交工作历史悠久，我国杂交工作开展最多的有杨树、松树和落叶松等。例如，小黑杨是以小叶杨为母本、欧洲黑杨为父本通过人工杂交获得。在刚果松×火炬松、黑松×长叶松、黑松×云南松等人工杂交产生的杂种苗中也得到了优良的杂种性状。此外，通过人工杂交的方式得到了日本落叶松和兴安落叶松的正反交、日本落叶松×长白落叶松、兴安落叶松×长白落叶松等杂种苗，在生长、抗寒性等方面表现出一定的优势。

（2）天然杂种

多数林木属异花授粉，只要分布区接近，当花期相遇时，就有可能产生天然杂种，是遗传变异的主要来源。因此，林木的天然杂种较为常见。

在自然界中，当同属不同种的树种分布区相邻或重叠时，可能通过互相传粉产生天然杂种，杂种也可能与其亲本发生回交。例如，日本赤松和黑松之间，开花期间隔一周左右，但仍能形成天然杂种，而这种天然杂种比双亲的表型性状优良。但是这些杂种群体数量有限，主要是由 F_1 代、少数 F_2 代及回交后代组成。一般只能维持 2～3 代。

某些物种自然分布区相距遥远，若通过引种等方式，消除了空间隔离，也可能产生自然杂种。例如，1887 年日本落叶松引入英国苏格兰，栽种在欧洲落叶松附近。在这些植株球果长成的苗木中发现，有一部分是日本落叶松和欧洲落叶松的杂种苗，兼具双亲的优点，如抗溃疡病、生长快、干形较好。

天然杂种也可能出现在生境遭到干扰的地带，如发生火灾、耕种和放牧的地带。生境遭到干扰后会形成另外一种小生境，产生的杂种的适应能力可能优于原来亲本种。

5.3.1.2　杂交方式

在一个杂交组合中，参与杂交的亲本数目及各亲本间的组配方式，称为杂交方式。杂交方式不同，产生的遗传效应也不同。林木育种中经常使用的杂交方式主要有单交、复交、回交等。

（1）单交

单交是指两个亲本之间的杂交。表示为 A×B 或 A/B（A 为母本，B 为父本）。例如，北京杨就是由钻天杨×青杨杂交培育出来的。单交时，两个亲本可互为父、母本，如 A×B 为正交，则 B×A 为反交。一般情况下，由于母本具有较强的遗传优势，可能会导致正交和反交的结果有所不同。因此，育种时，通常选用花期较晚、优良性状较多的本土树种作为母本。

（2）复交

复交选用两个以上的亲本，进行两次或两次以上的杂交称为复交。与单交相比，复交产生的杂种变异幅度大，对于提高远缘杂交可配性也有一定的作用，是目前林木育种中主要的杂交方式之一。根据亲本数目和杂交方式，复交又分为三交、双交、四交。

i. 三交

三交是两个亲本单交的 F_1 再与另外一个亲本进行杂交，表示为（A×B）×C，A 和 B 两个亲本在杂种后代中的遗传组成各占 25%，C 占 50%。

ii. 双交

双交是指两个单交的 F_1 再杂交，参与双交的亲本可以是 3 个或 4 个。

三亲本双交是指一个亲本先分别同其他两个亲本配成单交，再将这两个单交的 F_1 进行杂交。A 和 B 两个亲本在杂交后代中的遗传组成各占 25%，C 占 50%。

四亲本双交是指用 4 个亲本先分别进行单交产生两个 F_1，再把两个单交 F_1 进行杂交，A、B、C 和 D4 个亲本在杂交后代中的遗传组成各占 25%。

iii. 四交

四交是指用 4 个亲本间的依次杂交，A 和 B 两个亲本在杂交后代中遗传组成各占 12.5%，C 为 25%，D 为 50%。

（3）回交

i. 回交的概念

杂种后代再与亲本之一进行杂交，这种方式称为回交。回交育种是杂交育种的一种特殊形式，它是通过多次回交和选择达到改良品种的一种育种方法。用于多次回交的亲本，又是特定目标性状的接受者，被称为轮回亲本或受体亲本。作为特定目标性状的提供者，只是最初杂交时被使用一次的亲本，被称为非轮回亲本或供体亲本。回交进程示意图如图 5-3 所示。

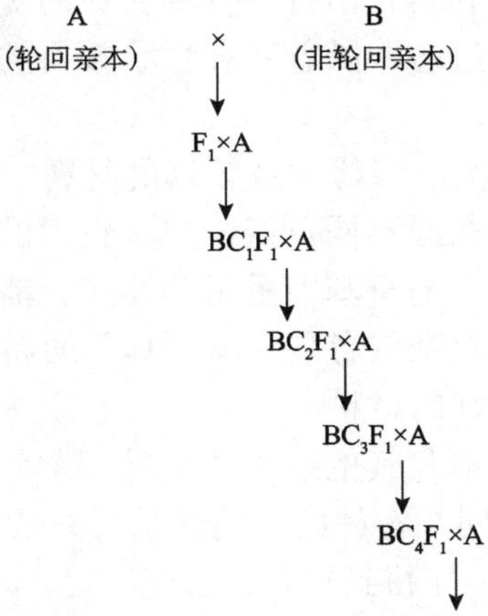

图 5-3　回交进程示意图（胡延吉，2003）

A 代表轮回亲本，B 代表非轮回亲本。将 A 与 B 进行杂交产生的 F_1 代及以后各世代都用 A 亲本连续多代回交，最终实现将 B 亲本的目标性状导入 A 亲本中。BC_1 表示回交一次；BC_1F_1 表示杂种一代（F_1）与亲本回交一次的后代，称为回交一代。A^{n+1}×B 表示回交 n 次，记做 BC_n。经过 5～6 代回交后，杂种的绝大部分基因型已被轮回亲本的遗传性状所代替

ii. 回交的次数

进行回交育种时，回交的次数与下列因素有关：①轮回亲本性状的恢复情况；②非轮回亲本的目标性状和不利性状连锁的情况；③轮回亲本性状的选择强度。

iii. 回交的遗传规律

①回交能够使杂合基因群体中的杂合基因型逐代减少，纯合基因型相应增加。②轮回亲本和非轮回亲本杂交产生的 F_1 中，双亲的基因频率各占 50%。杂种和轮回亲本每回交一次，非轮回亲本的基因频率在原有基础上减少 1/2。而轮回亲本的基因频率有所增加，直到轮回亲本的基因型接近恢复。③由于回交转移经常是含有目标基因的染色体片段，这就导致非轮回亲本的目标基因与非目标基因相连锁。

5.3.1.3 杂交亲本选配

亲本选配是指根据育种目标，选择性状优良的亲本，配置合理的杂交组合。如果亲本材料选择不合理，组配不当，杂种后代也很难选出优良的品种。由此可见，亲本选配在杂交育种中的重要性。选配杂交亲本的一般原则包括以下几个方面。

（1）亲本的优良性状明显，双亲的优缺点能互补

双亲优缺点互补是指亲本一方的优点在很大程度上能够克服对方的缺点。双亲优点多、缺点少而且可以互补，其杂种后代通过基因重组的方式，表现出亲本的优良性状，从而达到培育出符合育种目标的优良品种的目的。但是亲本之间互补的性状数目不宜过多，随着互补性状数目的增加，将会出现杂交育种成功率降低的可能。

（2）选择遗传差异较大、亲缘关系较远的材料

生态类型不同、地理来源不同及亲缘关系较远的亲本间进行杂交，其杂种后代的遗传变异更加丰富，基于基因重组和互作，能够把许多优良性状结合在一起，有利于培育出性状超亲或者是亲本不具备的新的优良性状。

（3）选择一般配合力好的材料

一般配合力是某个亲本和其他亲本杂交后，杂种一代在某个数量性状上的平均表现。不同树种或者同一树种的不同性状其一般配合力都可能不同。通常，一般配合力好的树种，往往能得到较好的杂交后代。因此，选择亲本时要针对主要目标性状，选配一般配合力好的材料，这样容易培育出好的品种。

（4）亲本之一应为当地推广树种

本地树种对当地条件的适应能力较好，特别是对当地生态条件、栽培条件适应性较强，以其作为亲本之一与具有优良性状特点的树种杂交，可能会培育

出适应性强、稳产、高产的新良种。

（5）根据正反交可配性进行亲本选择

在一些杂交试验中，可能存在杂交组合中正反交可配性不同，因此，要合理选配父本和母本。

5.3.1.4　杂交技术

（1）开花结实习性

进行杂交之前，需了解杂交树种的开花结实习性及花器构造等特性。对花构造不同的树种，杂交操作难度也不一样。例如，为了防止两性花进行自花授粉，在杂交前需先去雄蕊；而单性花则需要在开花前，把母本花罩住，进行隔离。需要了解树木的始花年龄，而始花年龄在不同树种、不同个体中都可能有差别，也会受当地条件的影响。此外，杂交前还要了解从授粉到种子成熟需要经历多少时间，针叶树从传粉到受精约需 1 年，到第二年秋才能收获种子。

（2）杂交的操作过程

杂交过程主要包括去雄、收集花粉、授粉、隔离、杂交后的管理等环节。

i. 去雄

两性花杂交前，需将雄蕊除去。操作要彻底，不能残留花药。雌雄异株或雌雄异花的植物，只需套袋不用去雄。去雄应在花粉成熟前，一般最适宜时间是在开花前 1～2 天。

ii. 收集花粉

A. 采集

为保证杂交工作的正常进行，需在雌花开放前收集足够数量的花粉。杨、柳、榆等树种杂交前为得到花粉，可以提前切取花枝移到室内培养，培养时间因树种而异。而松、杉等针叶树种不易通过切取花枝的方式采集花粉，可在雄球花接近成熟散粉时，采摘装入透气纸袋，放到干燥的室内收集花粉。此外，足够的花粉量也是保证杂交成功的因素之一。采集的花粉量也因树种、树龄、生态条件、营养状况而存在差异。同一株树的不同部位，花序的产粉量也可能不同。不同树种的花粉产量见表 5-1。

表 5-1　不同树种的花粉产量（沈熙环，1990）

植物类型	树种	花数	花粉量（ml）
被子植物	赤杨	100 个柔荑花序	4
	桦木	100 个柔荑花序	5～20
	水青冈	100 朵花	1～16
	杨	100 个柔荑花序	50～100
	榆	100 朵花	0.1～0.4

续表

植物类型	树种	花数	花粉量（ml）
裸子植物	落叶松	100 个球花	1.0～1.4
	松	100 个球花	7～33
	黄杉	100 个球花	0.7～3.7

B. 储藏

自然条件下，花粉很容易丧失生活力，需要妥善保存。花粉寿命的长短，对杂交育种很重要。花粉的寿命因树种而异。有些树种的花粉在适当的环境下可以保存几周或数月，如松、杉、柳杉、云杉；但是，有些只能保存 1 周或几天。目前，可以通过控制温度和湿度等条件延长花粉的寿命，而低温、干燥、黑暗也有利于保存花粉的生活力。美国北卡罗来纳州树木改良协作组对南方松花粉作短期或长期（1 年以上）储藏，温度为 4℃，花粉含水量为 8%～10%，储藏效果良好。

收集的花粉经去杂、干燥后，把花粉装在皿内或广口瓶内。以不黏附玻璃器皿壁，倾倒时能像流水一般为宜。用容器盛放时，不宜过满，盖得过严，以免阻碍气体交换、影响花粉干燥。

iii. 授粉

去雄后的 1～2d，阔叶树的雌蕊柱头会分泌黏液时，最适宜授粉；而针叶树是在雌球花珠鳞张口时，适宜授粉。可将收集到的父本成熟花粉，轻轻地涂在或喷到母本柱头上。授粉要重复 1～2 次，有利于提高杂交成功率。授粉以新鲜花粉为宜，同时要避免其他花粉混入。

iv. 隔离

去雄后及授粉前后，都必须套袋。袋的大小要因树种开花特性而异，应留有生长的余地。授粉后经过几天，当柱头开始萎缩或者雌球花柱鳞增厚、闭合时，就可将纸袋除去。

v. 杂交后的管理

授粉后，牌上写明母本名/父本名、授粉日期。种子成熟后，分别脱粒，连同挂牌分别装入纸袋，写明编号和收获日期，然后保存。

5.3.2　无性繁殖

切取树木的部分器官或组织，在适当条件下使其再生为完整的新植株，称为无性繁殖或营养繁殖。无性繁殖是林木的重要繁殖方式之一，由于林木在异花授粉时，基因型异质化程度高，后代个体之间表现出一定程度的差异。而通过无性繁殖产生的后代一般不会出现分离现象，性状稳定，能充分发挥优良基因的遗传潜能。

5.3.2.1 无性繁殖方法

无性繁殖的种类很多。不同的树种因为生理及环境因素等问题，不是所有的方法均适用。所以，本部分着重介绍林木无性繁殖中主要的方法：扦插、嫁接和植物组织培养。

（1）扦插

利用植物营养器官具有再生能力、能发生不定芽或不定根的习性，将植物的茎、叶、芽、根等插入基质中，使其发育成为一个新植株的繁殖方法。

i. 扦插的方法

扦插的方法有嫩枝扦插、硬枝扦插、根插、芽叶插等。

ii. 影响扦插生根的内在因素

①遗传因素。由于树种、无性系或者种源等不同，扦插生根能力存在差异。②树龄差异。树龄不仅影响生根率，也关系到根系发育的多少，影响植株的长势。母树年龄幼小，细胞分生能力强，有利于生根；母树年龄越大，一般扦插发根越困难。③插穗采集时期。硬枝扦插多在秋末冬初，营养状况较好时采集；嫩枝扦插应在枝条刚开始木质化时采集。

iii. 影响扦插生根的外部因素

①温度。不同植株扦插生根的最适温度不同。通常气温较基质温度略低能够促进插穗根系萌发、快速伸长，有利于插穗成活。因此，对基质要采用增温增湿措施。②季节。采条的季节对扦插生根有影响。一般在早春时节，芽萌动生长前采条，或在枝条伸长刚开始木质化时采条为宜。在人工环境下，采集插穗的时间可以延长。③光照。应避免强光直射。随着根系生长，逐渐延长光照时间。④扦插基质。插壤需要通气保湿。常用砂质壤土、泥炭土、河砂、蛭石、珍珠岩等透气性好的基质作为插壤。⑤植物生长调节剂。用适当浓度的植物生长调节剂处理插穗，有助于生根，提高根的质量。常用到的植物生长调节剂有吲哚丁酸（IBA）、吲哚乙酸（IAA）及萘乙酸（NAA）等。生长调节剂的使用也随着插穗的种类、木质化程度、方法的选择、生长调节剂种类等因素的不同而有较大差异。

（2）嫁接

嫁接是将一个植株的芽或短枝接到另一个植株的茎段或带根系植株上，使两者相互结合，形成新的植株的方法。前者称为接穗，后者称为砧木。嫁接后，植株能否成活主要是依靠砧木和接穗结合部分形成层的再生能力，使得砧木和接穗原来的输导组织连通成为一体，保证养分的正常运输。

嫁接的成功与否不仅取决于嫁接技术，还受嫁接后的妥善管理、接穗和砧木的健康状况、水肥管理、环境状况等因素的制约。此外，就植株自身考虑，影响的主要因素是嫁接亲和力。

i. 嫁接方法

嫁接方法按取材不同，可分为芽接、枝接、根接等；按取材时间不同，分为冬枝接、嫩枝接；按嫁接方式不同，又可分为劈接、切接及舌接等。因此，可以根据树种特性、砧木状态及季节状况，选择合适的方法。

ii. 嫁接不亲和性

嫁接亲和力是指砧木和接穗经嫁接而能愈合生长的能力，在生理上能相互适应，其大小取决于内部组织结构、遗传和生理特性的相似程度。一般接穗与砧木亲缘关系越近，亲和力越强；反之，亲和力较弱。如果嫁接不亲和或亲和力低，则表现为嫁接不愈合，成活率低；接口愈合牢固性差，容易断裂；即使有愈合，接穗也可能不发芽或萌芽后生长极弱；砧木和接穗生长不协调，导致砧木过细或砧木过粗的现象发生；接穗虽能生长，但生长缓慢，叶片变小、变黄、脱落及新枝枯萎等。

iii. 接穗和砧木的健康状况

砧木要选择生长健壮、发育良好的植株，体内的营养物质储藏多，有利于嫁接时成活。同时，接穗也要从性状优良的母树中选择发育饱满的枝条。

iv. 环境因素

环境因素对嫁接的成功与否有直接的影响，其中温度是一个重要的因子，它能够影响形成层薄壁细胞的分裂。

（3）植物组织培养技术

植物组织培养是20世纪之初，以植物生理学为基础发展起来的一门新兴技术，不仅对农业产生巨大的价值，对林业的发展也产生巨大的促进作用，该技术可以生产大量的优良无性系、可打破种属间的界限、克服远缘杂交不亲和性障碍，还对植物新品种的培育产生十分重要的影响。随着研究领域的不断拓展与深入，植物组织培养技术已由最初的无性繁殖逐步渗透到植物生理学、病理学、细胞学、遗传学、育种学，以及生物化学等各个研究领域，成为生命科学中重要的研究技术和手段。

i. 植物组织培养的概念及特点

植物组织培养是将离体的植物器官（如根尖、茎尖、叶、花、未成熟的果实、种子等），组织（如形成层、花药组织、胚乳、皮层等），细胞（如体细胞、生殖细胞等），胚胎（如成熟和未成熟的胚），原生质体在无菌的人工培养基上进行培养，并给予适宜的培养条件，以获得完整植株的无性繁殖方法。而林木组织培养是将林木的一部分组织或器官从整体中割离下来，在人工无菌环境中进行培养，以实现快速繁殖优良个体，达到各种不同的育种目标的技术（林静芳，1988）。其原理是利用植物细胞全能性，即一个完整的植物细胞拥有形成一个完整植株所必需的全部遗传信息。

植物组织培养的特点如下：①植物组织培养是在完全人为条件下进行的，不受其他自然条件的影响；②加速育种过程、缩短繁殖时间，植物组织培养的生长周期短且繁殖率高，通常仅需1～2个月即可完成一个生长周期；③管理方便，便于自动化控制和工厂化生产，可以进行高度集约化的生产，节省空间，减少劳动力；④可全年进行培养生产，没有休眠期；⑤组培苗的体积较小，便于携带及进行资源交流。

ii. 愈伤组织的诱导与分化

植物愈伤组织通常在植物组织和器官的机械损伤部位或切口处形成，是植物外植体脱分化、经过细胞分裂产生的一团无序生长、脱分化的薄壁细胞。

愈伤组织的形成大致经历诱导期、细胞分裂期和细胞分化期3个时期。①诱导期：在外界条件的刺激下，外植体细胞改变原有的发育状态，启动脱分化进入分裂状态。②细胞分裂期：脱分化细胞分裂速率较快，产生薄壁细胞。③细胞分化期：细胞分裂和生长减慢直至停止，形成形态和功能各异的细胞，出现分散的节状和短束状结构的维管组织，但不形成维管束系统。

此外，植物生长调节剂在愈伤组织诱导中起主要作用，主要是生长素和细胞分裂素。其中生长素诱导愈伤组织的能力最强，如2,4-D等。但在诱导愈伤组织的过程中，加入的植物生长调节剂的种类和数量往往视外植体的情况而异。

iii. 胚培养

植物胚培养通常指从种子或果实中剥离出胚进行离体培养的技术，是植物组织培养的一个重要领域。

胚培养的类型：根据胚的不同发育时期，离体胚培养可分为以下两种。①成熟胚培养：是指对子叶期以后的胚进行离体培养，该时期的胚已储备了能够满足自身萌发和生长的养分，也可以从培养基中吸收养分及生理代谢合成生长所需的物质。②未成熟胚培养：是指对子叶期以前具有胚结构的胚进行离体培养，远缘杂交所采用的离体胚培养主要是指幼胚培养。

胚培养的发育途径：离体胚培养时，胚的发育有以下几种常见的途径。①胚胎发育途径：幼胚经过心形期、鱼雷形期、子叶期，萌发成正常的幼苗。②胚性发育途径：在胚培养时期，幼胚增大到正常胚的大小，但是不能萌发成幼苗。③早熟萌发途径：幼胚在培养过程中越过正常胚发育阶段，幼苗萌发，但其生理和形态尚未成熟，难以成活。④愈伤组织途径：幼胚在离体培养时，细胞脱分化产生愈伤组织。

iv. 原生质体培养

原生质体培养流程图见 5-4。

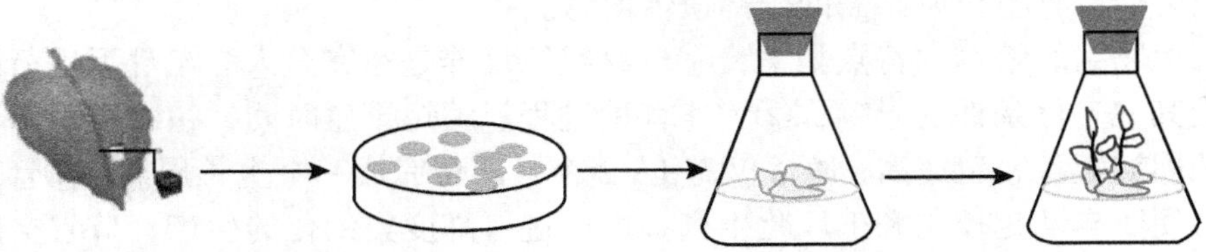

图 5-4　原生质体培养（生物技术与基因工程图解小百科，2005）

植物原生质体是指去除植物细胞壁后具有细胞全能性的裸露部分的单个生活细胞。

1）原生质体的分离　①机械法：先将细胞置于一种高渗的糖溶液中，待细胞发生质壁分离后，用刀破坏细胞壁，再通过质壁分离复原释放出原生质体。但是该方法获得的原生质体量很少。②酶解法：几乎所有的植物细胞都可以用酶解法获得原生质体，常用来分离植物原生质体的酶制剂主要有纤维素酶、半纤维素酶及果胶酶等。该方法也成为获得原生质体的主要方法。

2）原生质体的纯化　原生质体酶解结束后，首先要将原生质体与多细胞团、未酶解的组织、细胞碎片及酶液分离，然后经过洗涤后再进行培养，即纯化。如果还需要进一步纯化，则可选择沉降法、漂浮法或者界面法，其中界面法可以收获纯净且数量较大的原生质体。

3）原生质体培养　①液体培养：在培养基中不加凝胶，将一定量的原生质体悬浮在液体培养基中。该方法对原生质体伤害较小，但是原生质体在培养基中的分布不均匀，不利于单个原生质体的观察。②固体包埋培养：将一定量的原生质体悬浮液与溶化后的琼脂糖凝胶等量混合，可以使原生质体均匀地包埋于琼脂糖凝胶中，同时也不影响原生质体的生命活动。该方法可提高原生质体的植板效率，有利于单个原生质体的观察，但是原生质体的气体交换会受到影响。③固液双层培养：在培养皿底部先铺一层琼脂等凝胶类的固体培养基，然后再将一定量的原生质体悬浮液注入固体培养基上。一般注入的原生质体悬浮液密度以 1×10^4～1×10^5 个/ml 为宜。固体培养基中的营养物质可以补充液体培养基中养分的消耗，同时又能吸收产生的一些有害物质。

v. 快速微体繁殖

植物的快速微体繁殖是指利用植物体的一部分在离体培养条件下进行无性或营养繁殖，使其在短期内获得遗传性一致的大量再生植株的方法。植物快速微体繁殖的繁殖速度远高于传统的无性繁殖，同时还具备培养条件可控制、占用空间小、便于管理、可实现自动化控制等优点。

植物组织培养流程示意图见图 5-5。

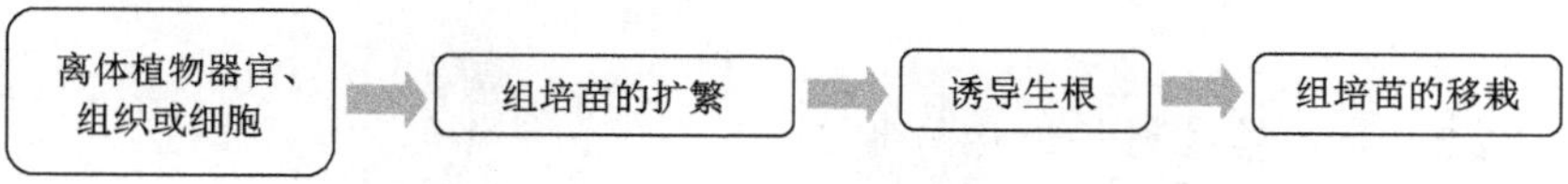

图 5-5　植物组织培养流程示意图

快速微体繁殖的基本步骤如下：①无菌培养系的建立。这是快速微体繁殖的起始阶段，同时在该阶段实现快速繁殖难度也较大。防止污染、选择合适的培养基和植物生长调节剂是关键。②组培苗的增殖。该阶段是通过循环反复的继代过程促进组培苗增殖，需要调整培养基的成分、改善培养条件，以提高繁殖系数、控制无效苗的产生和细胞突变，维持组培苗正常生长发育和保持原品种特性。③生根。当组培苗繁殖到一定数量后，就可以诱导其生根，形成完整的植株。但是，如果增殖培养基中细胞分裂素含量高，导致组培苗生长速度快，无根苗比较纤细，会导致生根率和移栽成活率较低。因此，在诱导生根前需要降低内源细胞分裂素的水平。④移栽。当组培苗茎基部长出白色幼根即可栽植，但是移栽方法不当可能会导致组培苗成活率降低，甚至不能成活。在必要时应适当采用驯化或移栽管理措施。

vi. 体细胞无性系变异和筛选

把植物外植体经组织、细胞培养的脱分化和再分化过程，在再生植株中表现出来的变异称为体细胞无性系变异。这些变异经人工选择和培育后，可获得既具有亲本优良性状，又兼具某些新性状的新品种，即植物体细胞无性系变异育种。

1）体细胞无性系变异的来源　①自发型变异：这种变异在外植体中已经存在，通过再生植株表现出来。②诱导型变异：是在组织、细胞培养过程中所诱导产生的变异。变异的发生频率与培养基中的激素配比、外植体的基因型、嵌合体及其不同发育期、染色体倍性水平、继代次数、选择压、诱变剂等因素有关。

2）体细胞无性系变异的类型　①非遗传变异：外部影响引起基因表达改变，最终导致表型发生变异，在有性世代和无性世代都不能稳定保持变异。②可遗传变异：能够在有性世代和无性繁殖世代稳定保持的变异。

3）体细胞无性系变异的筛选　①肉眼观察法：对于颜色异常或形态上有明显变化的细胞，可采用肉眼观察进行选择。②正向选择法：在最适培养基中添加突变体能够抵抗的选择剂，从而筛选出不同抗性水平的细胞。③负向选择法：对营养缺陷型的突变细胞，可利用其生长不良的特性，采用负选择系统进行筛选。④分子标记选择法：利用分子标记技术对突变细胞进行选择。⑤原位选择法：通常适用于抗除草剂的抗病毒突变体的筛选。

在愈伤组织培养、单倍体培养（花粉、花药）及细胞悬浮培养过程中，培养物或分化出的植株会自发的或经人工诱变而产生各种遗传性变异，这种变异率比自然界的突变率高（可高达 50%以上）。人们可以从这里面筛选出有用的突变体。

5.3.2.2　无性繁殖材料退化与复壮

（1）退化的原因

导致无性繁殖材料退化的主要原因包括成熟效应、位置效应及病毒侵染等。

i. 成熟效应

树木的无性繁殖能力随着树龄增加而下降的现象称为成熟效应。通常采穗母树年龄越大，生根率越低。

ii. 位置效应

树冠不同部位的穗条对无性繁殖效果的影响称为位置效应。例如，用侧枝进行无性繁殖，插穗或接穗会出现向侧方向生长，发生顶端优势减弱、提早开花结实的现象。

iii. 病毒侵染

病毒几乎能存在于整个植物体内，并可以通过无性繁殖进行传递，导致病毒在植物体内积累。由于植物遭受病毒侵染后，会出现根茎细胞增生、植株矮小畸变、生活力下降，甚至死亡，而且随着无性繁殖代数的增加，这种危害程度可能会加剧。

（2）无性繁殖复壮

无性繁殖复壮技术主要包括根萌条法、反复修剪法、幼砧嫁接法、连续扦插法及组织培养法等。

5.3.2.3　无性系选育基本程序

林木无性系选育程序主要包括以下几个环节：①基因资源的收集与保存；②人工诱变与杂交；③无性繁殖与幼化技术；④无性系测定；⑤无性系的选择。

5.4　林木遗传测定

5.4.1　遗传测定的概念、目的及内容

（1）遗传测定的概念

遗传测定是将选择来的表型优树的子代或无性系安排在环境设计中进行试验比较，观测遗传值的高低，评定遗传型是否真正优良的一种方法。根据表型选出的优树，遗传型是未知的，需要通过遗传测定评估。

根据表型优树的子代家系或无性系表现的优劣来评定优树，这种方法就是遗传型选择的方法，这种选择又称为后向选择或遗传型选择。

（2）遗传测定的目的

遗传测定是林木改良工作的中心环节和中心任务，其主要目的如下：①改良方案能否获得有效的改良效果，需要通过选择材料的后代与未经选择的后代进行比较试验，通过对后代测定进行亲本的一般配合力和特殊配合力的评估，估计出期望遗传增益，对亲本或无性系的遗传价值做出评价，留优去劣，改进质量。②通过遗传测定，了解亲本与子代之间的相似程度，可以估算出亲本性状的遗传方差、协方差及遗传相关、遗传力等遗传参数。③为下一个世代的选择和育种提供可靠的材料，建立一个适于轮回选择与交配的基本群体。因此，需要科学地运用遗传测定方法，认真做好制种工作，保存全部子代的档案记录。④采用一定的遗传交配设计和环境设计，研究遗传因子和环境条件的互作关系，以及它们对子代性状的影响。

（3）遗传测定的内容

测定内容应根据育种目标、树种特性而定，测定内容可根据实际情况适当增减。主要性状：①树高、胸径、积材的年生长量和总生长量等；②主干通直度、圆满度及树皮厚度；③分枝特性、侧枝粗细、冠幅和自然整枝状况等；④木材生长速率、比重、密度、通直性、早材和晚材比率、心材和边材比率、纤维和导管长度，以及对其他横切面解剖特征的测定等；⑤产量稳定性及品质等特点；⑥抗病虫害侵染、耐盐碱、抗寒等不良环境条件的适应能力。

5.4.2 配合力

在林木改良工作中，要根据子代测定结果提供亲本的遗传价值信息，而配合力就是衡量杂交组合中亲本各个性状配合能力的一个指标。在育种工作中，它可作为选配亲本的依据，包括一般配合力（GCA）和特殊配合力（SCA）。林木改良方面引用“配合力”这个概念大约是在20世纪50年代后期。

一般配合力是指在一个交配群体中，某个亲本的若干交配组合子代平均值与子代总平均值的离差。一般配合力是由亲本基因的累加效应决定的，就是说没有显性和上位作用，基因的作用可以累加起来，能够固定遗传。特殊配合力是指在一个交配群体中，某个特定交配组合子代平均值与子代总平均值和双亲一般配合力的离差。特殊配合力是受基因的非累加效应（包括基因显性作用和上位性作用）所控制。非加性效应没有累加作用，只有当特定的基因组合在一起时才能表现出优势来。在林木良种繁育中，多个无性系组成的种子园通常选用一般配合力高的无性系；两个无性系组成的种子园选用特殊配合力高的无性系。从狭义的角度讲，子代测定的中心环节是测定亲本的配合力。各种类型的遗传设计就成了测定配合力的方法。

例如，以哈达落叶松种子园 6 个无性系的正交和反交各组合的 9 年生树高资料，以单株树高为据进行配合力分析（表 5-2）（杨文书等，1994）。

表 5-2　6×6 双列杂交家系的平均树高统计表　（单位：m）

父本	母本						父本合计
	A_1（10）	A_2（6）	A_3（11^2）	A_4（4C）	A_5（4H）	A_6（14）	（$x_{i.}$）
A_1（10）		4.4889	4.6556	5.4889	4.5667	5.3667	24.5668（$x_{1.}$）
A_2（6）	5.1667		5.2333	4.1778	4.2556	5.6667	24.5001（$x_{2.}$）
A_3（11^2）	5.2556	4.5222		4.5333	4.4111	4.7667	23.4889（$x_{3.}$）
A_4（4C）	4.9278	4.3667	4.5000		5.0778	5.3667	24.2390（$x_{4.}$）
A_5（4H）	5.0222	5.1167	4.2000	4.5333		4.9111	23.7833（$x_{5.}$）
A_6（14）	6.0444	5.3444	4.6778	5.2556	5.6667		26.9889（$x_{6.}$）
母本合计（$x_{.j}$）	26.4167（$x_{.1}$）	23.8389（$x_{.2}$）	23.2667（$x_{.3}$）	23.9889（$x_{.4}$）	23.9779（$x_{.5}$）	26.0779（$x_{.6}$）	147.567（$x_{..}$）

（1）一般配合力平方和（S_g）

$$S_g=\frac{1}{2(p-2)}\sum(x_{i.}+x_{.j})^2-\frac{2}{p(p-2)}x^2$$
$$=\frac{1}{2(6-2)}\sum[(24.5668+26.4167)^2+\cdots+\left(26.9889+26.0779\right)^2]-\frac{2}{6(6-2)}\times147.567^2$$
$$=3.4830$$

（2）特殊配合力平方和（S_s）

$$S_s=\frac{1}{2}\sum\sum_{i>j}(x_{ij}+x_{ji})^2-\frac{1}{2(p-2)}\sum\left(x_{i.}+x_{.j}\right)^2+\frac{1}{(p-1)(p-2)}x^2$$
$$=\frac{1}{2}[(4.4899+5.1667)^2+\cdots+(4.9111+5.6667)^2]-\frac{1}{8}[(24.5668+26.4167)^2+\cdots$$
$$+(26.9889\ +\cdots+26.0779)^2]+\frac{1}{20}\times147.567^2$$
$$=1.3647$$

（3）反交效应平方和（S_r）

$$S_r = \frac{1}{2}\Sigma\sum_{i<j}(x_{ij} - x_{ji})^2$$
$$= \frac{1}{2}[(4.4889 - 5.1667)^2 + \cdots + (4.911 - 5.6667)^2]$$
$$= 2.0606$$

F 检验表明（表 5-3），一般配合力、特殊配合力和反交效应均极显著，说明这些效应间存在真实的差异。

表 5-3 配合力方差分析表

变异来源	自由度	平方和	均方	F 值
一般配合力	$p-1=5$	3.4830	0.6966	14.2163**
特殊配合力	$[p(p-3)/2]=9$	1.3647	0.1516	3.0939**
反交效应	$[p(p-1)/2]=15$	2.0606	0.1374	2.8041**
随机误差	$[ab(N-1)]=180$			0.049（$M'e$）

注：$M'e = \frac{Me}{bN} = \frac{0.4410}{3 \times 3} = 0.0490$；**表示差异极显著（$P<0.01$）

一般配合力高的亲本，子代通常表现较好；而特殊配合力仅能反映特定交配组合中父本与母本的交互作用，不能说明亲本的好坏。在林木良种繁育中，通常选用一般配合力高的无性系建立由许多无性系组成的种子园，这样的种子园只能利用加性效应；当无性系特殊配合力高时，可营建双无性系种子园，生产杂交种子。

5.4.3 遗传测定的交配设计

林木上常采用的交配设计主要有两大类，包括不完全谱系设计和完全谱系设计。

5.4.3.1 不完全谱系设计

（1）自由授粉设计

自由授粉是利用中选亲本的自由授粉子代作为试验材料的一种交配设计。可直接从天然或人工林内中选的优树或种子园亲本上采集。由于子代只知道母本，不知道父本，属于谱系不完全清楚的交配设计。

自由授粉成本较低，设计也较为简单。由于这种设计仅知道一个亲本，父本是未知的，只能估计群体加性遗传方差及遗传力值，而非加性遗传方差是无法了解的，同时对于子代评定得出的一般配合力估量也会产生偏差。由于自由授粉的花粉受采种部位或不同年份的影响，子代也常出现差异。必要时，需在时间和空间上进行多次重复。

（2）多系授粉设计

多系授粉设计又称多系混合交配设计，对每个无性系进行授粉时，使用本无性系以外的若干无性系的混合花粉。该设计可以用来估计加性遗传方差、遗传力和所涉及亲本的育种值，遗传增益也较高。但是它的父本也是未知的，不能估计出非加性遗传方差和特殊配合力。由于花粉是由混合花粉组成，产生的子代中有一部分具有共同的父本，这就导致后代之间可能存在亲缘关系，因此不适宜作为下一世代的选育群体。

5.4.3.2　完全谱系设计

完全谱系设计有以下几种类型。

（1）单交设计

单交就是在一个育种群体中，一个亲本只能和另一个亲本交配，不再与第二个亲本交配。这种交配方式得到的子代，双亲都是知道的，而且双亲之间只作一次交配，子代之间没有亲缘关系。这种设计工作量小，操作方便，可以生产最大数量的没有亲缘关系的子代，对改良代育种意义重大（图 5-6）。

母本

父本

	2	4	6	8
1	×			
3		×		
5			×	
7				×

图 5-6　单交设计（×交配）

由于每个亲本仅交配一次，不能估算一般配合力，也不能估算加性和非加性方差，也可能导致优良的无性系丢失。如果先对单交设计中的亲本的一般配合力进行估算，再选择优良的亲本进行单交，就可获得优良的子代群体。

（2）双列交配设计

双列杂交是指一组亲本间所有可能的杂交和自交组合。双列交配设计有 4 种类型。①包括自交、正交和反交组合的材料：共有 P^2 个组合。②包括自交和正交或反交：共有 $P+1/2P(P-1)=1/2P(P+1)$ 个组合。③包括正交和反交，不包括自交：共有 $1/2P(P-1)+1/2P(P-1)=P(P-1)$ 个组合。④只包括正交（或反交），不包括自交：共有 $1/2P(P-1)$ 个组合。

双列交配设计可以估计出一般配合力和特殊配合力，以及遗传方差分量和遗传力的估计值；又可以提供大量的无亲缘关系的子代家系，供下一世代进行选择。但是双列交配的工作量较大，当亲本数量较多时，完成这种设计困难较大。因此，通常情况下交配系统中亲本数量一般不超过 10 个（图 5-7）。

母本

父本

	1	2	3	4	5
1	×	△	△	△	△
2	▲	×	△	△	△
3	▲	▲	×	△	△
4	▲	▲	▲	×	△
5	▲	▲	▲	▲	×

图 5-7　双列杂交设计图示

（×自交；△正交；▲反交）

（3）半双列杂交

半双列杂交与双列杂交相似，只是不包括反交和自交（图 5-8）。

母本

父本

	1	2	3	4	5
1		×	×	×	×
2			×	×	×
3				×	×
4					×
5					

图 5-8　半双列杂交设计（×交配）

（4）部分双列杂交

为了改进完全双列杂交和半双列杂交工作量大的缺点，采用部分双列杂交（图 5-9）。该设计可以提供一般配合力和特殊配合力估量，也可以提供没有亲缘关系的子代。

母本

父本

	1	2	3	4	5	6	7	8	9	10	11	12	13	14	15	16	17	18
1		×	×					×	×	×							×	×
2			×	×					×	×	×							×
3				×	×					×	×	×						
4					×	×					×	×	×					
5						×	×					×	×	×				
6							×	×					×	×	×			
7								×	×					×	×	×		
8									×	×					×	×	×	
9										×	×					×	×	×
10	×										×	×					×	×
11	×	×										×	×					×
12	×	×	×										×	×				
13		×	×	×										×	×			
14			×	×	×										×	×		
15				×	×	×										×	×	
16					×	×	×										×	×
17						×	×	×										×
18							×	×	×									

图 5-9　部分双列杂交图示（×交配）

（5）不连续半双列杂交设计

不连续半双列杂交设计是一种部分双列杂交。把所有亲本进行分组，每组内进行杂交。例如，有 18 个亲本分为 3 组，每个组由 6 个亲本组成，形成 3 个半双列交配格局（图 5-10）。这种杂交设计减少了很多工作量，提供了较多没有亲缘关系的子代。但在评价亲本遗传价值方面不如测交系有效。

（6）测交系设计

所谓测交系是指用来与待测无性系交配的少量无性系。测交系既可作父本，也可作母本，但目前多用作父本，测交系测定的一般图示如图 5-11 所示。

母本

父本

	1	2	3	4	5	6	7	8	9	10	11	12	13	14	15	16	17	18
1		×	×	×	×	×												
2			×	×	×	×												
3				×	×	×												
4					×	×												
5						×												
6																		
7								×	×	×	×	×						
8									×	×	×	×						
9										×	×	×						
10											×	×						
11												×						
12																		
13														×	×	×	×	×
14															×	×	×	×
15																×	×	×
16																	×	×
17																		×
18																		

图 5-10 不连续双列杂交图示（×交配）

母本

父本

	1	2	3	4	5
A	×	×	×	×	×
B	×	×	×	×	×
C	×	×	×	×	×
D	×	×	×	×	×
E	×	×	×	×	×

图 5-11 测交系设计图示（×交配）

测交系的选定，需进行遗传学鉴定，但是实际情况中执行起来有困难，所以在多数情况下随机选取测交系。随机选择测交系的育种值如果低于平均值，则测定结果偏低；反之，会偏高。因此，测交系的数目越多，对遗传参数的评估越可靠。但是随着测交系数量的增加，工作量也逐渐增大，目前规定的测交系为 4～6 个（如图 5-11 中的 A～E）。

测交系的设计简单，可以提供亲本一般配合力、特殊配合力、加性和非加性方差的估量。但是产生的子代中，没有亲缘关系的杂交数目不会多于所利用的测交系数目，且工作量也可能较大。

（7）不连续测交设计

不连续测交设计是将待测无性系划分成几组，再在组内进行测交。例如，把 18 个无性系分成 3 组，每组 6 个亲本，可以获得 9 个组合的交配（图 5-12）。这种设计可以最大量地获得没有亲缘关系的家系，同时，又保证了必须测定的组合数目。但是，由于不同的组中亲本不同，所得一般配合力的估量可能会有偏差。

父本 \ 母本	1	2	3	4	5	6	7	8	9
A	×	×	×						
B	×	×	×						
C	×	×	×						
D				×	×	×			
E				×	×	×			
F				×	×	×			
G							×	×	×
H							×	×	×
I							×	×	×

图 5-12　不连续测交图示（×交配）

（8）巢式设计

巢式设计是由一个亲本与另一个性别组交配，子代由其两个共同亲本的全同胞和具有一个亲本的半同胞组成（图 5-13）。巢式设计能估计一般配合力和特殊配合力。但当另一个性别组成员数量少时，估算一般配合力有一定偏差。此外，子代中无亲缘关系的个体数目受较小性别组成员数量的限制。

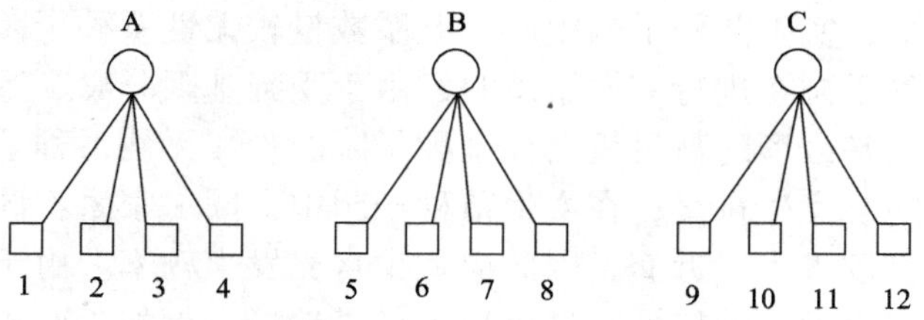

图 5-13 巢式设计图示

5.5 碳汇树种生产培育基地的建立

5.5.1 种子园

种子园是由优良遗传特性的林木组成的人工林，是生产大量优质种子为目的的特种林。

目前，国内外广泛地把建立种子园作为培育优良造林树种的重要途径。其主要原因：①种子的遗传特性好；②种子园结实早、多而且传代稳定；③种子园较为集中，便于经营管理；④额外的造林成本较低。

5.5.1.1 种子园分类

种子园按苗木繁殖方式，可分为无性系种子园和实生苗种子园；按遗传改良程度，可分为初级种子园和高世代种子园；按建园性质，可分为杂交种子园和产地种子园。

（1）无性系种子园和实生苗种子园

无性系种子园是指通过嫁接、扦插、组织培养等无性繁殖出来的苗木建立的种子园。而实生苗种子园是指由优树自由授粉种子或控制授粉的种子育出苗木建成的种子园。在无性系种子园中，采用 2～16m 的株行距，世界上多数种子园大都采用 5～6m 的初值距离；实生苗种子园的初值株距一般比无性系种子园要小很多，株行距 0.6～6m，大多数为 1.5～2m。

如果子代测定林能够承担遗传测定与种子生产的双重作用，那么实生苗种子园的优越性就可以体现出来。但是这两个目的在多数情况下对于多数树种很难同时实现。这是由于子代测定林的地理位置、栽植密度，以及在林分郁闭前对子代测定林疏伐都会对子代测定林的测定结果产生影响，进而影响对种子园做出正确的评定。

一般情况下，实生苗种子园中所含家系数量较无性系种子园的无性系数量多，但是这类种子园在进行有性繁殖时，由于受到基因分离、重组及非加性遗传的影响，优良基因型的数目较无性系种子园的少。无性系种子园中，同一无性系不同分株间会发生自交；在实生苗种子园中，同一家系不同植株的交配为近交。由于自交危害大于近交，因此应减少自交发生频率。由于两类种子园各有其优缺点，应根据树种特性和选育目标加以选择。例如，对于开花结实早的树种，应考虑建立实生苗种子园；相反，则考虑建立无性系种子园。从总的趋势来看，建立无性系种子园多于实生苗种子园。

（2）初级种子园和高世代种子园

初级种子园是指繁殖材料只是通过表现型进行的选择，未经子代验证，遗传特性尚不清楚的亲本材料建立起来的种子园。

根据子代测定的资料，对初级种子园内的无性系和植株进行去劣疏伐后，称为去劣种子园。用性状经过子代鉴定的优良亲本或无性系重新建立的种子园，国内称为重建（第 1 代）种子园，而国外称为 1.5 代种子园。值得强调的是，去劣种子园和重建（第 1 代）种子园在改良程度上比初级种子园有所提高，但仍属同一个世代。

改良代种子园是指由经过改良的繁殖材料营建的种子园，如从初级种子园子代中选择优良家系中的优良单株建立的第 2 代种子园，或者更高世代的种子园。

（3）其他类型种子园

杂种种子园和产地种子园是种子园中的另外一种类型。其中，杂种种子园建立之前需证明该杂交组合具有明显的杂种优势，该种子园是以生产杂种种子为目的，由不同树种繁殖材料建立起来，是利用不同树种间的杂交优势而营建的种子园。

产地种子园其建园材料属地理起源不同的同一树种，以生产不同种源间杂种，即利用同一树种不同地理类型间杂交材料而建立的种子园。

5.5.1.2　种子园总体规划

种子园总体规划包括种子园规模的确定、园址选择、种子园区划、建园亲本和数量等项目的布局。

（1）种子园规模的确定

种子园建园规模的大小，主要由两个因素制约：①该种子园供种地区的造林任务和用种量；②该树种单位面积的产种量。

（2）园址选择

种子园园址的选择对种子的遗传品质、播种品质及种子园的产量有着直接的影响。因此，选择适宜的地点建园是尤为重要的问题。

i. 生态因素

立地条件对林木种子产量影响很大。种子园应该设置在生态条件有利于建园树种生长和发育的地区。且要选择地势平坦、开阔、空气流通性好、阳光充足的地段；土壤以肥力中等、透气性和排水性良好的壤土或沙壤土为宜，土层应较深厚，土壤酸碱度要适合树种特性。此外，如冰雹、霜冻、雪压等易发生地段及风口等地段不宜建园。

ii. 隔离花粉

园址选择中还需考虑花粉隔离问题，避免外源花粉入侵干扰种子园内不同植株间的传粉，导致种子园种子的遗传增益和遗传特性降低。因此，种子园的位置应与同树种林分相隔一定距离，减少外源花粉的污染。例如，在开花季节，松类种子园的上风方位 1km 范围内不能有同种或近缘树种的大量分布，在 0.5km 范围内不能有同种或近缘树种分布。因此，设置花粉隔离带十分必要，对于难于充分隔离的地方，可采用提早、推迟开花或者采用化学处理等方法。

iii. 经营管理

为便于经营管理，首先要明确土地使用权，种子园应集中成片。种子园规划要有尽可能大的面积，并且要有扩建的余地，以便于有效的发展，生产性种子园面积一般应不小于 $10hm^2$。此外，园址应交通方便，能够满足种子园建设及管理的用工需求。

（3）种子园区划

种子园要求划分为不同的大区，大区内再划分若干小区，要因地制宜，可划分为正方形或长方形，便于集中管理。区划时要考虑公路交通的设置，便于运输和管理。必要时，要在种子园中心地带设置生产辅助场所，以方便管理并缩短运输路程。

（4）建园亲本和数量

林木多为异花授粉，近亲繁殖会导致种子生活力衰退及遗传品质降低等。若要减少近亲繁殖的可能，则需要种子园具备足够数量的无性系或家系，数量的多少取决于树种传粉远近、配距、无性系或家系花期的同步程度等因素。

我国对初级无性系种子园面积大小与无性系数目之间的关系规定为：面积为 10～$30hm^2$ 时，应有无性系 50～100 个；面积为 31～$60hm^2$ 时，应有无性系 100～200 个；面积为 $60hm^2$ 以上时，应有无性系超过 150 个。实生苗种子园的建园材料，家系数目应多于无性系种子园使用的无性系数，且使用的单亲或双亲家系间不能有亲缘关系。1.5 代种子园所用无性系数量为初级无性系种子园的 1/3～1/2。杂种种子园由配合力高的少数亲本组成，种子园的亲本需经过一般配合力和特殊配合力的选择。

5.5.1.3　种子园的建立

种子园建立技术包括建园用苗木准备、园址的整地、无性系配置设计的选择、栽植密度的确定等项目。

（1）苗木准备

由于插条苗和嫁接苗都能够较完好地保持繁殖树木的优良遗传特性，均可以作为无性系种子园苗木。目前，无性系种子园多数是用嫁接苗，这是由于多数针叶树种用插条很难进行繁殖。在保证植株正常生长的基础上，接穗应取自树冠中上部发育良好的健壮顶枝，嫁接到健壮的 1～2 年生苗木上，然后再栽植嫁接苗。对于实生苗种子园苗木，可使用优树自由授粉种子或控制授粉种子育苗。

（2）整地

种子园进行定植前需要清除植被和采伐剩余物。对于地势平坦的区域可全面整地。坡度较大，但坡面平整的山地可带状整地、修筑水平阶或反坡梯田。整地要在定植前一年进行，有利于土壤充分风化并蓄水。

（3）无性系的配置设计

种子园中无性系植株的配置设计包括随机排列、分组随机排列、顺序错位排列、固定或轮换排列区组及计算机配置设计等。

种子园中无性系植株的配置设计的选择应考虑以下几点：①为了避免自交和近交，同一无性系的植株在种植时应保持最大间隔距离；②种子园各无性系间应随机授粉，有利于产生种子的遗传信息更多样；③采用的设计方式应便于实际操作和经营管理。

由于不同的配置设计有各自的优缺点，因此，设计时要根据无性系情况、主要要求、具体条件适当选择。

（4）栽植密度

种子园的栽植密度对植株的影响主要表现如下：①栽植密度对种子产量有影响。栽植密度影响植株的光照条件，进一步会影响到植株正常生长发育及单位面积的种子产量。②栽植密度对正常授粉产生影响。栽植过稀，会导致花粉量不足，产量受到影响、自交概率增加、种子品质降低，特别是在开花结实初期，花粉量不足时。因此，要保证种子园内有足够的不同无性系或家系的充足花粉进行授粉，以提高种子的遗传品质，减小自交概率。

此外，种子园初植密度还需考虑树种生长特性、立地条件、种子园类型等的差异，如土壤肥沃地区的株行距应大于立地条件差的；速生树种的间距应大于生长缓慢的树种；无性系种子园的初植密度应小于实生苗种子园，而初级种子园密度应大于重建种子园。

5.5.1.4 种子园的经营管理

种子园可以通过土壤管理、花粉管理、树体修剪、去劣疏伐、防治与保护等管理措施，达到增加种子产量和提高种子遗传品质的目的。

（1）土壤管理

土壤管理措施主要包括施肥、灌溉、松土和间作等。

i. 施肥

施肥可以改善种子园土壤肥力状况，有利于树木生长发育，提高种子产量。要根据树种特性、林木的发育阶段及种子园土壤营养状况的不同而设置合理施肥量。此外，施肥时养分比例要协调。

ii. 灌溉

适当灌溉有利于林木树冠增大，潜在结实能力提高，增加产量；但过度灌溉会导致林木养分含量下降，有研究认为在雌球花分化期停止灌溉有利于种子增产。

iii. 松土

深耕能够疏松土壤结构，改善土壤中水分和通气状况。此外，深耕能切断根系，调整根冠比，有促进结实的作用。

iv. 间作

种子园中间种豆科作物或牧草能够提高土壤肥力、改良土壤结构。在种子园中常用到的间种植物有紫穗槐、草木樨、紫花苜蓿、毛叶苕子、铺地木芝、日本草及各种豆类等。

（2）开花结实习性研究

种子园中开花结实习性的研究，包括观测花期、雌雄配子贡献、球果败育、花粉产量、花粉传播等内容。

i. 雌雄配子和花期

当种子园中无性系的雌雄球花产量相仿且花期同步时，无性系间雌雄配子自由交配的概率才能大致相等。由于初级种子园中无性系花期参差不齐，不同无性系及单株间交配概率不等，导致种子园中无性系间不能实现随机交配，异交组合锐减。

种子园中不同无性系开花期常由于其来源、个体遗传基础等不同而存在差异，还会受到气象条件，如高温、干燥等因素的影响使花期发生改变。

ii. 球果败育

球果败育是雌球花坐果后，在发育过程中由生态、遗传等因素导致的枯萎落果现象，是种子园减产的主要原因。这种现象在国内外针叶树种子园中普遍存在。其中，气候和虫害等可能是造成球果败育的主要原因。

iii. 花粉产量

种子园花粉的产量直接影响球果和种子败育。而低温和持续降雨等天气状况也会对花粉生活力或者传粉有影响。

iv. 花粉传播

树种花粉密度、地形、气象因子等会导致花粉的传播距离不同。而影响授粉的因素主要归因于花期、散粉期内的主风方向及植株间距离等因素。在种子园内，由于各无性系所产雄球花量不等，同时受小地形和风向的影响，花粉粒数量在垂直和水平方向都是不均衡的。因此，如不采取措施，很难保证全部的植株发生随机交配。

（3）树体修剪

截去顶梢有助于促进侧枝生长，但一次截除顶梢过多会导致种子园显著减产，建议以每年适度修剪为好。此外，对徒长枝、丛生枝、病虫枝等进行修剪时，需要注意树冠的层次及发展均衡性。

（4）去劣疏伐

根据子代测定数据及开花结实习性，淘汰第一代无性系种子园中遗传品质低劣的植株。对于表现尚可的植株可以按要求以系统式疏伐为基础进行疏伐，这样可以使树冠得到充分的光照，有利于树冠的正常发育、结实及改善土壤营养条件等。

（5）辅助授粉

辅助授粉是将花粉直接喷洒在未隔离的球花上，即不去雄、不套袋的人工补充授粉方式，可以弥补种子园内花粉空间分布不均匀，能显著提高种子产量。

辅助授粉的作用可归纳为：①增加种子产量；②改进种子的遗传品质；③减少球果和种子败育。

此外，在辅助授粉时还要考虑授粉的时间和次数，要使用经遗传测定的优良无性系辅助授粉。

（6）防治与保护

病虫害能够直接导致种子园减产，因此，要使种子园达到稳产、高产的目的，必须防止林木的花、果实、种子遭病虫危害，从研究病虫害的发展规律入手，加强生物防治。此外，还要做好护林防火工作、防止人畜破坏。

5.5.2 采穗圃

采穗圃是以优树或优良无性系作为材料，生产遗传特性优良的枝条、接穗和根段的繁殖圃，是无性繁殖材料规模生产的必要环节。它与种子园成为林木良种繁殖的主要形式。

5.5.2.1 建立采穗圃的意义

采穗圃是林木良种无性繁殖的主要方式之一，生产进行集约经营管理，可确保供应大量优质的种条。其优点表现如下：①采穗圃实行集约化经营，穗条产量高，成本低；②采取修剪、施肥等措施，繁殖成活率高；③遗传品质有保证；④采穗母株集中管理，便于病虫害得到及时的防治。

5.5.2.2 采穗圃的种类

采穗圃包括初级采穗圃和改良采穗圃。

初级采穗圃是以未经遗传测定的优树上采集的材料建立的，其任务是提供建立初级无性系种子园及无性系测定和资源保存所需要的种条等。

改良采穗圃是以经过遗传测定的优良无性系或人工杂交选育的优良品种而建立的，其任务是提供优良无性系、品种推广的种条等。

5.5.2.3 采穗圃的建立与管理

（1）采穗圃的区划

为防止不同无性系间混杂，需要对采穗圃进行区划，各区域通过主道或步道隔离。

（2）采穗圃圃地的选择

采穗圃的立地条件与种子园的条件相似。

（3）栽植密度

栽植密度因植株特性、冠幅枝干特点、立地的条件不同而存在差异。要充分利用土地，密度也应合理。

（4）采穗圃管理原则

采穗圃设置在与苗圃距离较近、土壤肥沃、光照充足的位置，便于种条采集，避免长途运输，有利于提高繁殖成活率。适时对采穗母树进行整形修剪是采穗圃营建与管理的基本工作，这样可以促进幼年枝干休眠芽与不定芽的萌发，获得大量幼化的穗条。采穗圃每次采穗后要及时施肥，以有机肥为主，特别是在经过多年采穗后，更应该加强水肥管理，延长采穗圃使用寿命。要经常锄草松土、保持圃地内无杂草。

5.6　提高林木碳汇能力的现代技术

5.6.1　林木基因工程技术

植物基因工程是指把DNA或基因在体外进行酶切和连接，然后借助生物方法或理化方法将外源基因导入植物细胞，导入的目的基因整合到植物基因组进行稳定的表达，从而达到改变植物特定性状的目的。而林木基因工程则是通过基因工程手段，将目的基因导入受体林木细胞并使之表达，培育获得具有重要生态价值、经济价值的林木新品种的科学技术。植物基因工程在林业研究中的应用，对传统的育种方式带来了巨大的挑战，使人们逐渐地从传统的杂交育种转移到基因工程育种；此外，基因工程育种能打破远缘物种间难以杂交的界限，实现传统杂交育种技术所不能实现的目的。

在林木基因工程中常用到的基因转移方法主要有农杆菌介导法、基因枪法、原生质体介导法、激光微束介导法及电击法等。

林木基因工程育种流程见图5-14。

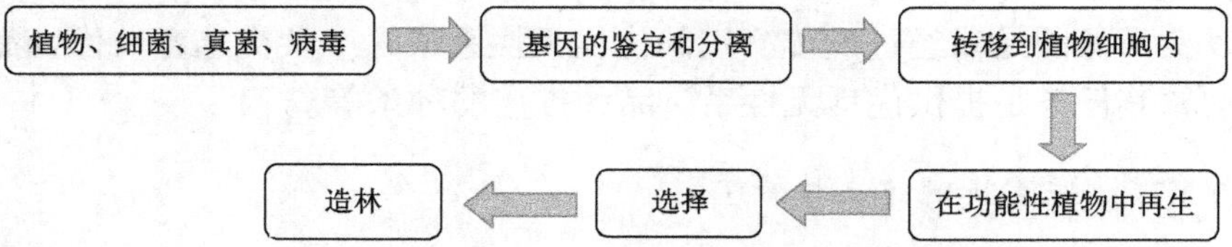

图5-14　林木基因工程育种流程

5.6.1.1　农杆菌介导法

农杆菌介导法是以农杆菌为媒介，通过农杆菌感染受伤的植物细胞，将目的基因与植物基因组进行整合，以达到外源DNA转化到植物细胞的目的。

农杆菌常见的转化方法有叶盘转化法、共培养转化法及直接接种法等。

（1）叶盘转化法

叶盘转化法是一种植物细胞体外转化、选择与再生的方法。对受体植物材料的叶片表面消毒后，用无菌打孔器取得叶圆片，在农杆菌菌液中浸泡数分钟，接种于一定培养基共培养 2～3d，再转移到含有抑菌剂或抗生素和选择剂的培养基上，进行抑菌及植株再生。

（2）共培养转化法

共培养转化法是利用Ti质粒系统，将根癌农杆菌与植物原生质体、悬浮培养细胞、叶片、叶柄、茎段、胚轴、子叶、幼胚等共培养的一种转化方法。选择合适的外植体，经预培养、农杆菌侵染后，与农杆菌共培养（一般24～48h）后，将材料转入含有抑菌剂或抗生素和选择剂的培养基上，选择和培养转化体。

（3）直接接种法

这是用接种针将对数生长期的农杆菌直接接种到植株的伤口部位，进行感染，取瘤状组织或毛状根进行继代培养，选择转化体。

5.6.1.2 基因枪法

基因枪法是利用高速运动的金属微粒将附着于其表面的 DNA 导入受体细胞中，并释放出外源 DNA，使 DNA 在受体细胞中整合表达，从而实现对受体细胞的转化。

基因枪介导转化的优点：操作简单快速、无明显的宿主限制、一次可以转化大量细胞；可以一次导入多个基因；靶受体类型广泛，不受基因型的限制。但是其缺点在于转化率低、出现嵌合体的可能性较高、遗传稳定性差、成本较高。

5.6.1.3 原生质体介导法

原生质体培养没有细胞壁的障碍，有利于导入外源基因，在植物基因工程中是较好的转化系统。聚乙二醇（PEG）对刺激原生质体吸收 DNA 最有效。通常 PEG 在多聚-L-鸟氨酸（PLO）、磷酸钙及高 pH 条件下能诱导原生质体摄取外源 DNA 分子。

5.6.1.4 激光微束介导法

将利用激光微束照射受体细胞，实现外源 DNA 直接导入、整合的技术称为激光微束介导法。该方法的原理是激光经光学显微镜聚焦后，形成微米级的光束，在这种微光束的照射下，细胞膜上能够形成可自我愈合的小孔，为外源 DNA 进入细胞提供通道，从而实现基因转移的目的。其特点是操作简便、转化效率高、受体细胞材料广泛、对细胞造成的伤害小。但是激光微束仪设备复杂，对技术条件要求高。

5.6.1.5 电击法

电击法是利用高压电脉冲作用，直接在受体原生质体的膜上打孔，产生瞬间通道，当外源 DNA 附着于细胞质膜靠近电击点时，DNA 分子就有可能通过小孔进入细胞内，进而整合到受体细胞的基因组上。该法操作简便、无宿主限制、受体材料广泛、适合瞬时表达的研究，但是在转化过程中原生质体的损伤使植板率降低。在对华山松的研究中，已有通过电击法对 *BtCryIII*（*A*）基因进行转化的报道，并证实该基因已成功整合到了受体材料中（Liu et al.，2010）。

5.6.2 分子标记技术

在林木育种过程中，对目标性状进行选择是中心环节，然而传统的育种方法大多依赖植株的表型，需要具备丰富的经验及花费较长的时间。分子标记是20世纪80年代初形成的，是继形态标记、细胞标记和生化标记之后发展起来的一种新的遗传标记技术。在林木遗传改良中，分子标记在种质资源的鉴定、亲缘关系的分析、杂交亲本的选择、遗传多样性的分析、遗传连锁图谱构建及经济性状基因的定位等方面均得到广泛应用。该标记技术减少了传统育种中易受环境影响、周期较长及盲目育种等不足，加速目标育种进程，对林木遗传育种的研究起到了巨大的推动作用。

5.6.2.1 分子标记的定义及优点

分子标记是指以DNA多态性为基础的遗传标记,能够在分子水平上反映生物个体或种群间基因组中某些差异特征的DNA片段。借助分子标记达到对目标性状基因型选择的方法称为分子标记辅助选择。

与其他标记相比，分子标记具有以下优点：①不受发育时期、组织类别的影响，直接以DNA的形式表现，而且提取的DNA在适宜条件下可长期保存；②不受环境的影响，环境只对基因表达有影响，不改变DNA的序列；③标记数量极多，遍及整个基因组；④多态性高，自然存在着许多等位变异；⑤表现为“中性”，不影响目的性状的表达，与不良性状无必然的连锁；⑥有许多分子标记表现为共显性，可以鉴别纯合基因型和杂合基因型，提供完整的遗传信息；⑦技术简单、快速、可以进行自动化。

5.6.2.2 RFLP标记

DNA经限制性内切核酸酶酶切后，产成不同长度的片段，这种DNA片段长度上的差异称为限制性片段长度多态性（restriction fragment length polymorphism，RFLP）。

RFLP标记的原理是DNA序列上碱基的改变和染色体结构的变化导致DNA片段酶切位点的变化，经限制性内切核酸酶酶解后，产生相对分子质量不同的片段，经聚丙烯酰胺凝胶电泳将DNA片段各自分开，在凝胶上呈现不同的条带分布，利用同位素或非同位素标记的某一DNA片段作为探针进行Southern杂交，放射自显影后，即获得反映个体特性的RFLP图谱，来检测基因组DNA的多态性（图5-15）。

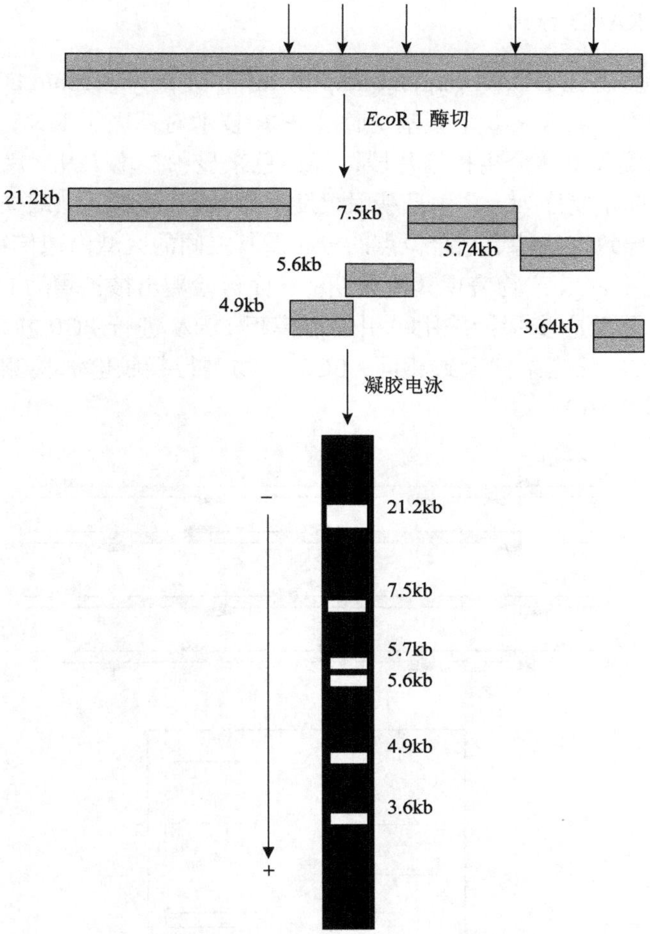

图 5-15 RFLP 标记多态性的分子基础（Beebee and Rowe，2009）

箭头指示 DNA 分子中限制性酶切的酶切位点；DNA 片段大小以千碱基对（kb）为单位

（1）RFLP 主要步骤

①限制性内切酶酶切；②聚丙烯酰胺凝胶电泳；③Southern 转移和杂交；④放射自显影。

（2）RFLP 的特点

①标记源于基因组 DNA 的自然变异，数量几乎是无限的；②变异更稳定；③RFLP 标记直接在 DNA 水平上检测，呈现共显性，可以区别纯合基因型和杂合基因型；④结果稳定可靠，重复性好，特别适合于建立连锁图；⑤无表型效应，不受环境条件和发育阶段影响；⑥在非等位 RFLP 标记之间不存在上位效应，因而互不干扰。

5.6.2.3　RAPD 标记

随机扩增多态性 DNA（random amplification of polymorphic DNA，RAPD）是用随机引物（一般 8～10 个碱基）通过 PCR 技术对基因组 DNA 进行非定点地扩增，然后用凝胶电泳分离扩增片段，经染色来显示扩增 DNA 片段的多态性。引物结合在反向重复序列上，一旦基因组发生 DNA 片段插入、缺失或碱基突变等变化，就可能导致这些特定结合位点的分布及其之间的区域内遗传特性发生变化，经 PCR 扩增后，PCR 产物表现其差异性，从而可检测出被扩增的 DNA 多态性。

RAPD 主要反应步骤：采用单引物对模板 DNA 进行 PCR 扩增，PCR 扩增程序与常规 PCR 反应条件大致相同，PCR 产物进行凝胶电泳检测，显色后进行数据分析（图 5-16）。

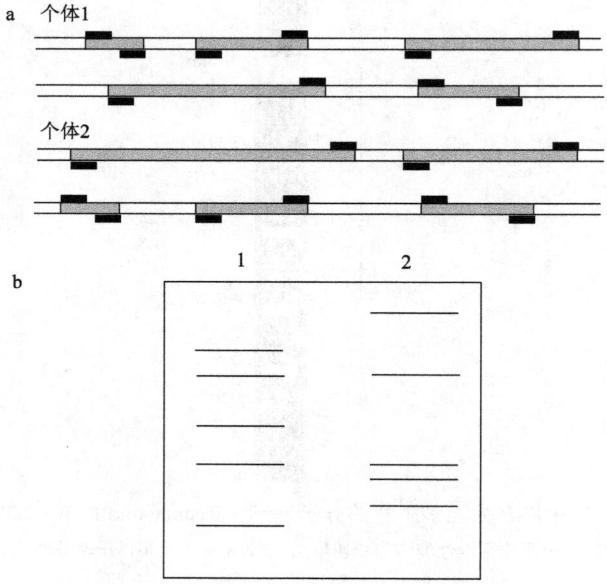

图 5-16　RAPD 多态性检测（Freeland et al.，2015）

a. 基因组中 RAPD 引物结合位点；b. RAPD PCR 产物的电泳胶片

RAPD 具有以下特点：①操作简便，不需要 DNA 探针，设计引物也无需知道基因组的序列信息；②使用荧光代替放射性元素，不涉及放射性自显影等技术，无污染；③模板 DNA 样品需要量少，纯度要求不高；④不依赖于种属特异性，一套引物可用于不同的基因组分析。

5.6.2.4　SRAP 标记

相关序列扩增多态性（sequence-related amplified polymorphism，SRAP）是

一种基于 PCR 的标记系统，它是针对基因外显子内 GC 含量丰富而启动子和内含子中 AT 含量丰富的特点来设计引物，对可读框进行扩增，因内含子、启动子及间隔长度在不同物种甚至不同个体间变异很大而产生多态性。

SRAP 标记的原理是利用基因外显子里 GC 含量丰富，而启动子和内含子里 AT 含量丰富的特点设计两套引物，对可读框进行扩增。正向引物长 17bp，5′端的前 10bp 是一段非特异性的填充序列与紧邻的 CCGG 共同组成核心序列，然后是靠着 3′端的 3 个选择性碱基，对外显子进行扩增。反向引物长 18bp，是由 5′端的 11 个无特异性的填充序列和紧邻的 AATT 组成的核心序列，以及 3′端的 3 个选择性碱基，对内含子和启动子区域进行特异扩增。由于外显子序列在不同的个体间通常是保守的，这种低水平多态性被反向引物的组合所弥补。因此，不同个体或物种的内含子、启动子与间隔长度不等导致产生多态性。

（1）操作过程

i. SRAP 标记的引物设计

SRAP 标记分析中共有两套引物，通常为 17bp 的正向引物和 18bp 的反向引物。设计引物时需要注意引物之间不能形成发夹结构或其他的二级结构，GC 的含量应在 40%～50%，正向和反向引物的填充序列在组成上要有所不同，长度为 10～11bp。

ii. PCR 扩增

PCR 扩增采用复性变温法，扩增程序为：94℃预变性 5min，然后，进入 94℃ 1min，35℃ 1min，72℃ 1.5min 的顺序，运行 5 个循环；接着进入 94℃ 1min，50℃ 1min，72℃ 1.5min 的顺序，再运行 30～35 个循环；最后，72℃再延伸 5min。两个复性温度分别为 35℃和 50℃。

iii. 电泳与片段测序

扩增产物在变性聚丙烯酰胺凝胶上电泳分离，银染，回收 SRAP 标记差异片段，测序分析。

（2）SRAP 标记的特点

①SRAP 操作简便，在基因组中分布均匀。②SRAP 使用长 17～18bp 的引物，具有双重的退火温度，保证了扩增结果的稳定性。③引物具有通用性，正向引物和反向引物可自由组配，用少量的引物可进行多种组合，大大减少了合成引物的费用，同时也提高了引物的使用效率。④正反引物分别是针对序列相对保守的外显子与变异大的内含子、启动子与间隔序列设计的，因此 SRAP 标记具有高频率的共显性。⑤SRAP 标记主要是对基因组的可读框区域进行扩增，基因的多样性更能反映遗传资源的多样性，提高了扩增结果与表型的相关性。

5.6.2.5　AFLP 标记

扩增片段长度多态性（amplified fragment length polymorphism，AFLP）是指经对基因组 DNA 限制性酶切片段的选择性扩增而产生的多态性位点。

AFLP 的原理是植物基因组总 DNA 经限制性内切酶酶切后，形成酶切位点不同、分子质量大小不等的片段；将特定的人工接头连接在酶切片段的两端，形成带接头的酶切片段，通过用与接头和位点相匹配的引物进行识别，特异性片段经 PCR 过程进行扩增，扩增后的产物经变性聚丙烯酰胺凝胶电泳得到分离，最后通过放射自显影或银染等技术得到清晰可辨的指纹（图 5-17）。

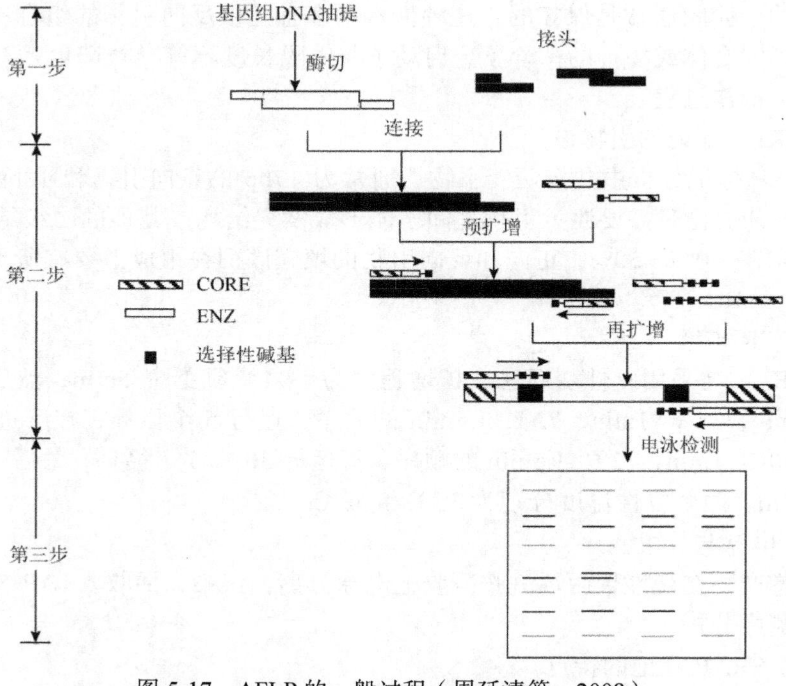

图 5-17　AFLP 的一般过程（周延清等，2008）

第一步，DNA 的准备；第二步，选择性扩增酶切片段；第三步，AFLP 标记的统计

（1）AFLP 标记的具体操作流程

1）DNA 提取和浓度、纯度的检测。

2）双酶切：分别选择 6 个和 4 个碱基识别位点的限制性内切酶在适宜的缓冲系统中进行酶切。

3）酶切片段连接：酶切后的限制性片段在 T4 连接酶的作用下与特定的接头相连接，形成带有接头的特异性片段。

4）酶切连接片段的预扩增：进行第一次 PCR 扩增，引物中只含一个或不含选择性核苷酸，本次 PCR 反应条件与常规 PCR 反应条件大致相同。

5）选择性扩增：利用带有 3 个选择碱基的引物进行扩增，DNA 选择性扩增的反应条件采用温度梯度 PCR。PCR 开始于高温复性（一般采用 65℃），以后复性温度逐步降低 0.7℃，一般降到 56℃，然后在这个复性温度下，完成其余的 PCR 循环。

6）PCR 产物变性后在聚丙烯酰胺凝胶上进行电泳。

7）将电泳后的凝胶进行显影检测及数据分析。

（2）AFLP 标记的特点

①由于 AFLP 分析可以采用多种不同类型的限制性内切酶及不同数目的选择性碱基，因此该技术所产生的标记数目可以是无限多的。②AFLP 标记比其他的标记技术更有效地揭示了物种多态性水平，每次扩增反应产生的谱带数为 50～100，多态性高。③表现共显性，呈典型孟德尔式遗传。④AFLP 分析采用特定引物扩增，退火温度高，假阳性较低，分辨率高，结果可靠性好。⑤对 DNA 模板浓度要求不高，浓度相差 1000 倍以内结果基本一致，因此，检测效率高，但对 DNA 模板质量要求高。⑥选择上为中性，可用于亲本对后代群体种质贡献及基因追踪等方面的研究。

5.6.2.6　SNP 标记

单核苷酸多态性（single nucleotide polymorphism，SNP）是指种内不同个体间在基因组某一特定位点内发生的单核苷酸变异，从而引起的 DNA 序列的多态性，包括单个碱基的转换、颠换、插入及缺失等形式。

SNP 的原理是当基因组某一区域 DNA 片段内 4 种碱基中的任何一种发生改变，即产生了一个 SNP。SNP 主要指转换和颠换，也包括单碱基缺失和插入，并且每种等位基因型在整个群体中的频率不小于 1%。转换是指嘌呤突变成嘌呤或嘧啶突变成嘧啶；颠换是指嘌呤与嘧啶之间的互换，转换发生的频率与颠换之比约为 2∶1，主要原因是 CpG 中的 C 发生甲基化，容易自发脱氨基形成胸腺嘧啶 T。

SNP 标记的特点：①SNP 位点丰富，广泛分布于动植物基因组中，且数量巨大；②SNP 是基于单核苷酸的突变，突变频率较低，遗传稳定性高；③SNP 具有二态性和等位基因性，是共显性标记；④SNP 标记在技术上无需电泳检测，自动化程序较高，检出率也相应提高，易于进行高通量分析。

参考文献

陈海伟. 2007. 植物组织培养研究进展. 赤峰学院学报(自然科学版), 23(6): 16-17.

陈晓阳, 沈熙环. 2005. 林木育种学. 北京: 高等教育出版社.
陈璇. 2015. 林木育种选择方法与技术应用. 福建农业, 6: 218.
崔旭东, 张冰玉, 丁昌俊, 等. 2013. 植物转基因技术及其在林木遗传改良中的应用. 世界林业研究, 26(5): 41-46.
邓俭英, 刘忠, 康德贤, 等. 2005. RFLP 分子标记及其在蔬菜研究中的应用. 分子植物育种, 3(2): 245-248.
范爱丽, 李落叶, 张鲁刚, 等. 2010. 分子标记在大白菜遗传育种中的应用. 分子植物育种, 8(4): 790-799.
郭才, 霍志军. 2006. 植物遗传育种及种苗繁育. 北京: 中国农业大学出版社.
何德, 谭晓风, 胡芳名. 1999. AFLP 分子标记技术及其在林木遗传育种上的应用. 湖南林业科技, 26(4): 8-17.
胡延吉. 2003. 植物育种学. 北京: 高等教育出版社.
黄映萍. 2010. DNA 分子标记研究进展. 中山大学研究生学刊(自然科学、医学版), 31(2): 27-36.
纪丽丽. 2004. 杨树基因枪多基因共转化研究. 北京: 中国林业科学研究院硕士学位论文.
江梅, 李小平, 温强, 等. 2006. AFLP 标记及其在植物中的应用. 江西林业科技, 5: 40-44.
李宝银, 周俊新. 2010. 生物质能源树种培育. 厦门: 厦门大学出版社.
李建军, 刘志坚, 肖层林, 等. 2007. SRAP 技术在遗传的研究进展. 现代生物医学进展, 7(5): 783-786.
李珊, 赵桂仿. 2003. AFLP 分子标记及其应用. 西北植物学报, 23(5): 830-836.
李亚利, 于铁峰, 罗爱玉, 等. 2015. SRAP 分子标记在茄果类蔬菜航天诱变育种中的应用. 中国农学通报, 31(28): 60-64.
梁红. 2002. 植物遗传与育种. 广州: 广东高等教育出版社.
林静芳. 1988. 林木组织培养的现状与展望. 林业科技通讯, 4: 1-4.
刘峰. 2011. AFLP 技术及其在植物学应用中的研究进展. 国土与自然资源研究, 3: 88-90.
刘静. 2010. AFLP 分子标记的发展及应用. 山东农业科学, 5: 10-14.
刘萍. 1998. RFLP 分子标记及其在植物遗传育种中的应用. 宁夏农学院学报, 19(1): 21-25.
刘忠松, 罗赫荣, 等. 2010. 现代植物育种学. 北京: 科学出版社.
吕瑞玲, 吴小凤, 刘敏超. 2009. 分子标记技术及在水稻遗传研究中的应用. 中国农学通报, 25(4): 65-73.
潘妃, 周榕, 丁旭, 等. 2015. SNP 标记及其在园艺作物上应用的研究进展. 湖南农业科学, 7: 140-143.
全先庆, 曹扬荣, 赵彦修, 等. 2003. 转基因林木研究进展. 中国生物工程杂志, 23(7): 47-51.
闰华超, 高岚, 李桂兰. 2006. 分子标记技术的发展及应用. 生物学通报, 41(2): 17-19.
沈熙环. 1990. 林木遗传育种. 北京: 中国林业出版社.
盛玉婷. 2008. 植物组织培养技术及应用进展. 安徽农学通报, 14(9): 45-47.
谭晓风, 张志毅. 2008. 林业生物技术. 北京: 中国林业出版社.
唐立群, 肖层林, 王伟平. 2012. SNP 分子标记的研究及其应用进展. 中国农学通报, 28(12): 154-158.
王和勇, 陈敏, 廖志华, 等. 1999. RFLP、RAPD、AFLP 分子标记及其在植物生物技术中的应用. 生物学杂志, 16(4): 24-25, 19.
王明庥. 1989. 林木育种学概论. 北京: 中国林业出版社.
王明庥. 2001. 林木遗传育种. 北京: 中国林业出版社.
王文静, 袁道强, 高松洁. 2000. 植物组织培养的应用现状. 河南师范大学学报, 28(3): 137-139.
王志林, 赵树进, 吴新荣. 2001. 分子标记技术及其发展. 生命的化学, 21(4): 39-42.
席章营, 陈景堂, 李卫华. 2014. 作物育种学. 北京: 科学出版社.
肖尊安. 2011. 植物生物技术. 北京: 高等教育出版社.
徐操, 赵宝华. 2009. SRAP 分子标记的研究进展及其应用. 生命科学仪器, 7(4): 24-27.
许梦琦. 2015. 花生 SNP 分子标记的开发及应用. 大连: 大连工业大学硕士学位论文.
杨光圣, 员海燕. 2009. 作物育种原理. 北京: 科学出版社.
杨文书, 王秋玉, 夏德安. 1994. 落叶松的遗传改良. 哈尔滨: 东北林业大学出版社.
杨昭庆, 洪坤学. 2000. 单核苷酸多态性的研究进展. 国外遗传学分册, 23(1): 4-8.
尹伟伦, 王华芳. 2009. 林业生物技术. 北京: 科学出版社.
张东旭, 周增产, 卜云龙, 等. 2011. 植物组织培养技术应用研究进展. 北方园艺, 6: 209-213.

张甜甜, 金海珠, 王洪涛. 2015. 分子标记技术在丹参种质资源研究中的应用进展. 中国农学通报, 31(32): 68-71.

张彤, 屈淑平, 崔崇士. 2009. SRAP 标记在蔬菜作物遗传育种中的应用. 东北农业大学学报, 40(1): 119-122.

张献龙. 2004. 植物生物技术. 第 2 版. 北京: 科学出版社.

周延清, 杨清香, 张改娜. 2008. 生物遗传标记与应用. 北京: 化学工业出版社.

周玉亮. 2005. 分子标记技术及其在植物遗传育种中的应用. 生物技术通讯, 16(3): 350-352.

卓仁英, 陈益泰, 陆志群. 2002. 分子标记辅助选择育种技术研究动态. 浙江林业科技, 22(3): 7-13.

Beebee T J C, Rowe G. 2009. 分子生态学. 张军丽, 廖斌, 王胜龙 译. 广州: 中山大学出版社.

Faulkner R. 1981. 林木种子园. 徐燕千, 等译. 北京: 中国林业出版社.

Freeland J R, Kirk H, Petersen S D. 2015. 分子生态学. 第 2 版. 戎俊, 杨小强, 耿宇鹏, 等译. 北京: 高等教育出版社.

Liu X Z, Li H L, Lou R H, et al. 2010. Transgenic *Pinus armandii* plants containing BT obtained via electroporation of seed-derived embryos. Scientific Research and Essays, 5(22): 3443-3446.